食と農のアフリカ史

現代の基層に迫る

石川博樹
小松かおり 編
藤本　武

昭和堂

共食の風景

（　）内は撮影地、撮影年、撮影者

写真 1 グルマンチェの人々の共食風景（ブルキナファソ・ニャニャ県、2010、石山）

写真 2 協同労働で集ったマロの人々の共食風景（エチオピア南部諸民族州、1999、藤本）

写真 3 ガンダの人々の共食風景（ウガンダ・ラカイ県、2005、佐藤靖明）

写真 4 カコの人々の共食風景。男女別に輪を作る（カメルーン東部州、1994、小松）

写真 5 新米とキャッサバの煮込みを囲むソンゴーラの人々の食事（コンゴ民主共和国マニエマ州、1980、安渓）

写真 6 ザンビア西部州に住むアンゴラ難民の共食風景（ザンビア西部州、2002、村尾）

主食と副食

写真 1 ゆでプランテン、干し川魚とキャッサバの煮物（カメルーン東部州、1999、小松）

写真 2 コメを主体とするマダガスカルの日常的な食事（マダガスカル・マジュンガ州、1986、深澤秀夫）

写真 3 朝食でよく食べられる土器製の焙烙の上で炒ったコムギ（エチオピア南部諸民族州、2012、藤本）

写真 4 プランテンバナナで作ったフフ、トマトベースのスープ、魚添え（ガーナ・アクラ、2010、小松）

写真 5 トウモロコシとキャッサバ粉のバンクーと、鶏肉とオクラのトマトソース煮（ガーナ・アクラ、2006、溝辺）

写真 6 トウモロコシのケンケとつけあわせのツナ缶、揚げた小魚、薬味（ガーナ東部州カデ、2010、小松）

写真 7 バナナで作ったマトケと、小魚と葉菜の煮込み（ウガンダ・ラカイ県、2007、佐藤靖明）

写真 8 甘キャッサバのフフと、グネツムの葉とラッカセイのソース（カメルーン東部州、1996、小松）

写真 9 キャッサバ粉で作った固粥シマと、ササゲの塩ゆで、レイプと呼ばれる葉の炒め物（アンゴラ・モシコ州、2014、村尾）

写真 10 トウモロコシ粉で作った固粥ウガリと酸乳（タンザニア・ドドマ州、2014、鶴田）

写真 11 トウジンビエ粉で作った固粥オシスィマと、鶏肉の煮込み（ナミビア・オムサティ県、2011、藤岡）

写真 12 豆ソースと煮込んだキャベツやトウガラシなど多種の野菜料理を盛ったインジェラ（エチオピア・アディスアベバ、2012、藤本）

写真 13 エンセーテの発酵デンプンを焼いて作ったパン。マロの人々の日常食（エチオピア南部諸民族州、1995、藤本）

写真 14 テフのインジェラ、発酵エンセーテパン、小麦粉のパンと、生の牛肉料理クトゥフォー（エチオピア・アディスアベバ、2012、藤本）

写真 15 毒抜きをしたキャッサバを、潰して葉で包み、蒸したちまき「シクワング」。緑色が蒸す前、黄色が蒸した後（ガボン・マコク、2001、安渓）

写真 16 小麦粉から作るクスクス、トマトソース（アルジェリア・アドラール県、2010、石山）

写真 17 小麦粉で作ったチャパティと、ササゲの煮込み（ケニア・モンバサ、2002、安渓）

写真 18 ガリで作った固粥エグバと、ナマズの辛いトマトソース煮込み（ナイジェリア・ニジェール州、2012、稲泉博巳）

写真 19 市場の干し魚（ガーナ・アシャンティ州、2012、小松）

写真 20 オシスィマとイモムシのスープ（ナミビア・オシャナ県、2005、藤岡）

写真 21 市場のマメ類・穀類売り場（ガーナ・アシャンティ州、2012、小松）

写真 22 グネツム属の野生植物の葉と燻製魚の煮込み、ヤシ油で仕上げ（コンゴ共和国北部州、1996、小松）

写真 23 友人同士の食事でも同じ皿から一緒に食べる（ガーナ東部州、2010、小松）

写真 24 カンパラのレストランの昼食風景（ウガンダ・カンパラ、2007、佐藤靖明）

アフリカの作物

写真１ モロコシ（エチオピア南部諸民族州、2011、藤本）

写真２ シコクビエ（ケニア・リフトバレー州、2000、安渓）

写真３ テフ（エチオピア・オロミア州、2010、石川）

写真４ バナナ（AAB- プランテン・サブグループ）（カメルーン・リトラル州、2012、小松）

写真５ ヤムイモ（ガーナ東部州、2012、小松）

写真６ キャッサバイモを持つ女性の背後にある手を開いたような葉の植物がキャッサバの木（ケニア・ニャンザ州、2000、安渓）

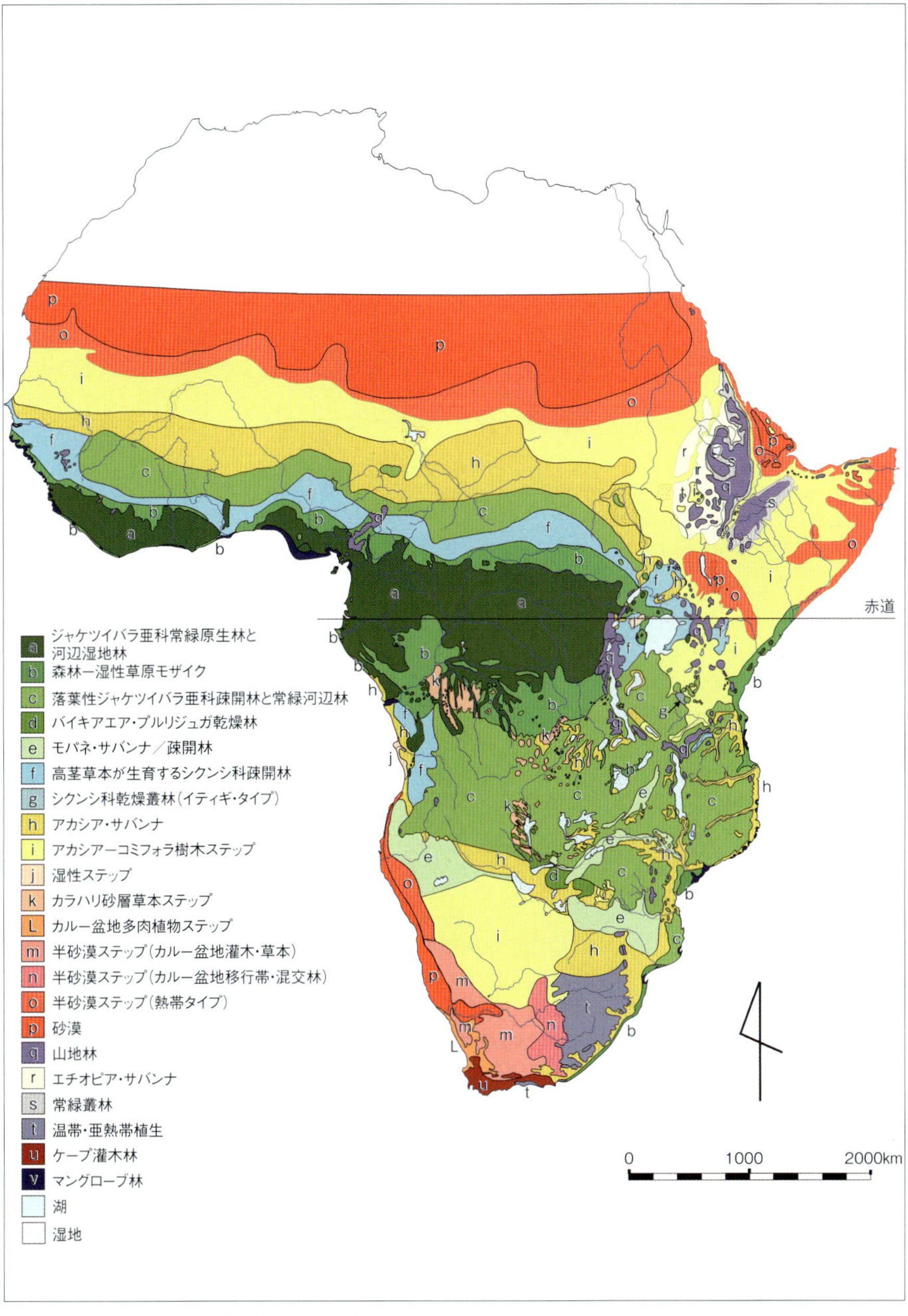

図１　アフリカ北回帰線以南の植生図

出所）Vegetation Map of Africa（Oxford University Press 1958）をもとに伊谷純一郎・寺嶋秀明が作成した図（伊谷＆寺嶋 2001：18）を、凡例和訳のうえで転載（序章参照）。

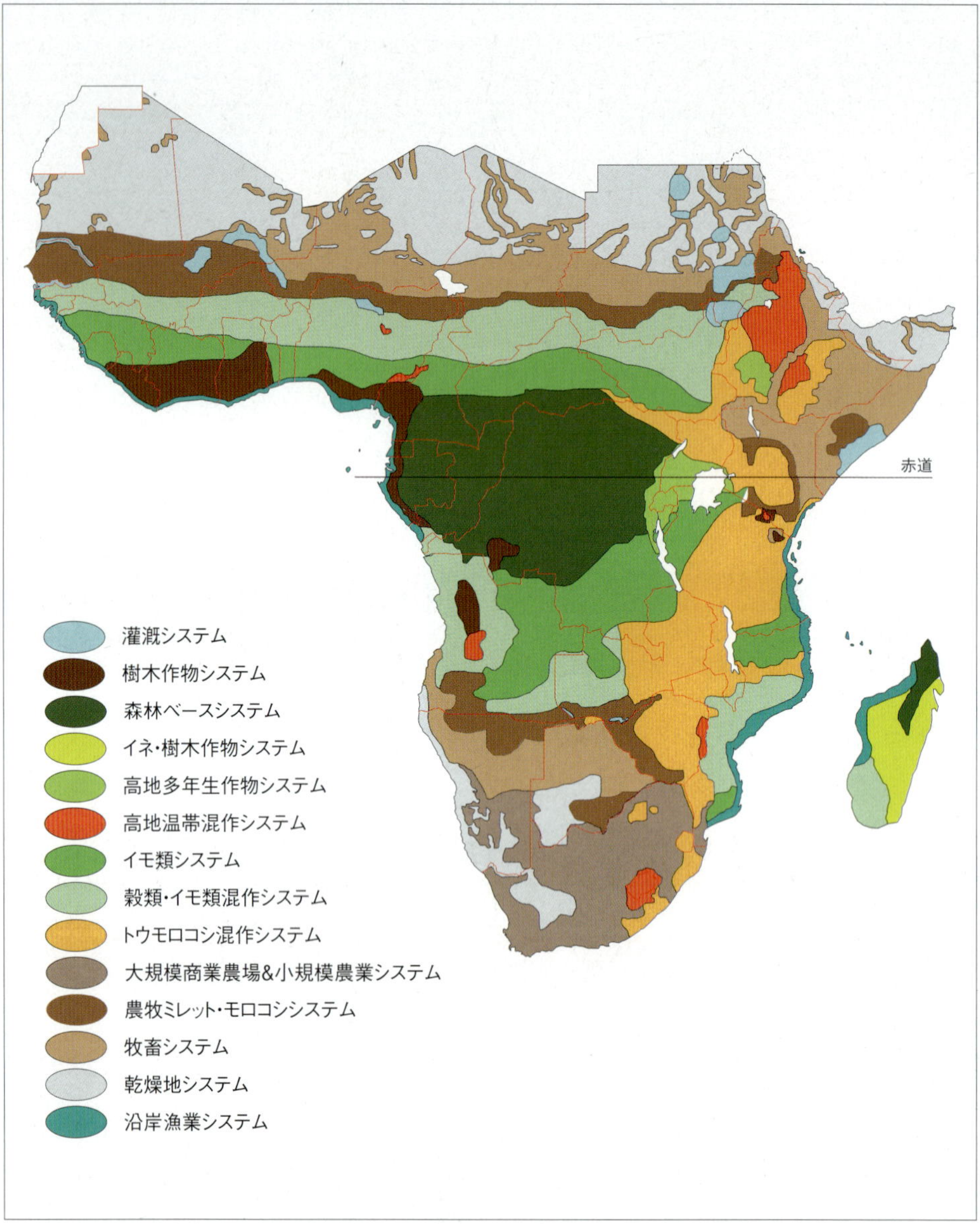

図２　ディクソンとガリバーによるアフリカのファーミングシステム分類

出所）Dixon & Gulliver（2001：31）所収の図をもとに作成（総説第２章表４参照）。なお上記の14のファーミングシステムに加えて「都市ベースシステム」という15番目の分類もある。

食と農のアフリカ史——現代の基層に迫る

A History of Food and Agriculture in Africa:
Exploring the Basis of Modernity

Edited by
Hiroki ISHIKAWA, Kaori KOMATSU, & Takeshi FUJIMOTO

はじめに

今から半世紀あまり前の一九六〇年、アフリカでは一七の国々が独立を達成した。植民地支配を脱した新しい国々が次々に誕生していた当時のアフリカは「希望の大陸」であり、世界の注目を集めていた。我が国におけるアフリカ研究もその熱気のなかで本格的に始まり、一九六四年には東京外国語大学にアジア・アフリカ言語文化研究所が設置された。

「アフリカの年」と呼ばれた一九六〇年から半世紀後の二〇一〇年、この研究所においてひとつの共同研究が開始された。ここに上梓するのは、その共同研究「歴史的観点から見たサハラ以南アフリカの農業と文化」（代表：石川博樹）の成果である。

本書は、総説三章と個別論考一四章で構成される。総説では、アフリカの「食の見取り図」を提示するとともに、アフリカで栽培・消費されている主要な主食用作物とアフリカ農業史研究に用いる研究手法について解説を行う。個別論考は「第一部　環境との関わり」「第二部　食の基層を探る」「第三部　グローバリゼーションのなかで」「第四部　農村から見る」「第五部　現代社会を知る」に分かれ、一五名の執筆者が多彩なテーマでアフリカの農業および食文化の基層に迫る。

このように本書は、既知の事実を列挙する概説や通史ではない。アフリカに関わる研究を進めている複数の分野の研究者が、この地の農業や食文化をいかなる歴史的視点からとらえ、そしていかなる研究の可能性を見出しているのかを示すことを目的としている。

「アフリカの年」から半世紀あまりを経て、アフリカは再び「希望の大陸」となり、「最後のフロンティア」と喧伝されるようになっている。この間、我が国におけるアフリカ研究は進展したものの、多くの日本人にとってアフリカが遥かなる大陸であり、この地の歴史にほとんど馴染みがないことに変わりはない。そのような大陸の農業と食文化について、歴史的視点から探ろうとする本書は、いかなる研究上のフロンティアを描き出すことができるのだろうか。一五名の挑戦をご覧いただきたい。

二〇一六年三月

石川博樹・小松かおり・藤本武

目次

第I部 環境との関わり

第Ⅲ部　グローバリゼーションのなかで

序章　食と農のアフリカ史序説

石川博樹

『食と農のアフリカ史――現代の基層に迫る』と題する本書は、東京外国語大学アジア・アフリカ言語文化研究所（以下、ＡＡ研と略記）の共同利用・共同研究課題制度を利用して実施した「歴史的観点から見たサハラ以南アフリカの農業と文化」と題する共同研究の成果の一つである。この共同研究は二期六年間にわたって継続した（第一期：二〇一〇年度～二〇一二年度、第二期：二〇一三年度～二〇一五年度）。

アフリカの農業と食文化の歴史は壮大にして複雑であり、この地の歴史に関する研究蓄積が厚いとはいえない日本の研究者が、その全容を明らかにするような解説書あるいは研究書を執筆することは難しい。それゆえ本書はそのような網羅的な内容を目指すのではなく、右記の共同研究の参加者を主体とする寄稿者が、個々の研究のなかでアフリカの農業と食文化の歴史に見出している研究上の視点、そして新たな研究の可能性を提示することを主たる内容としている。

1　アフリカの食文化――その豊かなる背景

アフリカを訪れる人は多くの料理に出会うであろう。トウモロコシなどの粉を熱湯で練り上げて作られるケニアのウガリ、ヤムイモなどを臼と杵でついて作られる、餅のようなガーナのフフ、コメを魚のスープで炊いたセネガルのチェブジェン、テフと呼ばれる穀物から作られる酸味のあるエチオピアのインジェラ……都市のレストランで、道路沿いの食堂で、あるいは一般の家庭で出会うそれらの料理の一つ一つ、そしてそれらに用いられている食材の一つ一つに、成立から現在に至るまでの歴史が秘められている。

アフリカ大陸の北部には広大なサハラ砂漠が広がっている。大陸のなかでこの砂漠よりも南に位置する地域を「サハラ以南アフリカ」と呼ぶ。「アフリカ」と聞いて多くの日本人が思い浮かべるのがこの地域である。「サハラ以南アフリカ」という語を毎回用いるのは煩瑣であるため、以下本書では、「アフリカ」という語をサハラ以南アフリカ地域を指して用いることにする。サハラ以北も含めたアフリカ大陸全体に言及する場合には、「アフリカ大陸」という語を使用する。

現在アフリカには八億人以上の人々が居住し、五〇以上の国々が存在する（図1）。その自然環境は多様であり、また各地域が経験してきた歴史的背景も多様である。

アフリカ大陸の気候・植生分布の特色の一つは、赤道を軸として南北に対称的に同じ気候・植生が分布することである（木村二〇〇七：一六）。赤道付近の大陸中央部のコンゴ川流域と西アフリカの沿岸部には年中高温多湿の熱帯雨林が分布し、その周辺部は基本的に緯度が高くなるにつれて乾燥の度合いを強め、ついには砂漠となる。広大なサハラ砂漠の北に位置する地中海沿岸地域、そして南部の乾燥地帯の南に位置する大陸南端の気候は、ケッペンの気候区分でいうところの地中海性気候である。このような南北対称構造のなかで、北東部のエチオピア、東アフリカの大湖

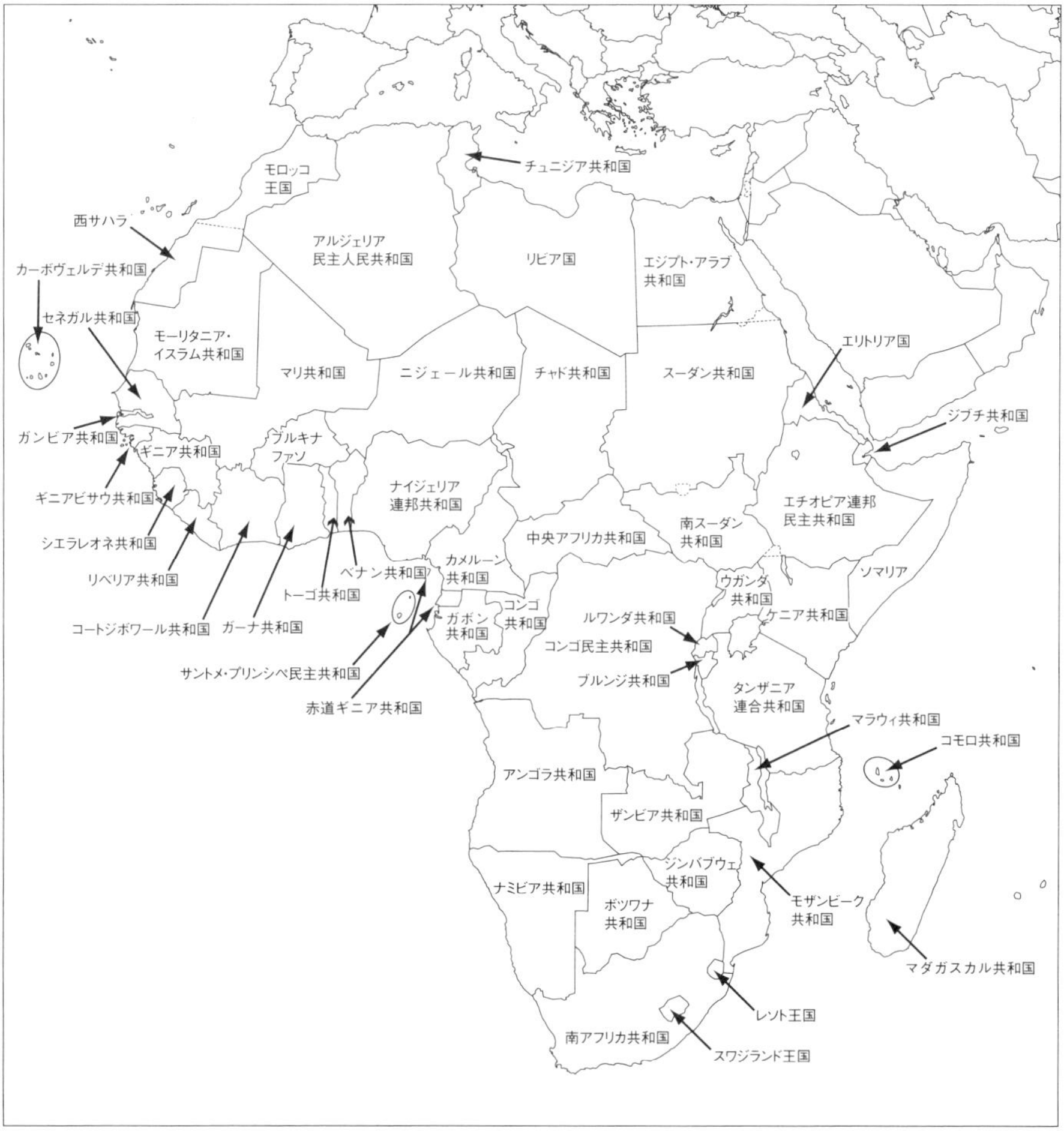

図1　アフリカ諸国の地図

出所）筆者作成。

地方、南部アフリカには高原が広がり、大陸他地域の気候にも影響を与えている（水野二〇〇五：一五―二四）。気温と降水量をもとにするケッペンの気候区分に従えば、アフリカの気候は、熱帯雨林気候、熱帯モンスーン気候、サバンナ気候、砂漠気候、ステップ気候、温暖湿潤気候、西岸海洋性気候、温暖冬季少雨気候、地中海性気候に分類できる（Peel et al. 2007）。しかしこれらの区分だけではアフリカの気候・植生を語るうえで必ずしも適切なものとはいえない。伊谷純一郎と寺嶋秀明が作成した植生図（口絵図1）に見られるように、アフリカの自然環境はよりきめ細かな分類のもとに考察する必要がある。

アフリカ大陸の中央部から、東部の内陸部を経て、南部にかけて広がる地域には、紀元前に始まった「バントゥーの大移動」と呼ばれる大規模な民族移動の結果、「バントゥー諸語」と総称される言語を話す人々が居住するようになった。北東部は、古代エジプト文明の影響を受けて国家が成立し、キリスト教やイスラームを受容するなど、中近東の影響を受けつつ文化を発展させてきた。サハラ砂漠南縁のサヘル地域や西アフリカ内陸部、そして東アフリカの沿岸部はイスラームの影響を強く受けたことで知られている。西アフリカから中部アフリカにかけての大西洋沿岸部は、一五世紀に幕を開けた大航海時代のなかで、いち早くヨーロッパ人と接触した。それはこの地に大西洋奴隷貿易という厄災をもたらすことになる。南部アフリカは、ヨーロッパからアジアに向かう中途に位置し、また鉱物資源が豊富であったため、ヨーロッパ人の定住と内陸部への進出が他地域よりも早く開始された。アフリカ大陸の沖合に位置するマダガスカルには、東南アジアから来住した人々によって水田稲作技術がもたらされ、アフリカのなかでも独特の景観が築かれている。一九世紀末から二〇世紀末にかけて、アフリカの大半の地域はヨーロッパ諸国の植民地となった。これを「アフリカ分割」と呼ぶ（図2）。第一次世界大戦の結果、植民地を保有する国々の顔ぶれは変わったものの（図3）、植民地支配は第二次世界大戦後も継続し、それが終焉を迎えるのは二〇世紀後半のことであった。宗主国や地域ごとの産物の相違などによって差異はあったとはいえ、このように、アフリカの多くの地域が、二〇世紀前半における植民地支配、そして二〇世紀後半における脱植民地化という共通の経験をすることになる。

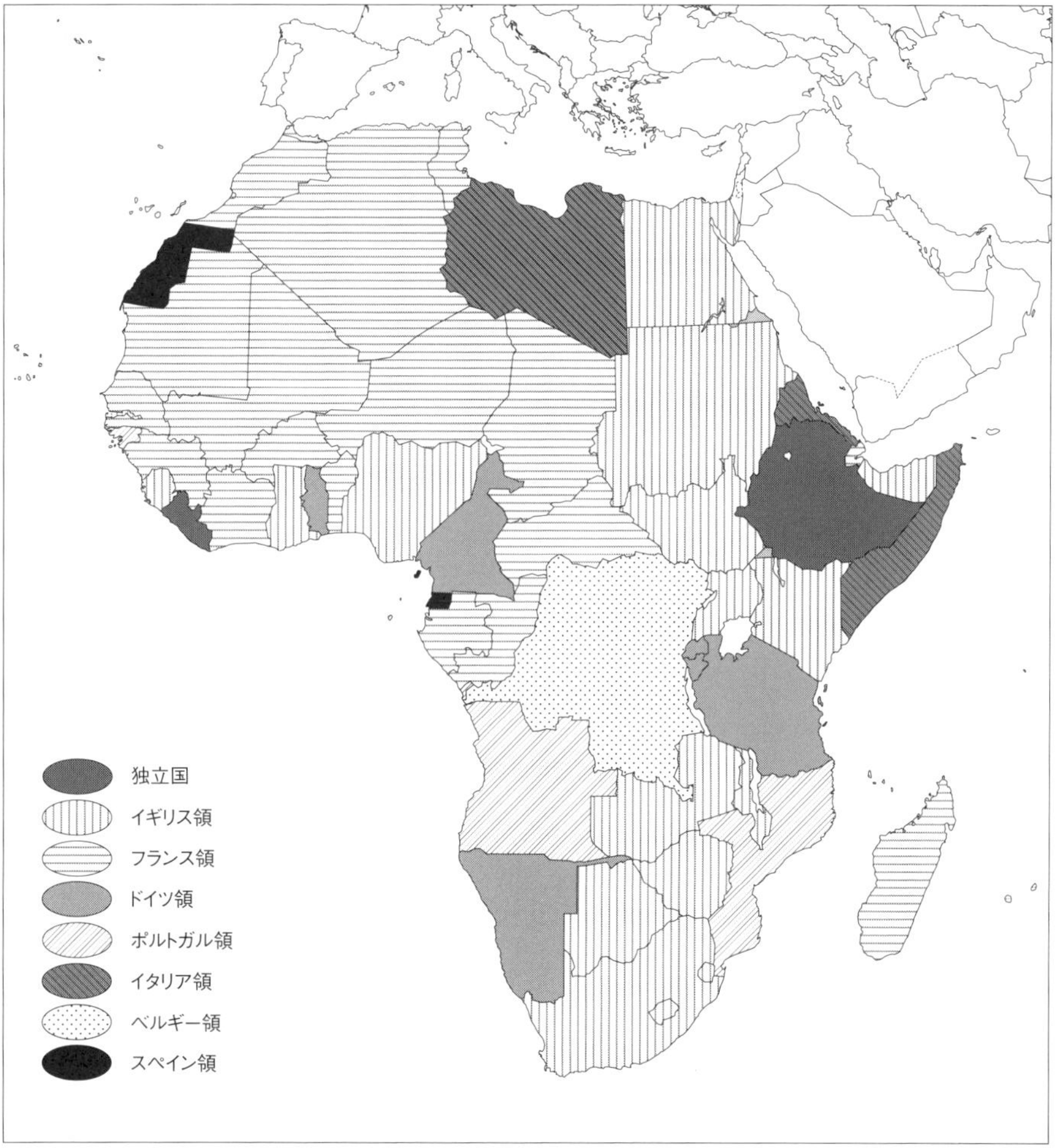

図２　「アフリカ分割」直後のアフリカ

出所）筆者作成。

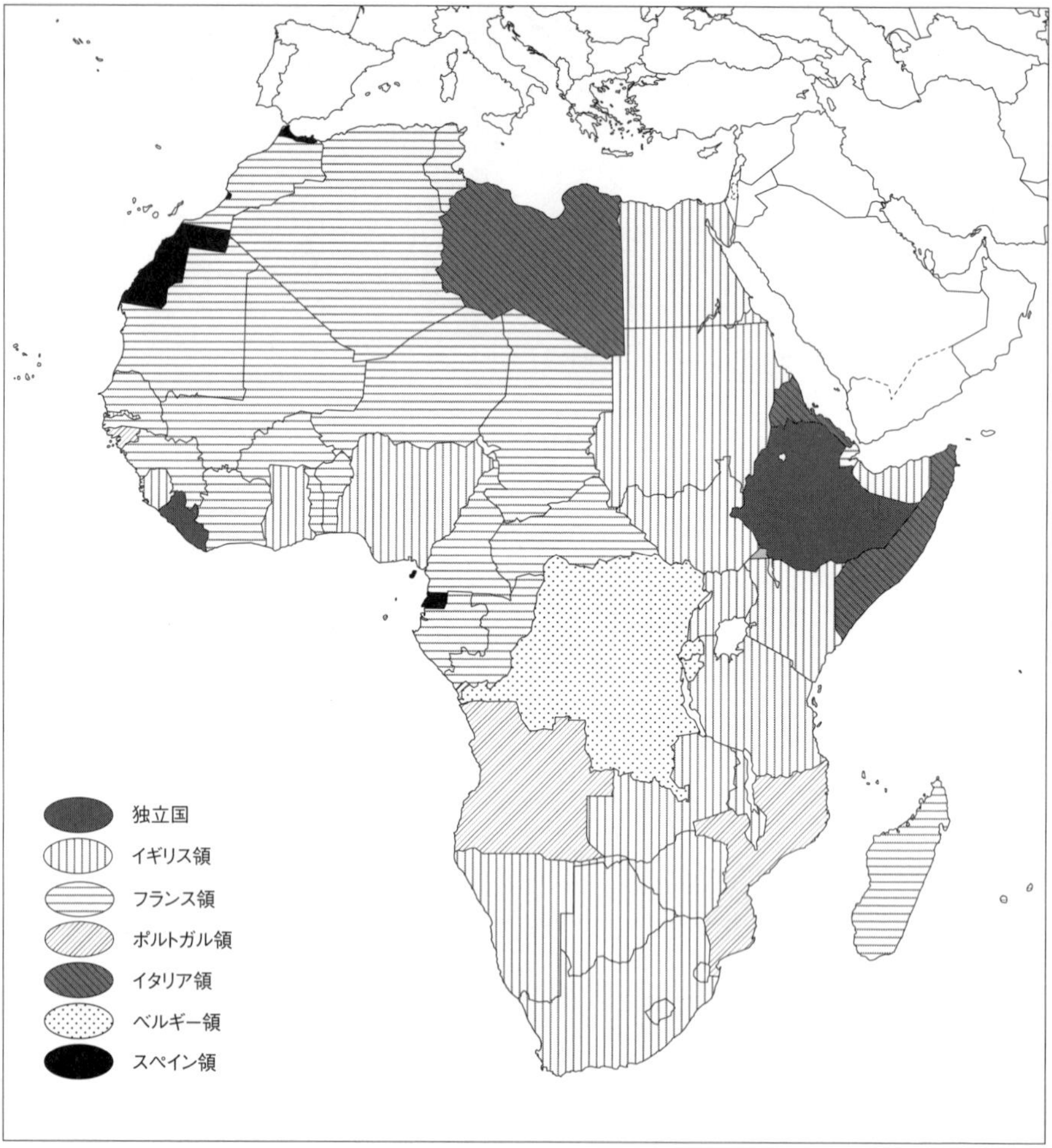

図３　第一次世界大戦後のアフリカ

出所）筆者作成。

アフリカ大陸では、ナイル川下流域、エチオピア高原、ニジェール川大湾曲部において独自の農耕・牧畜文化が成立した（川田一九九九：一〇六）。農耕が開始されて以来、農業はこの地の多くの地域において重要な生業であった。[1]多様な自然環境と歴史的背景のなかで、アフリカの人々は、野生の植物を栽培化し、あるいは他の大陸からもたらされた作物を受け入れつつ農耕を営み、それらの作物を用いて食文化を創り上げてきた。

2　日本におけるアフリカ農業研究と「歴史」へのまなざし

日本において本格的なアフリカ研究が開始されたのは、アフリカ大陸全体に独立の機運と希望が満ちていた一九六〇年代のことであった。一七ヶ国のアフリカ諸国が独立を達成した「アフリカの年」から四年後の一九六四年に日本アフリカ学会が創設され、またＡＡ研が設置された。

しかし一九六〇年代から現在に至る五〇年間におけるアフリカ諸国の歩みは平坦なものではなかった。多くの国々において独立後の経済政策は十分な効果をもたらさないまま、一九八〇年代に入ると、世界的な経済不況と債務の累積が各国の経済に打撃を与えた。一九七〇年代に世界経済が不況に陥るなか、累積債務の増大、天候不順に伴う飢餓、内政上の諸問題などに起因する経済的な困難に直面したアフリカ諸国は、ＩＭＦと世界銀行が示した構造調整政策の受け入れを余儀なくされた。しかし構造調整政策も効果を発揮しないまま、アフリカ諸国の経済状況はさらに悪化していった。冷戦終結後、世界的な緊張緩和が期待されるなか、アフリカではむしろ激しい地域紛争が頻発するようになった。また経済状況が好転しないまま、ＨＩＶ／ＡＩＤＳが多くの国々で広まった。数多くの困難を抱えたまま二一世紀を迎えたアフリカ諸国であったが、二〇一〇年代に入り、目覚ましい経済成長を遂げる国々が続出するようになった。その一方でこれまで見られなかった種類の紛争が勃発・激化するなど、アフリカ大陸は新たな時代を迎えつつある。

二〇一四年、創設五〇周年を迎えた日本アフリカ学会は『アフリカ学事典』を出版した。日本におけるアフリカ研究各分野の発展の軌跡を辿るこの事典において、「農業経済・農村社会学」の総説を執筆した末原達郎は、日本におけるアフリカ農業に関わる研究がこの半世紀の間に大いに進歩を遂げ、日本のアフリカ研究において重要な地位を占めるようになったことを指摘している（末原二〇一四：二五六）。

今西錦司と梅棹忠夫によって組織された京都大学アフリカ学術調査隊（一九六一〜六九年）を嚆矢として、掛谷誠と田中二郎を先頭に京都大学出身の研究者によって進められた生態人類学研究、細見真也、吉田昌夫、島田周平らアジア経済研究所に所属する研究者によって進められた農業経済研究など、複数の研究の潮流が入り混じりながら、日本におけるアフリカの農業や農村社会に関する研究は対象領域を拡大するとともに、研究を深化させてきた。そのなかでこの地の農業の歴史的側面に関してはどのような関心がもたれてきたのであろうか？

まずアフリカの農業の歴史的側面に注目した研究として取り上げるべき研究は、栽培植物、そして農耕文化に関する研究であろう。草創期の日本のアフリカ研究のなかで特筆すべき中尾佐助の栽培植物と農耕の起源に関する研究は、世界的な視野のもとで農耕の起源と、その後世界各地に成立した農耕文化の解明を目指したものであった。一九六〇年代に出版された『栽培植物と農耕の起源』『ニジェールからナイルへ——農業起源の旅』（中尾一九六六、一九六九）には、西アフリカにおいて成立した穀類とマメ類を中心とするサバンナ農耕文化に関するフィールド調査に基づく知見がまとめられ、アフリカ研究にとどまらず学界に大きな反響を呼んだ。その後アフリカの栽培植物に関する関心は福井勝義や重田眞義らによって進められ、近年も民族植物学の分野で安渓貴子、小松かおり、藤本武、佐藤靖明らが精力的に研究を行っている（重田二〇一四）。

二〇一〇年代の半ばに至った現在、アフリカにおける植民地支配はすでに過去のものになっている。しかし草創期の日本のアフリカ研究にとって植民地期は直近の過去、あるいは同時代のものであった。一九六〇年代から一九七〇年代にかけて進められたアフリカ諸国の農業経済に関する研究においては、直近の過去にあたる植民地期に成立した農業形態の把握は研究の前提となり、それが独立後どのように変化するのかが注目された。そのような研究の中心となったのが、アジア経済研究所である。吉田昌夫をはじめとするアジア経済研究所のアフリカ研究者は、土地所有制度や労働に関する研究、また植民地期に導入された換金作物栽培に関する経済史的視点からの研究を進め、数々の成果を上げた。

植民地期に生産が拡大した換金作物栽培の研究においては、時代が進み、植民地期がしだいに現状分析の前提としての舞台から姿を消していった一九九〇年代以降も、植民地期の農業政策等の理解が重要な意味を持ち続けている。例えば、一九九三年に刊行された『アフリカにおける商業的農業の発展』(児玉谷一九九三)はトウモロコシ、カカオ、キャッサバに関する研究を掲載しているが、執筆者はいずれも植民地期の状況に関して詳細な解説を行っている。特にキャッサバに関する武内の論考は、この作物のアフリカへの到来から植民地期における栽培の拡大までを明らかにしたもので、歴史学研究としても極めて興味深い。

一九八〇年代以降さかんになったアフリカの在来農業に関する研究にも、歴史への関心が窺える。この時期に多くのアフリカ諸国が経済的に破綻し、構造調整政策と経済自由化政策が実施されて、その影響はアフリカ諸地域の農村社会にも及ぶようになった。天候不順や内戦などもあいまって食料不足が深刻化し、さらには飢饉が発生すると、アフリカにおける食料生産の生産性の低さが国際的な関心事となった。焼畑を中心とした生産性の低い粗放的農業は批判の対象となり、欧米式の農業技術の導入が各国で進められるようになった。それに対してアフリカ諸地域の農村において長期のフィールド調査に基づいて研究を行っていた研究者たちは、アフリカの在来農業を見直し、焼畑や混作の意義を再評価するようになった。タンザニア西部の焼畑農耕民を対象とする掛谷誠、エチオピア南西部のエンセーテ栽培民を対象とする重田眞義らの研究には、在来農業、そして作物とそれを栽培する人々の歴史的関係への強い関心が示されている(掛谷二〇〇二、高村&重田一九九八)。

在来農業の研究が深化するなかで示された新たな研究が、杉村和彦や鶴田格によるアフリカ・モラル・エコノミー研究である（杉村二〇〇四）。アフリカの経済慣行に見られる互酬性の原理に着目してハイデンが提唱した「情の経済論」（Hydén 1980）をもとにして、ハイデンの議論には見られなった地域間比較や生業間比較を加味したアフリカ・モラル・エコノミー論は、アフリカの農村と農民を、世界的かつ文明論的な視野で捉えており（杉村&鶴田二〇一四）、歴史研究という視点から見ても興味深い。

一九九〇年代以降、日本におけるアフリカ農業研究は対象テーマを拡大しつつ、開発援助をはじめとする現代的問題に対応していった。研究の深化が進められるなか、対象となる農民の行動規範、作物、栽培技術などの現状をより深く理解・分析するために、それらの歴史的背景の解明の必要性を強く意識する研究者も現れるようになった。例えば、ザンビア西部に居住するアンゴラ難民を研究対象とする村尾るみこの研究には、難民が行うキャッサバ栽培の歴史的背景に関する強い関心を見出すことができる（村尾二〇一二）。また学際的研究を幅広く進めている池谷和信の環境史研究をはじめとする研究（池谷二〇〇九）にも歴史に関する深い関心が内包されており、アフリカの農業や食文化の歴史を研究するうえで学ぶべきことは多い。

3　日本のアフリカ史研究における農業への関心の希薄さ

このように一九六〇年代以降、生態人類学、文化人類学、経済学、人文地理学、農学などの研究者によってアフリカ農業研究は着実に進められ、そのなかでアフリカ農業の歴史的な側面に関しても多様な関心が示されてきた。農業に関する技術や慣行、栽培される作物や栽培地の環境は中長期にわたって形成されるものであり、農業に関する研究を行う際には長期的な視点が必要とされる傾向があるとはいえ、これだけ多様で深い関心が示されていることは、日本におけるこの分野の研究の深化を示しているといえよう。それに対して日本のアフリカ史研究者は、農業に対してどのような関心を示してきたのであろうか。

他の学問分野と比較すれば多少遅れたものの、日本においてもアフリカの歴史への関心は一九六〇年代から示されていた。日本の歴史学における主要な学会の一つである史学会では、毎年学会誌『史学雑誌』において「回顧と展望」と題する前年度の日本国内の歴史学研究の回顧を行っている。一九六四年に「アフリカ」が独立した項目になって以来、毎年のように「回顧と展望」では、アフリカ史研究の振興の必要性が説かれていた。しかし状況がはかばかしく改善することはなかった。

二〇〇一年に日本アフリカ学会の学会誌『アフリカ研究』で組まれた特集「二一世紀のアフリカ研究」において、吉國恒雄は「アフリカを史学する立場――『歴史（あるいは歴史学）の終わり』の奔流の中で」と題して寄稿し、そのなかで日本におけるアフリカ史研究の乏しさを嘆いている（吉國二〇〇一）。それから約一五年が経過した現在も状況は改善されておらず、日本におけるアフリカ史の研究者の数は一〇名程度にすぎない。ほぼ同時期に研究が開始されたといってもいい西アジア・イスラーム地域の歴史研究者の数が数百名を越しているのと比べれば、その少なさは際立っている。

永原陽子、北川勝彦など、優れた研究者が個々に精力的な研究活動を行っているとはいえ、日本の歴史学界において、アフリカ史研究は学問分野として認められているとは言い難い状況にある。フィリピスが指摘するとおり（Philips 2009）、日本においてアフリカ史が置かれている状況は、この分野の研究が歴史学研究の一分野としての地位を占めて久しい海外の状況と比べれば異様ともいえる。

このような状況の主たる要因が、明治期にヨーロッパから導入された西洋史、その研究手法を用いて国史として出発した日本史、さらに漢文研究の伝統をもとに中国およびその周辺世界を対象とした東洋史という三分野からなる日本の歴史学界の構造にあることは間違いない。それに加えて、アフリカの多くの社会において固有の文字が存在せず、それらの社会において文字以外の手段によって文化が伝達されてきたという、川田順造が見出したこの地の歴史や文化を考察するうえで極めて重要な知見が、その後不幸なことに日本の学界において不適切な方向に解釈され、アフリカに関する文字資料の歴史的・学術的価値を軽視する風潮が生じ、現在に至っていることも否定できない。

井野瀬久美恵と北川勝彦が編著『アフリカと帝国――コロニアリズム研究の新思考にむけて』の序章で解説しているとおり（井野瀬＆北川二〇一一：一―二四頁）、二〇世紀後半、植民地期のアフリカにおける農業や農民に関する歴史学研究は、ジェンダー研究や環境史研究といった新たな研究分野の研究をも織り交ぜながら発展してきた。日本においてもアフリカ経済史、あるいはイギリス帝国経済史研究の立場から、植民地期のアフリカの農業に関心は寄せられていた（北川＆高橋二〇〇四、山田二〇〇五）。またジンバブウェ大学大学院に留学した吉國は、独立後のジンバブウェにおける小農の躍進と先鋭化する土地問題について、ジンバブウェ、さらにアフリカの近現代史を紐解きつつ研究を行い、その成果を『燃えるジンバブウェ――南部アフリカにおける「コロニアル」と「ポストコロニアル」』として刊行している（吉國二〇〇八）。

しかし、日本において、アフリカ史の立場からこの地の農業や農民に真正面から向き合い、それらの歴史学研究を行ったのは、管見の限り、吉國のみである。農耕の開始以来、アフリカの多くの社会で農業が主たる生業であり続け、それがそれらの社会において重要な地位を占めてきたことを考えれば、この地の農業の歴史についての日本の歴史学界における関心の希薄さは特異なものともいえる。

4　共同研究の組織、そして本書の目的

アフリカが世界の他地域に比べて相対的に文字資料が少ない地域であること、その乏しさのなかでの歴史研究は、文字資料の豊富な地域のそれに比べて制約が多いことは確かである。しかし文字資料が豊富にある地域を対象とする歴史学研究者が、文字資料が伝え得ぬものも含めた、過去における人類の営みの総体としての歴史を研究するための方法や可能性を遍く提示しているようには思えない。

前述のとおり、日本ではこの半世紀の間に、アフリカ農業に関する研究が蓄積され、またそのなかで歴史学以外の分野の研究者からこの地の農業の歴史的側面に対して多様で深い関心が示されるようになっている。そこには、長期にわたるフィールド調査の経験に裏打ちされた、現代社会とその基層となった歴史について、より深く理解するための重要な手がかりが数多く秘められている。そのような先達の学問分野の研究者に歴史学研究者が加わり、共同研究を実施することによって、アフリカ農業研究に、あるいは歴史学研究に新たな可能性を示すことができるのではなかろうか。このような問題関心のもとに、ＡＡ研の石川博樹が中心となって二〇一〇年度より実施したのが、前述のＡＡ研共同利用・共同研究課題「歴史的観点から見たサハラ以南アフリカの農業と文化」である。

この共同研究の人選にあたっては、アフリカの農業に関連する研究を行ってきた生態人類学、文化人類学、人文地理学、経済学の研究者に参加を要請したほか、アフリカ史研究の対象領域を拡大することを目指して、農業を研究テーマとしてこなかったアフリカ史研究者に対しても積極的に参加を求めた。またこの共同研究では、植民地期にアフリカ諸地域で開発され、これまで比較的多くの研究がなされてきた輸出用換金作物ではなく、人々の生活や文化とより密接な関わりを持ち、研究の広がりが期待される主食用作物を主たる対象とした。

本書はこの共同研究の成果の一つである。冒頭で述べたとおり、アフリカの農業と食文化の歴史は壮大にして複雑である。それゆえ本書は、概説を連ねて網羅的な内容にすることを目指してはいない。そうではなく、日本における五〇年間のアフリカ研究の蓄積を基盤としつつ、アフリカの農業と食文化について歴史的観点から研究することの意義を示すことを主たる目的としている。

5　本書の構成

本書は総説と個別論考で構成する。

総説「アフリカの食と農を知るために」は、アフリカの農業と食文化の全体像を示すとともに、研究の手法を解説することを目的として、次の三章で構成する。第一章「アフリカの食の見取り図を求めて」では、安渓貴子、石川博樹、小松かおり、藤本武が共食を前提とした農耕民の食をアフリカの主要な食の類型として、それを主食と副食に分けて検討し、その見取り図を描き出す。第二章「アフリカの作物——成り立ちと特色」では、藤本武と石川博樹がアフリカにおける主食用作物の栽培状況を概観した後、それらの起源と栽培史について、アフリカを起源とする作物を中心に解説する。第三章「アフリカ農業史研究の手法」では、佐藤靖明、小松かおり、石川博樹がアフリカの農業と食文化の歴史を研究する際に用いる資料と研究手法について概説する。

個別論考は一四本収載し、第一部「環境との関わり」、第二部「食の基層を探る」、第三部「グローバリゼーションのなかで」、第四部「農村から見る」、第五部「現代社会を理解する」という五部に分ける。

環境と人間、そして農業との関係は、農学をはじめとする農業に関わる学問分野においては重要な研究領域の一つである。歴史学研究においても、環境に関する研究はこの半世紀の間に進展し、現在グローバルヒストリーの重要な分野として積極的に研究が進められている。第一部「環境との関わり」は、環境と人間と作物の相互作用によって築かれてきたアフリカの農業に関連する三つの論考で構成する。

アジアから伝わったバナナは、アフリカの湿潤な気候が広がる地域において重要な作物となっている。第一章「バナナから見たアフリカ熱帯雨林農耕史」は、料理用バナナが主要な作物となっているウガンダやカメルーンの農業を研究対象としてきた小松かおりと佐藤靖明が、アフリカにおけるバナナの普及と栽培地域について解説した後、バナナという一つの作物が中部アフリカと東アフリカという二つの地域において集約性においてまったく異なる栽培文化を生み出し、それぞれの地域の歴史の展開にも大きな影響を与えたことを示す。

環境と人間、そして作物の関係をより深く、より正確に知るためには幅の異なる複数の歴史的視点が必要となる。第二章「サハラ・オアシスのナツメヤシ灌漑農業——統合的手法による農業史理解」は、サヘル地域およびサハラ砂漠という乾燥地帯において研究を行ってきた石山俊が、アルジェリアのサハラ・オアシスの農業について、複数の時間軸の歴史的視点から考察し、現代のオアシス生活と農業が歴史の蓄積のうえに成り立っていることを統合的手法により示す。

我々は冷温帯に位置する西欧で育まれた歴史観、世界観を、知らず知らずのうちに所与のものとして世界を眺めてはいないだろうか。第三章「東アフリカ農牧民から見た世界史像」は、アフリカ・モラル・エコノミー論の研究を行ってきた杉村和彦が、半乾燥地帯において農牧という不安定な生業に基盤をおく東アフリカ農牧民社会の研究をもとに、冷温帯における農業という安定した生業に基づいて築かれたヨーロッパ的歴史観・世界観の相対化を試みる。

食材をはじめとして、食文化を構成する要素は多岐にわたり、それらの構成要素はそれぞれ歴史的背景を持っている。それゆえ食文化についての理解を深めるためには、多様な切り口からその歴史的背景を探る必要がある。第二部「食の基層を探る」は、アフリカの食文化の基層に秘められた技術や人間の嗜好、そしてそれらを文字資料から探る可能性を扱った三つの論考で構成する。

大航海時代に南米からアフリカにもたらされたキャッサバは、基本的に毒抜きをしなければ食用にならないにもかかわらず、現在アフリカの熱帯地域を中心に広く栽培され、各地の食文化において重要な地位を占めている。第四章「毒抜き法をとおして見るアフリカの食の歴史――キャッサバを中心に」では、アフリカにおけるキャッサバの利用方法に関する研究を行ってきた安渓貴子が、民族植物学と微生物学の視点に基づいたフィールドワークの成果と文字資料の再検討を通して、キャッサバの毒抜き法の種類と、それらの分布が物語るアフリカにおけるキャッサバ栽培の広がりの歴史を解説する。そしてそれを通じて、現場と原理を熟知したうえで行う文献研究の可能性を示す。

多くの社会において植民地期まで文字が使用されてこなかったアフリカにおいて、過去の農業や食文化について文字資料を基に研究することは可能なのであろうか。第五章「エチオピアのエンセーテ栽培史を探る――文字資料研究の可能性」は、一九世紀以前のエチオピア史研究を行ってきた石川博樹が、エンセーテと呼ばれる植物に関する研究を基に、アフリカの農業および食文化の歴史について文字資料を用いて研究する際の課題と可能性を解説し、文字資料を用いた研究を活性化する必要性を説く。

食文化の形成を考えるうえで、人間の嗜好の影響も欠かせない。例えば、エチオピアの高原部では発酵食品が好まれ、特にアフリカ原産のテフと呼ばれる穀類の粉で作られた発酵食品の一つであるインジェラは今なお普及を続けている。第六章「エチオピアの雑穀テフ栽培の拡大――食文化との関わりから」では、エチオピア南西部に住む農耕民を対象として研究を行ってきた藤本武が、テフというユニークな穀類の栽培がエチオピアで拡大しつつあることを述べ、その要因をマロの事例から検討している。テフは以前から栽培されていたが、エチオピアへの編入後もたらされたインジェラが近年人気を博すことでテフ栽培は拡大してきた。アフリカ農業研究を行う際には、人々の嗜好と関連して形成されてきた食文化についても十分考慮する必要があることを示す。

「グローバリゼーション」という語は、狭義には冷戦終結後の一九九〇年代以降に進行した、交通・通信手段の革新などに基づく世界の一体化を指している。広義には、大航海時代に始まり、さらに産業革命以降進展した世界の一体化をも意味する。この「広義のグローバリゼーション」は、アフリカ、そしてこの地の農業や食文化にも重大な影響を与えた。第三部「グローバリゼーションのなかで」は、産業革命以降の世界の一体化のなかでアフリカにもたらされた技術や制度、また人間や物の移動によって形成されたネットワークを扱う三つの論考で構成する。

「広義のグローバリゼーション」はアフリカ各地において人間や物の移動を活発なものとし、それは新たな食文化を作り出した。第七章「世界商品クローヴがもたらしたもの――一九世紀ザンジバル島の商業・食料・人口移動」では、インド洋奴隷貿易史研究を専門とする鈴木英明が、アフリカ大陸東部沿岸沖に浮かぶザンジバル島に持ち込まれた香辛料のクローヴがこの島の不可欠な輸出品となる過程において、複数の食料ネットワークがこの島を結節点としてリンクするようになり、新たな食料ネットワークの成立・展開に至ったことを示す。

一九世紀に進行したヨーロッパ諸国によるアフリカ大陸諸地域の植民地化は、農業にまつわるヨーロッパの技術や制度もアフリカにもたらした。第八章「大陸の果ての葡萄酒――アルジェリアと南アフリカ」では、アルジェリア史の研究を行ってきた工藤晶人が、フランスの植民地支配下において有数のワイン産地となったアルジェリアのワイン産業について、アフリカ大陸南端の南アフリカ共和国におけるワイン産業との比較、そして宗主国フランスのワイン産業との双方向的関係にも注目しつつ解説する。

大航海時代に中南米から世界のその他の地域にもたらされたトウモロコシは、その後農業技術の革新の影響を強く受けつつ世界各地で栽培され、現在世界で極めて重要な作物となっている。アフリカにおいても主食用作物のなかでトウモロコシの生産量が占める割合は高く、トウモロコシが最も重要な作物となっている国々も多い。第九章「緑の革命とアフリカ――トウモロコシを中心に」では、「緑の革命」の地域間比較を行う鶴田格が、植民地支配期、および独立後のアフリカ諸国におけるトウモロコシの普及について解説した後、多収穫品種の導入を核とする「緑の革命」がアフリカのトウモロコシ栽培に与えた影響を考察する。

農村において長期のフィールドワークを実施する研究者は、現在の農村社会について詳細な研究を進めていくなかで、過去に対しても洞察を深めていく。彼らが抱く歴史への関心のあり方を知ることは、アフリカの食と農の歴史に関する研究を進めるうえで欠かすことができない。第四部「農村から見る」は、アフリカの農村で長期の調査を行っている若手研究者が執筆した二つの論考で構成する。

アフリカは気象災害に対して世界のなかで最も脆弱な地域であるとされ、この地の異常気象とそれに対する対処が国際的な関心事となって久しい。第一〇章「気候変動とアフリカの農業――ナミビア農牧民の食料確保に注目して」では、ナミビアにおいて地理学研究を行っている藤岡悠一郎が、ナミビアの半乾燥地に暮らす農牧民が、異常気象に備えて発達させてきた食料確保のためのセーフティーネットの歴史的変化を解説する。そして今後、気象災害に対する脆弱性を軽減するうえで、歴史のなかで醸成されてきたそのような相互扶助システムを活用する必要性を指摘する。

脱植民地化の過程において、また冷戦終結後、アフリカでは多くの紛争が勃発し、多数の難民が生み出された。難民研究は今日アフリカ研究の重要な領域の一つとなっている。第一一章「限界を生きる焼畑農耕民の近現代史――ザンビア西部のキャッサバ栽培技術を中心に」では、ザンビア西部の農村において調査を行ってきた村尾るみこが、隣国のアンゴラから逃れ、南部アフリカのザンビアに居住している難民たちが行っているキャッサバ栽培の技術に着目する。そしてその研究を通じて、アフリカ農業の集約性をめぐる議論に新たな知見を加え、また新たなアフリカ難民研究の可能性を示す。

歴史を研究すること自体に意味を見出しがちな歴史学研究者と異なり、他の学問分野においては、歴史を研究することの意義は、現代社会を理解することと強く結びついている。第五部「現代社会を理解する」は、現代社会と深い関わりを持つテーマを扱った三つの論考で構成する。

ヨーロッパ諸国による植民地化は、アフリカ諸地域の経済構造に大きな変化をもたらし、それは独立後の経済運営にも影響を与えることになった。第一二章「脱植民地化のなかの農業政策構想――独立期ガーナの政治指導者クワメ・ンクルマの開発政策から」では、イギリス領ゴールドコースト（現ガーナ）において独立運動を指導した知識人について研究している溝辺泰雄が、「ガーナ建国の父」ンクルマの農業政策について、植民地期の農業の状況、そして独立後の政治情勢をふまえつつ解説し、ンクルマの限界と彼が採らざるをえなかった政策の現代への影響を示す。

歴史研究の成果が実際の政策立案に影響を及ぼすようになったとき、その研究をめぐる論争は学界内にとどまらず、社会全体を巻き込むことになる。第一三章「歴史研究と農業政策――南アフリカ小農論争とその影響」は、南アフリカの農村経済を研究する佐藤千鶴子が、南アフリカ農村史研究の古典として大きな影響力を持ってきた、一九世紀末までアフリカ人農村地帯においてアフリカ人小農が繁栄していたとする説をめぐる近年の議論を解説し、農業史研究が現代社会において持つ意味を描き出す。

現在進行している事態をより深く、より正確に知るためには、しばしば歴史的な視点が必要となる。第一四章「土地収奪と新植民地主義――なぜアフリカの土地はねらわれるのか」では、アフリカの農業経済について長年研究を行ってきた池上甲一が、近年世界的に注目を集めるようになった「ランドグラブ（土地収奪）」のアフリカにおける特質について、歴史的な視点、特に新植民地主義と呼ばれる思想・システムとの関連をふまえて解説し、それが研究者の当事者性を鋭く問う問題であることを指摘する。

注

1 「農業」という語は、土地を活用して植物の栽培と動物の飼育を行って生産物を得る生産活動を意味し、広義には農畜産物加工や林業までも含む。アフリカ研究においては、植物の栽培を主体とする生業を「農業」、動物の飼育を主体とする生業を「牧畜」と呼ぶのが通例である。

参考文献

池谷和信編　二〇〇九『地球環境史からの問い――ヒトと自然の共生とは何か』岩波書店。
伊谷純一郎・寺嶋秀明　二〇〇一「アフリカの植生図・一試案の提示」『人間文化（神戸学院大学人文学会）』第一五号、一五―一八頁。
井野瀬久美惠・北川勝彦編　二〇一一『アフリカと帝国――コロニアリズム研究の新思考にむけて』晃洋書房。
掛谷誠編　二〇〇二『アフリカ農耕民の世界――その在来性と変容』京都大学学術出版会。
川田順造編　一九九九『アフリカ入門』新書館。
北川勝彦・高橋基樹　二〇〇四『アフリカ経済論（現代世界経済叢書八）』ミネルヴァ書房。
木村圭司　二〇〇七「アフリカの気候」池谷和信・武内進一・佐藤廉也編『朝倉世界地理講座　大地と人間の物語一一　アフリカI』朝倉書店、一五―二八頁。
児玉谷史朗編　一九九三『アフリカにおける商業的農業の発展』アジア経済研究所。
重田眞義　二〇一四「栽培植物」日本アフリカ学会編『アフリカ学事典』昭和堂、五六六―五六九頁。
末原達郎　二〇一四「総説　農業経済学・農村社会学」日本アフリカ学会編『アフリカ学事典』昭和堂、二五六―二六九頁。

杉村和彦　二〇〇四『アフリカ農民の経済——組織原理の地域比較』世界思想社。
杉村和彦・鶴田格　二〇一四「農業と農村社会」日本アフリカ学会編『アフリカ学事典』昭和堂、二七六—二七九頁。
高村泰雄・重田眞義編　一九九八『アフリカ農業の諸問題』京都大学学術出版会。
中尾佐助　一九六六『栽培植物と農耕の起源』岩波書店。
中尾佐助　一九六九『ニジェールからナイルへ——農業起源の旅』講談社（改題版『農業起源をたずねる旅——ニジェールからナイルへ』岩波書店、一九九三）。
水野一晴編　二〇〇五『アフリカ自然学』古今書院。
村尾るみこ　二〇一二『創造するアフリカ農民——紛争周辺農村を生きる生計戦略』昭和堂。
山田秀雄　二〇〇五『イギリス帝国経済史研究』ミネルヴァ書房。
吉國恒雄　二〇〇一「アフリカを史学する立場——『歴史（あるいは歴史学）の終わり』の奔流の中で」『アフリカ研究』第五八号、三七—四〇頁。
吉國恒雄　二〇〇八『燃えるジンバブウェ——南部アフリカにおける「コロニアル」と「ポストコロニアル」』晃洋書房。
Hydén, G. 1980: *Beyond Ujamaa in Tanzania: Underdevelopment and an Uncaptured Peasantry*, Berkeley: University of California Press.
Peel, M. C., B. L. Finlayson, & T. A. McMahon 2007: “Updated World Map of the Köppen-Geiger Climate Classification,” *Hydrology and Earth System Sciences* 11, pp.1633-1644.
Philips, J. E. 2009: “Recent Studies of African History in Japan,” *History Compass* 7(3), pp. 554-565.

総説

アフリカの食と農を知るために

第1章　アフリカの食の見取り図を求めて

安渓貴子・石川博樹・小松かおり・藤本武

はじめに

一九七〇年にタイムライフブックスの「世界の料理」シリーズの一巻として『アフリカ料理』（Van der Post 1970）が刊行された後、世界各地の食文化を解説したシリーズの一巻としてアフリカの食文化を扱った書籍が出版されることは珍しくなくなった。近年では、二〇〇四年に農山漁村文化協会より「世界の食文化シリーズ」の第一一巻として小川了によるアフリカの食文化の解説書（小川二〇〇四）が、二〇〇五年には、グリーウッドプレスよりオセオ＝アサレの『サハラ以南アフリカの食文化』（Oseo-Asare 2005）が出版されている。また二〇〇九年に出版されたマッキャンの『鍋をかきまぜる――アフリカ料理の歴史』（McCann 2009）、二〇一四年に出版されたオテンギらによる『アフリカ料理――歴史と実践』（Otengi et al. 2014）など、アフリカ料理の歴史に関する本も相次いで出版されている。二〇〇〇年に出版された世界の食物史に関する包括的な事典である『ケンブリッジ世界の食物史大百科事典』（Kiple & Ornelas 2000）にもアフリカの食文化に関する解説は見受けられる。このように今日アフリカの食の歴史や食文化については、いくつかの文献を手に取ることができるようになっている。

タイムライフブックスの『アフリカ料理』やオセオ＝アサレの『サハラ以南アフリカの食文化』、オテンギらの『アフリカ料理——歴史と実践』がそうであるように、アフリカの食文化を語る場合、アフリカをいくつかの地域に分けたうえで、各地域の主要な料理を解説し、その多様性を提示するというスタイルが一般的である。それに対して小川の著作『世界の食文化一一　アフリカ』は、自身がフィールドとしてきたセネガルの食文化の解説を中心としつつ、アフリカの食の特色として「主食と副食の区別があること」「主食は噛むものではなく、のみこむものであるとされていること」「食事は熱くなければならないと考えられていること」という三つの特色を挙げた。その提示が、学界にとどまらず社会的に注目を浴びたことは記憶に新しい。

さて、これらのアフリカの食文化を解説した文献のなかで共通して語られるのは、アフリカの日常風景として大勢がともに一つの大皿を囲むにぎやかな食事風景である（口絵「共食の風景」参照）。

たとえば丸いやわらかい餅のような団子のようなもの、マッシュポテト状の大きな固まり、あるいはこんもり盛った米の飯が大皿に盛られている。その真ん中をくぼませてそこに汁気たっぷりの肉や野菜の煮込みがかかっている。または別皿に煮込みやソースがつけあわせてある。大勢でひと皿の料理を囲み、一口大にちぎりとって、それをスープにつけて、またはスープの具と合わせて食べる……。

現代社会では都市化やグローバル化に伴い貧富の差が拡大し続けているが、生きることの機会均等と食の配分は、地域がコミュニティとして機能している社会では、重要な関心事であった。アフリカの社会もまた例外ではない（杉山二〇一一：二三九）。同じ場所でともに食べる「共食」の光景は、アフリカだけではなく世界の多くの地域で見られる。しかしアフリカで一つの大皿を囲む風景には、男が囲む皿と女が囲む皿に分かれることがあるにしても、「食べ物はあるだけをそこに居合わせた者が分け合う」という食の原点ともいえる「分かち合い」が前提にある。さらに小集落全体で、各家庭の料理を持ち寄って分かち合うことも漁撈民、狩猟採集民、また農耕民でもしばしば見られる（杉村二〇〇四：一四一—一五〇）。何時間もかけて料理ができあがったとき、そこにいる人みなで大皿を囲むのが原則である。

図1　口絵写真の撮影地

出所）石川作成。

小川（二〇〇四）はアフリカの食の特色として「食事は熱くなければならないと考えられていること」を挙げているが、共食における食事は、熱々で、または人肌で供され、冷めないうちに一度に食べきってしまうことを基本としている。食事の形式が「共食」を前提にしているともいえる。

もちろん、集まらずに個々に食べることもある。朝食は残り物や飲み物、あるいは粥などで簡単にすますことが多い。家ではなく畑や野外、旅先に持参する食事もあるし、移動した先で手に入るものを食べる狩猟採集や牧畜生活での食事もある。また、都市化に伴い、外出先でめいめいが注文して食べるようになると、一人分の皿に盛りつけられたセットで出される食事も見られる（溝辺二〇一三、口絵「主食と副食」写真4、5、18、24）。田舎でも都市生活の影響で、めいめいの皿に取り分ける食事風景も見られるようになった（口絵「主食と副食」写真2、9、17）。しかし共食が今なおアフリカの食の重要な特質であることに変わりはない。

共食とともにアフリカの食の特徴として指摘されるのは、主食・副食の区別があることである。世界各地の食生活を見ると、ヨーロッパのように主食にあたる概念がない地域がある。その一方で、例えば米を中心に主食と副食の概念がある日本を含む東アジア、東南アジアのような地域がある。アフリカの農耕民の大皿料理は、デンプン質の主食と、タンパク質・油脂・ビタミン類などを供給するソース状、またはシチュー状の「副食／つけあわせ」からなっているものがほとんどである（口絵写真「主食と副食」）。

アフリカ料理に関する文献で「アフリカを代表する料理」として紹介されることが多いのが固練りの粥（固粥）のようなもの、例えば東アフリカのウガリ、西アフリカのフフである。確かにウガリやフフ、およびそれに類する料理はアフリカの広い範囲で主食となっている。しかしウガリやフフをアフリカ料理の代表とする語りはどれほど妥当なのか、いいかえれば、ウガリやフフはアフリカの主食のなかでどのような位置にあるのだろうか。その答えを知るためには、アフリカの主食を調理法などによって分類することが必要になる。

序章で述べたように、アフリカ大陸は赤道の上に広がる湿潤な熱帯雨林をまんなかに、同心円状に季節林、サバンナ、砂漠と乾燥気候がとりまくモザイク状になっている。このような多様な自然環境の下で、アフリカでは狩猟、採集、漁撈、牧畜、そして農耕という複数の生業が人々の生活を支えてきた。

このうち最も多くの人口を養ってきたのは農耕であり、現在アフリカの食文化の中核となっているのは農耕民の食である。本章では、先に述べた共食を前提とする農耕民の大皿料理をアフリカの主要な食の類型とし、それを主食と副食に分けて解説する。それはこの後に続く各章の内容を理解する際の基礎となるだろう「アフリカの食の見取り図」である（図2）。

1 共食における主食

(1) イモ類と穀類

この大陸に生きる人々の料理は、それぞれの地域でとれた作物が基本材料なので、熱帯雨林の森を伐り開いた焼畑の産物もあれば、乾燥したサバンナの短い雨季に作られる畑の産物もあり、低湿地のイネもある。この多様な食材を統一的に理解するために類型化を試みた。まず主食原料を大きく「イモ類」と「穀類」に分けて、その調理方法から見ていく。

ここでいう「イモ類」とは根栽作物、根茎作物とも表現され、種子でなく根分け、株分け、挿芽などの栄養繁殖で繁殖させるデンプン質の作

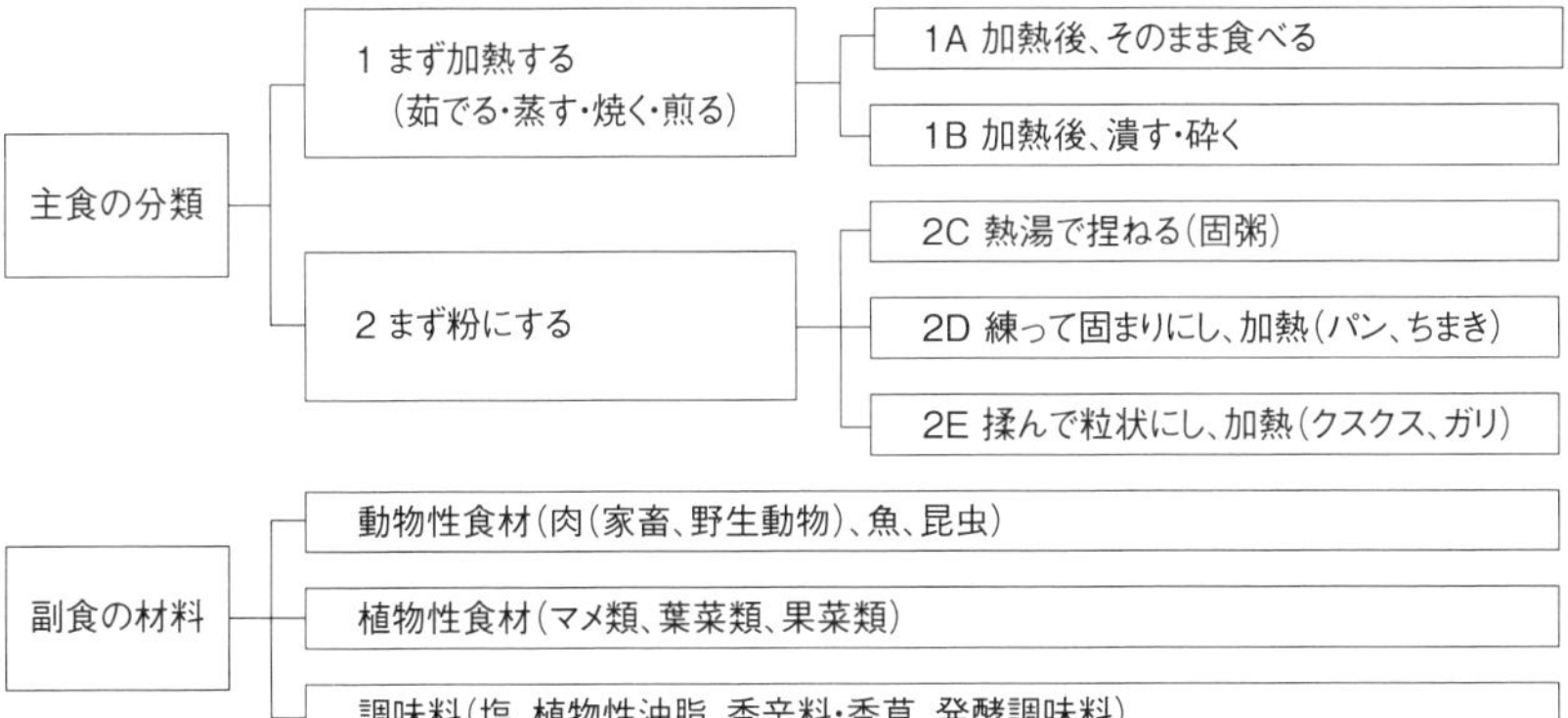

図２　アフリカの食の見取り図

出所）安渓＆小松作成。

物である。ヤムイモ、タロイモ、アメリカサトイモ、キャッサバ（有毒品種を苦キャッサバ、無毒品種を甘キャッサバと表示する）、エンセーテなど根や茎が肥大する作物や、果実を食べるが、種子ではなく栄養繁殖で増やすバナナを含んでいる。[1]

根栽作物には、栽培から収穫まで数ヶ月から一年以上、なかには数年畑におくものもある。イモ類は年中畑にあって食べるときに収穫する、いわば「畑が貯蔵庫」という作物である。食材としては水分を多く含んでおり、運ぶのが重くて保存が利かないことが多い。保存のためには乾燥や発酵の処理が必要である。

「穀類」とは、アフリカで栽培化されたトウジンビエ、モロコシ、シコクビエ、テフ、フォニオ、アフリカイネ、アジアから伝わったコムギやアジアイネ、アメリカ大陸起源のトウモロコシなど種子で繁殖するイネ科の作物で、二、三ヶ月から長くても一年以内に収穫される。主に乾燥地帯で作られ、乾季が長く、短い雨季に種を播き開花・結実したものを収穫する。種子は水分が少なくて、穂の状態で長期保存が利く。乾季には長期保存した種子を食べつなぐという食生活である。

(2) 調理方法

料理にはできあがりだけ見ていては見えないものがある。料理の仕方を見せてもらい、できれば素材の調達の現場にも立ちあいたい。そこには、それぞれの土地の環境と、そこに生きてきた人々の歴史が色濃く反映しているはずである（写真1〜6）。

アフリカの主食の二大調理法は、イモ類も穀類も「まず加熱する」ことと、「まず粉にする」ことである。「まず粉にする」のは基本的に穀物であるが、腐りやすく保存や長距離の移動が困難なイモ類も、多様な調理方法で、保存可能な「粉」にするという技法が発達した。一六世紀にもたらされたキャッサバは、「粉にする」ことをはじめとする多彩な保存方法によって、それまでのイモ類の栽培圏を超えて主食の位置を得ることになった。しかし粉にするといっ

写真１　木の棒を用いた脱穀の様子（ブルキナファソ・ニャニャ県、2010 年。石山俊撮影）

写真２　木べらで捏ねてできあがった固粥をすくっている女性（ブルキナファソ・ニャニャ県、2010 年。石山俊撮影）

写真３　木臼と竪杵で製粉作業を行う女性（ブルキナファソ・ニャニャ県、2010 年。石山俊撮影）

写真４　焙烙の上でコムギを煎る女性（エチオピア南部諸民族州、2012 年。藤本武撮影）

写真５　往復式石臼で製粉作業をする女性たち（エチオピア南部諸民族州、1999 年。藤本武撮影）

写真６　底が丸い壺で料理の準備をする女性（エチオピア南部諸民族州、1999 年。藤本武撮影）

ても、穀物の場合はきめの細かさがさまざまであり「粗挽き」程度のものもここでは粉に含めておきたい。またイモ類の場合は乾燥した粉末状のものであるとは必ずしも限らない。

そして、いったん粉にすると、イモ類の粉も、穀物の粉と調理の基本は同じである。このような視点に立って材料と調理の方法を、以下の順に述べる。

1 まず加熱する——茹でる・蒸す・焼く・煎る

A 加熱後、そのまま食べる

B 加熱後、潰す・砕く

2 まず粉にする

C 熱湯で捏ねる（固粥）

D 練って固まりにし、加熱（パン・ちまき）

E 揉んで粒状にし、加熱（クスクス・ガリ）

1 まず加熱する料理

A 加熱後、そのまま食べる

イモ類はそのまま、また大きければ切り分け、鍋に水を入れて茹でる、あるいは蒸す。少量なら焼く場合もある。ヤムイモ、タロイモ、バナナ、甘キャッサバ、エンセーテなどをこうして食べている。鍋さえあれば簡単に作れるので、畑から帰ってとりあえず作る昼食や、簡単にすませる朝食に食べることが多い[2]。

穀類のなかでも、コメやトウジンビエ、フォニオは粒のまま煮る。アフリカイネ（*Oryza glaberrima* Steud.）の原産地ニジェール川中流域で暮らすボゾの食事の基本は、炊いたコメに発酵させた魚を煮たソースをかけた「ニョーホー」

と呼ばれるもので、アフリカ米は炊くと粘り気のある赤米で、日本人の舌には美味である（竹沢一九九九：一九二）。

一方マダガスカルでは、今から一五〇〇年から二千年前にインドネシアからの移住民が携えてきたとされるアジアイネ（*O. sativa L.*）を作る米食地帯が広がっている。日本語と同じように、マダガスカル語でも「ご飯を食べる（mihinam-bary）」という表現は「食事をする」と同じ意味になる（深澤二〇〇九：五、口絵「主食と副食」写真2）。コメを油で炒めてから煮るピラフは、インド洋岸のスワヒリの食事の定番である。

アフリカ原産のトウジンビエを粒のまま炊いたものをケニア南部のカンバは「ムサンディ」と呼び、女性たちが時間と労力を費やして作るムサンディは家族揃って食べる一家団欒の食の中心である（上田一九九九：二六七）。また、西アフリカのマリやギニア、ブルキナファソでは、フォニオという、このあたりだけで栽培されている穀物の、大変小さい穀粒を蒸して、パーム油などをかけて食べる（小川二〇〇四：七四）。

西アフリカのセネガルでは、もともとは後述の雑穀のクスクスが主食であったが（にむら二〇一二：一三二）、一九五〇年以降に都市部を中心にラオスやベトナムからの安価な砕け米が輸入され米食が浸透した（小川二〇〇四：一一五）。セネガルのコメの調理の特徴は、一度蒸してから湯またはソースで煮ることで、クスクスと同じ調理道具を使い、食感も似ている。スープとなじみやすいとして好まれ、現在ではわざわざ砕いて販売することもある。

エチオピアでは、コムギやオオムギ、モロコシ、トウモロコシをエンドウやヒヨコ豆などのマメ類とともに焙烙と呼ばれる平らな丸い土器の上で煎ったアムハラ語でコロと呼ばれる食べ物が、朝食や軽食、携帯食でよく食べられる（口絵「主食と副食」写真3）。またコムギやモロコシ、トウモロコシなどではインゲン豆などと一緒に塩茹でした料理（アムハラ語でヌフロ）がやはり昼食などでよく食べられる。同じ穀物でも、手間のかかる粉に挽いた料理は晩に作られるのに対して、こうした簡便な粒食は朝食や昼食ではごく一般的である。

トウモロコシを直火で焼いて食べることはどこでも普通に行われているが、中尾（一九七二：三二―三五）が報告しているようなアジアでの焼き米や吸水させた籾を蒸してから乾かすパーボイル加工のような例は、今のところアフリカ大陸からは報告がないようである。

B　加熱後、潰す・砕く

イモ類を茹でて、熱いうちに臼と杵で搗くと、粘りが出て餅状の固まりになり、特有の風味や食感がつく。西アフリカや中部アフリカではヤムイモ、タロイモ、バナナ、甘キャッサバで作り、コートジボワール、ガーナ、トーゴでは、これをフフとかフトゥと呼ぶ（小川二〇〇四）（口絵「主食と副食」写真4、8）。この一帯はアフリカ原産のギニアヤム（*Dioscorea cayenensis* Lam.）の原産地であり、この食べ方は最も古来のものの一つであろう。また、東アフリカの大湖地方一帯ではバナナの集約的農法が発達しており（第一章参照）、ウガンダではバナナを長時間蒸して潰した大変やわらかいものをマトケと呼び（口絵写真7）、最も好まれる食べ方である（佐藤靖明二〇一一：三七―四〇）。

発酵によって毒抜きした苦キャッサバを、発酵用の池から揚げて粗く崩してからバナナの葉を敷いた容器で蒸す。これを臼と杵で搗いて固まりにして食べる。コンゴ盆地のボイェラがボミタと呼ぶ日常食である（佐藤弘明一九八四：六八五）。また、臼と杵を使わず、専用の叩き台と叩き棒を使う人々もいる（Komatsu 1998）。

穀物ではここに当てはまる例は多くないが、エチオピアではオオムギを炒った後、粉に挽いて（つまり、はったい粉）、水で湿らせたものを手でつまんで食べることはよく行われる（藤本二〇〇五）。

こうして見ると、イモ類とは異なり、穀物を煮るか蒸すかしたあと臼と杵で搗く、日本の九州以北の餅にあたる料理法がアフリカでは見られないことにも気づく。[3]

2　まず粉にする

粉を原料にした調理法は、基本的には穀類もイモ類も同じである。

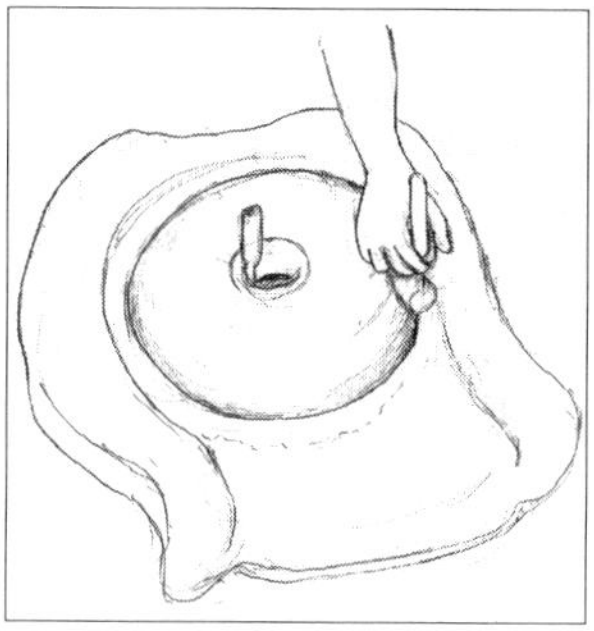

図３　回転式石臼

出所）安渓作画。

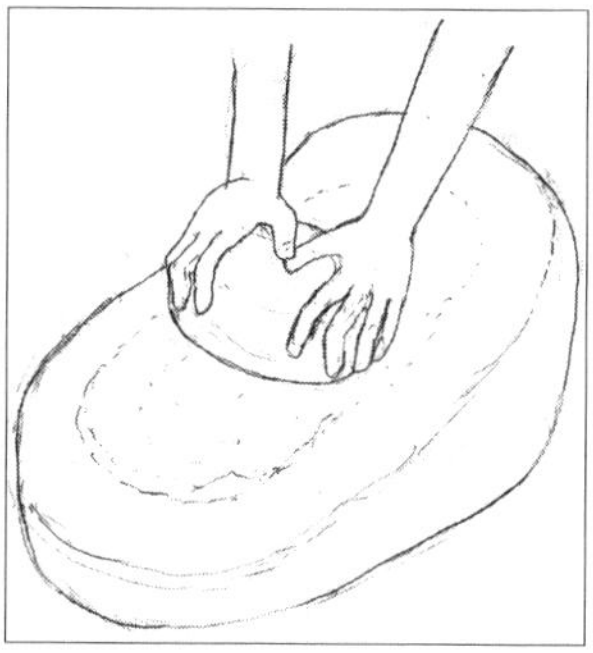

図４　往復式石臼

出所）安渓作画。

穀物を、木の臼と杵で搗いて殻を除き、さらに細かく搗くか（写真3）、サバンナ地域では石臼（回転式と、より古風な往復式がある。図3、4、写真5参照）で擂り潰し、篩を何度も通して均一な粉にする。石臼で挽くと砂粒が混じることが多い（端一九八一：五七）。水車による粉挽きや、最近はディーゼルや電力による製粉機を用いた粉砕も普及している。

イモ類は、保存のために発酵や乾燥を行ったのち、粉にする。臼と杵で容易に粉になる。これを篩を通して均一な粉にする。粉にするイモ類は、エンセーテを除いて、主に一六世紀以降にアメリカ大陸から導入されたキャッサバである。穀物の粉を調理するものが技法としては古いといえる。イモを粉にする過程は毒抜きも兼ねていて、キャッサバの調理法の多様さがアフリカの調理法を複雑に見せている。

粉は以下に述べるように、熱湯で捏ねる、水を加えて練ったものを加熱する、いったん粒状に加工して加熱する、の三つの調理法がある。

C　熱湯で捏ねる（固粥）

熱湯に粉を入れながら、へらでよく攪拌する。粘りが出て固まるのを捏ねる。これを東アフリカではスワヒリ語で「ウガリ」と呼び、トウジンビエ、モロコシ、シコクビエで作られてきたが、近年はトウモロコシにおきかわりつつある。[4] 同じ調理法に、ザンビアでは「シマ」、南アフリカでは「パップ」、ウガンダでは「ポショ」など各地それぞれの呼び名がある。同じものを西アフリカのマリではトーと呼び、サハラ砂漠の南に東西に広がるサヘル地域でもよく食べられている。トウジンビエ、モロコシなどで作るが、粒が大変小さいフォニオでも作られる（小川二〇〇四：七四）。また、西アフリカではこれを、イモ類を茹でてのち潰して作る料理と同じ名「フフ」と呼ぶ場合もある。料理法は大きく異なるのだが、できあがりの形状がBのフフに似ていることから、同じ名で呼んでいる。

アメリカ大陸から一六世紀以降に持ち込まれた有毒な苦キャッサバが痩せ地や乾燥、虫害や獣害に耐えて育つことから、アフリカの人々は多様な毒抜き法を開発した（第四章参照）。それによってイモは穀物と同じ「粉」になると同時に保存性を獲得した。キャッサバの粉もトウモロコシに次いで、近年は在来の粉とおきかわりつつある。東アフリカなどでは、苦キャッサバより収量は低いが毒抜きがいらない甘キャッサバを、皮をむいて小さく切り、乾燥し粉にして食べるようになってきた（第四章一六六頁参照）。粉は従来から多様な素材を使った多様な食べ方が可能である。

D　練って固まりにし、加熱――焼く・蒸す（パン・ちまき）

粉に少量の水を加えて練ったものを薄くのばしたり丸めたりして、のち焼く。いわゆる「パン」である。アフリカで古くからパンが焼かれたのは北アフリカである。北アフリカは、小麦の栽培が今から八千年前に始まったとされるメソポタミアとも近く、冬に雨が降る地中海性気候のもとでの小麦の産地である。古代エジプトではコムギでパンが作られ、ラムセス三世の墓にはパン職人の壁画がある。無発酵のパンも発酵パンも食べられてきた。

アフリカに独自のパンもある。エチオピアでは、アフリカ原産で、ほぼエチオピアに栽培が限られる穀物テフを粉にしたものに水を加えて練り、発酵させてのち、薄く大きくのばして焼くインジェラが大皿料理の代表である。ワットと呼ぶソースをインジェラで包んで食べる（口絵写真12、第六章参照）。

一方、歴史的に比較的新しいと考えられるのは、インドとの交流を反映したチャパティと、ヨーロッパ式のパンである。東アフリカのスワヒリは、ダウ船によって結ばれたインドの食文化の影響を受けて、チャパティを好んで食べる。小麦粉と水を捏ねて平たくのばし焼いた無発酵パンである。豆や野菜の入ったスープとともに食べる（口絵写真16）。小麦粉を原料にする発酵を伴ったヨーロッパ式の窯焼きのパンも、現在では広く食べられているが、パンが副食と取り合わせた主食として供されることはない。地域の歴史に対応して、旧イギリス植民地では日本でいう食パン型のパンが、旧フランス植民地ではバゲットと呼ばれる皮の硬いフランスパンが多い。

粉を少量の水で練ってペースト状の固まりにするが、その後で蒸す、という料理法もある。日本でいえば「ちまき」である。苦キャッサバを水に浸けて嫌気発酵で毒抜きしたものを、干して完全に乾いた状態を経てもよいが、水を切って濡れたままで臼と杵で搗くとペースト状になる。これをクズウコン科の大きな葉で包み、蒸す。コンゴ川一帯で食べられている「シクワング」で、独特の発酵臭を持つ（口絵写真15）。保存性があり、そのまま冷えた状態で食べることが多いのもパンと共通といえる。持ち運びが便利で市場で売られている。

また、同じイモ類でも、エチオピアのエンセーテは根茎と偽茎から抽出したデンプンを発酵させて擂り潰したものを焙烙の上で円盤状のパンなどに焼いたり、壺型の土器でちまき状に蒸したりして食べる（藤本二〇一三、口絵写真13）。

E　揉んで粒状にし、加熱——蒸す・煎る（クスクス・ガリ）

北アフリカ西部はマグレブと呼ばれ、東のナイル川流域のエジプト・スーダンとは異なった歴史と文化を持つ地域である。マグレブではクスクスと呼ぶ料理が大皿料理として大切であり、クスクスのことを「タアム（食事）」と呼び、日本語の「ごはん」のように、米を炊いたものと食事一般の両方を意味する（にむら二〇一二：一五）。硬質の小麦粉に少量の水をふりかけ、指で揉んで小さな粒にして篩でふるって大きさをそろえ、蒸したものが主流だ。具だくさんのスープをかけて食べることが多い（口絵写真16）。今やヨーロッパにも広まったクスクスの多様性を調べた報告（にむら二〇一二：三七、一三二）では、材料としてコムギだけでなく、フォニオ、モロコシ、トウジンビエ、さらにコメやドングリまで用いて作る「粒パスタ」と位置づけている。

西アフリカのセネガルやマリでも同じ技法でクスクスを作るが、コムギのクスクスのクリーム色に比べ、トウジンビエやモロコシで作るので暗い緑色をおびており、やはり蒸して食べる。農牧民であればこれに牛乳をかける（小川二〇〇四：六六―六九）。またセネガルやブルキナファソでは、フォニオをクスクスにして食べる（にむら二〇一二：一三二）。

西アフリカでは、キャッサバデンプンで作ったガリやアチェケと呼ばれる粒状のものを売っている。キャッサバを摺り下ろしてのち布袋に入れて発酵させてから、絞って水分を除き、粉を揉んで粒状にしてから乾燥し、アチェケの場合は蒸し、ガリの場合は煎ることで加熱したものである。この形で保存が利き、食べるときには水や湯を加えて好みの味をつける。ガーナやナイジェリアで食べられるガリは水を多く加えて粥にしたり、熱湯で練ってフフのように固く捏ねて食べることもできる（口絵写真18）。コートジボワール南部やブルキナファソで食べられるアチェケはガリの料理法と似ているが、摺り下ろしたあとの発酵のときに菌を植えて積極的に発酵させて風味や酸味を楽しむ（Muchnik & Vinck 1984）。これらを、赤道付近まで分布を広げたクスクスの仲間と見なすこともできるだろう。多様な毒抜き加工を伴うキャッサバの調理法の詳細は第四章に譲る。

以上、本節ではアフリカの主食について、イモ類や穀類といった原料を区別することなく、むしろ調理の手順によって統一的に区分することを試みた。完成度は未だ高くないが、従来の研究では地域区分による議論が中心であり、こうした視点による検討はこれまで行われてきていなかったのではないだろうか。この検討を通じて以下の点が確認できるだろう。

まず、アフリカにおいては、加熱調理したらほとんどそのまま手を加えることなく食べるものがイモ類はもちろん、穀類でもいろいろ見られることである。また、北アフリカなど一部の地域を除けば、「焼く」調理法より「茹でる・蒸す」調理法が、卓越していることが指摘できる。イモだけでなく、コメを含む穀類も、「茹でる・蒸す」のちに加工することなく食べる料理が各地に見られる。ウガリやフフと呼ばれるアフリカの東西で広く見られる固粥は、この「茹でる・蒸す」調理法の上に成り立っている。一方で、固粥は、穀類とイモ類の両方から、また、「まず加熱する」調理法と「まず粉にする」調理法の両方から生み出されたものであり、それぞれの地域の多様な材料から生まれた形でもある。それは必ずしもアフリカの食文化の均質性だけを示すものではない。そして、固粥は、「まず加熱して」そのまま食べるイモやコメ、「まず粉にして」練って焼いたり（チャパティやインジェラ）、蒸す（シクワング）調理などさまざまな調理法と並列して、または隣り合って存在し、それらの多様な調理法のなかに位置づけが可能である。

2　共食における副食

農耕民の大皿料理は主食と副食で構成されている。副食は複数の材料を煮込み、塩をはじめとする調味料で味つけをしたものが多く、日本語では、ソース、煮込み、シチューなどとさまざまに呼ばれている。本章の冒頭で述べたとおり、アフリカでは複数の生業が営まれてきた。そしてこれらの生業を単独で行わず、いくつかの生業を複合的に営む人々が多いというのがアフリカにおける経済活動の特色である。農耕民も、農耕だけをするのではなく、牧畜を含む家畜・家禽飼養、狩猟、採集、漁撈など、さまざまな生業を組み合わせることが多い（Kimura 1992）。その複合性が如実に表れるのが副食である。副食の材料は、家畜・家禽、栽培植物（茎、葉、根、果実、種子）のほかに、野生動物の肉、魚介類、昆虫、野生植物など多種多様である（例えば Ankei 1990）。食物利用の幅は森林地帯に住む人々の方が乾燥した地域に住む人々よりも広い傾向がある。

以下、このような食材調達の多様性に注意を払いながら、動物性食材、植物性食材、調味料に分けて副食の食材を見ていく。

(1) 動物性食材

動物性の食材は副食の重要な具材である。アフリカで最も多量に消費されているのは、各種家畜と家禽の肉である。サバンナやウッドランドでは、ウシの飼養と農耕を組み合わせる農牧民がおり、牛乳や肉は食料として重要である。また、熱帯雨林を含むアフリカ全体で、ヒツジやヤギ、ニワトリなどの小型家畜や家禽も多数飼育されている。森林地帯では、ブタを飼育する地域もある。

これらの家畜の肉とともに、狩猟によって得られる野生動物の肉も重要な副食材料である。生息するほ乳類のほとんどは食用にされてきたし、鳥類や爬虫類も広く食べられてきた。農耕民が自ら狩猟することもあり、近隣の狩猟採集民から入手することもある。野生動物は、人口増加や都市化による狩猟圧の高まりによって減少傾向にあると考えられており、自然保護の文脈から、特に大型ほ乳類の狩猟や流通は厳しく制限される傾向にある（西崎二〇〇九、Kimura 2015）。

アフリカの沿岸部・島嶼部、そしてヴィクトリア湖、タンガニイカ湖などの大小の湖やニジェール川、コンゴ川をはじめとする大小の河川においては漁撈が行われている（例えば竹沢一九九九、Ankei 1989）。それらの魚は、周辺地域において食用とされるだけではなく、干魚として、あるいは発酵食品にして遠方まで運ばれて食用とされている。

このほかにアフリカでは多種多様な昆虫が食用にされていることも忘れてはならない。なかでも広く食用とされているのは、シロアリ類とイモムシ類である。ケニアにある国際昆虫学研究機構（ＩＣＩＰＥ）の二〇一五年の報告では、アフリカでは四七〇種もの昆虫が食用とされていることが明らかにされている（Kelemu et al. 2015）。中部アフリカの熱帯雨林で、五〇種もの昆虫が食用とされ、食生活の柱の一つをなしているという報告（武田一九八七：一〇八四―一〇八六）、ザンビアのウッドランドで、季節的に採集されるイモムシの幼虫が副食材料としてこよなく愛されているという報告（杉山一九九三）、乾燥地であるナミビア北部において、シロアリ・イモムシ・コガネムシ・カメムシ・

タマムシが食用とされ、多くの人々が鶏肉よりも美味しいものとして好む昆虫もいるという報告（藤岡二〇〇六）など、各地で昆虫食の栄養学的、味覚的重要性が指摘されている。

動物性の食材の利用にあたっては、禁忌も大きな影響を与える。広く世界の食文化の研究を行った石毛直道は、一九六〇年代後半に滞在したタンザニアのマンゴーラ村に居住する四つの集団の食物禁忌を報告している。サバンナ地帯に位置するマンゴーラ村には、狩猟採集民のハッザ、牧畜民のダトーガ、半農半牧民のイラク、農耕民のスワヒリが居住していた。石毛によれば、ハッザが狩猟で得た大型動物の部位のうち一部は成人男性のみが食用を許され、女性や子どもが口にすることは禁じられていた。またダトーガとイラクは魚を食べることをタブーとし、イスラーム教徒であるスワヒリはブタを食用とせず、所定の方法で屠殺した鳥獣の肉しか口にしなかった（石毛二〇〇九：三七二―三七五）。

このうちイスラームの食物禁忌は近年日本でも注目され始めている。イスラームでは、イスラームの教えにかなっており、食べることが許された食品を「ハラール」、忌避すべきものを「ハラーム」と呼ぶ。ハラームには、不浄な動物とされるブタとイヌの肉、神の名を唱えながら所定の方法で屠られたものではない動物の肉などが含まれる（大塚二〇〇七：三八―四三）。アフリカにはイスラーム発祥の地である中近東には生息していない動物も多い。それゆえアフリカのイスラーム教徒の間には、独自の食物禁忌も見られる。例えば、コンゴ民主共和国のマニエマ州に住むイスラーム教徒は、罠で死んだ獣はすべてハラームであるとして忌避する（Ankei 1990: 138）。

石毛が報告する魚食の忌避は、アフリカにおける肉食の禁忌について研究を行ったシムーンズによれば、東アフリカだけではなく、エチオピアやアフリカの南東部にも広く見られる（シムーンズ二〇〇一：三六八―三八二）。さらにアフリカ各地の諸社会において、特定の動物の肉の忌避は多々見られる。このような食物禁忌は、各地の食文化の重要な要素となっている。

(2) 植物性食材

農耕民の大皿料理の副食には、植物性の食材は欠かすことができない。植物性の食材は、大きくマメ類・葉菜類・果菜類に分けられる。

①マメ類

マメ類は煮込み料理において重要な食材の一つである。マメ類は豊富にタンパク質を含むため、アフリカの多くの地域において重要なタンパク源となっている。西アフリカにおいて栽培化されたササゲやバンバラ豆をはじめとするアフリカ原産のマメ類と、インゲン豆などの移入されたマメ類が、サバンナやウッドランドを中心に栽培されている（前田一九九八）。エチオピアではエンドウマメやソラマメなどを原料にしたソースがシュロと呼ばれ、インジェラにかけて食べられる。南米起源のラッカセイは、それまでのマメ栽培圏に加えて森林地帯においても広く栽培され、タンパク質としてだけではなく、後述するように、油と風味を与える調味料としても重要な副食材料となっている。近年は、輸出作物として、また、タンパク源としてダイズの栽培を推進する国もあるが、副食材料としての利用はまだ途上である。

②葉菜類

畑で栽培されているもの、あるいは野生のものを問わず、葉菜類も副食において多用される。葉菜類は煮込んだり炒めたりして、副食として食べられる。例えば、ケニアでは、代表的な副食材料は、スクマ（ケール）やササゲの若葉などの葉菜である。具としての役割、またビタミンの補給源という役割だけではなく、葉菜類はタンパク質の摂取において重要な役割を果たしていることもある。特に、キャッサバの葉は、それだけでは不足する必須アミノ酸があるものの、豊富なタンパク質を含んでおり、コンゴ盆地中央の森に暮らすボイェラは、摂取するタンパク質の四分の一をキャッサバの葉から得ている（佐藤弘明一九八四：六八三）。熱帯雨林各地に自生するグネツム属の葉菜も豊富なタンパク質を含む。

③果菜類

大皿料理の副食の重要な役割の一つは、デンプン質の主食を食べやすくすることである。後述する植物性油脂とともにこの役割を果たしているのが、果菜類である。例えば、西アフリカで栽培化され、粘性を持つオクラは、西アフリカの副食においてしばしば用いられている（小川二〇〇四：一五五）。また、アメリカを栽培起源地とする果菜類であるトマトは、今日アフリカで広く食用とされ、好まれている。アフリカ各地の市場においてトマトが売られているのは一般的な光景であり、またその缶詰は都市から遠く離れた田舎町の小売店でも売られている。

(3) 調味料

副食の材料のなかで、調味料は味や風味をつけて、主食を食べやすくする役割を果たしている。塩以外のものは必ずしも必須であるとはいえず、嗜好を反映しやすい食材といえる。

①塩

世界の他地域と同様に、アフリカにおいても最も基本的な調味料は塩である。塩は古くからアフリカ各地において重要な交易品であった。サハラ砂漠縦断交易において、塩が黄金とともに主要な交易品であったことはよく知られている。またエチオピアでは、低地の塩湖で一定の大きさに切り出された岩塩が内陸部の高原地帯に運ばれ、食用としての役割のほかに、貨幣としての役割も果たした（Pankhurst 1968: 460-464）。このような交易のルートからはずれた内陸部では、カリウムを含む植物を焼いて抽出する灰汁を濃縮して塩の代わりとして用いていた地域もあった。灰塩は、現在も薬用として、または地域特有の調味料として用いられている（Ankei 1990: 23, Komatsu 1998）。

②植物性油脂

植物性食材の項目ですでに述べたとおり、大皿料理の副食には、デンプン質の主食を食べやすくするという役割が重要である。果菜類とともに、あるいはそれ以上にその役割を果たし、アフリカの食において重要なのが植物性油脂である。なかでもよく知られているのは、パーム油である。西アフリカ起源のアブラヤシ（*Elaeis guineensis* Jacq.）の果肉は油脂分を豊富に含む。パーム油は、果肉を茹でて潰すことで得られる果汁をそのまま、または保存のために湯煎によって油分を分離して得られ、西アフリカ各地の料理に欠かせない。西アフリカの乾燥地帯では、アカテツ科のシアバターノキ（*Butyrospermum parkii*（Don.）Kotschy）の種子のなかの油脂を利用する。東アフリカの海岸部や島嶼部では、東南アジア起源のココヤシ（*Cocos nucifera* L.）の種子の胚乳から得られるココナッツ油が、その香りを生かして料理に多用される。アフリカ起源のゴマ（*Sesamum indicum* L.）や、南米から導入されたラッカセイなど、油を多く含む種実類からも植物性油脂は得られ、ペーストにして副食に加えられる。またエチオピアにはヌグと呼ばれるキク科の栽培植物（*Guizotia abyssinica*（L. F.）Cass.）があり、やはり種子から油を抽出する。

③香辛料・香草

香りや辛みを与える香辛料と香草も副食の重要な要素である。これらは一つの地域のなかでも、集団や個人によって好みが分かれる。例えば、中部アフリカの熱帯雨林地域では、ニンニクのような強い香りを持つ植物（*Hua gabonii* Pierre ex De Wild. *Scorodephloeus zenkeri* Harms.）や、独特の香気のあるアフリカコショウ（*Piper guineensis* Schum. & Thonn.）などが料理に用いられる（Ankei 1990）。またアフリカのサバンナ地帯を起源とするタマリンド（*Tamarindus indica* L.）や、バオバブ（*Adansonia digitata* L.）の果肉など、酸味の強い果肉を調味料として好んで用いる地域もある。このような在来の香辛料・香草に加えて、アフリカの食を語るうえで欠かせず、今日最も重要な香辛料といえるのが、アメリカを栽培起源地とするトウガラシである。アフリカのトウガラシは地域によって多様な品種が見られ、辛さの程度も多様である（山本二〇一〇）。

④発酵調味料

発酵による風味を重視する地域もある。西アフリカや中部アフリカでは、軽く発酵した干し肉や干した魚介類で風味を出す。セネガルでは巻き貝を発酵させたイエットと呼ぶ強い臭いがある調味料が好まれ、その他にも、貝、えび、魚などを発酵させて作った調味料が豊富である。また西アフリカではマメ科のヒロハフサマメノキ（*Parkia biglobosa* (Jacq) R. Br. ex. G. Don.）の種子を煮てやわらかくし発酵させた納豆のような臭いのある調味料が広く用いられる。この調味料は、ジュラ語では「スンバラ」、ウォロフ語では「ネテトゥ」、ハウサ語では「ダウダウ」と呼ばれる（小川二〇〇四：一四四―一四五）。

以上、本節ではアフリカの副食について分類した。

副食材料は、まずは、タンパク源として整理することが可能である。サバンナやウッドランドでは、穀類やキャッサバとマメを栽培することで、畑のなかでデンプンとタンパク質の両方を賄い、それに、狩猟、漁撈などを組み合わせて副食材料を供給してきた。一方、森林地帯では、マメ科作物の栽培には高温・多湿という条件が生理学・生態学的に難しいこともあって、ラッカセイの到来までマメを欠いた地域が多かった。その傍ら、乾燥地帯においても湿潤地帯においても、栽培または採集される葉菜や主食用作物もタンパク質の確保に貢献してきた。また、地域によっては、季節的な昆虫の採集が、栄養的にも文化的にも高い重要性があり、これも、アフリカの食の大きな特徴といえるだろう。

味覚では、アフリカの味付けの基本は塩であり、塩だけで副食を調理する地域もある。それに加えて、アフリカの調味料の特徴として、さまざまな植物性油脂が発達していることが挙げられる。広く熱帯雨林で利用されるパーム油、乾燥地帯のゴマ、東アフリカに多いココヤシ、現在乾燥地帯から熱帯雨林まで幅広く栽培されるようになったラッカセイなど、植物性油脂への嗜好性が非常に高い。このような共通性の一方、西アフリカのサバンナでは、オクラなどの粘性への嗜好性の高さも目立つ。さらに、地域的にこだわりの強い発酵調味料も重要な味覚の要素である。

3　都市化の進展とアフリカの食の変化

これまでに見てきたのは、いわゆる「伝統的」なアフリカの食である。二〇世紀以降加速した都市化のなかで、このようなアフリカ各地の食は変容している。最後にアフリカの都市の食について触れておきたい。

植民地期以前のアフリカにおいても、王国の都として、あるいは長距離交易の中継点として都市が築かれていたことが知られている。[6]植民地期に入ると、植民地行政の中心地、港湾地帯、鉱山地帯に都市が生まれた。多くのアフリカ諸国が独立した一九六〇年には北アフリカ以外には一つもなかった人口一〇〇万人以上の大都市が、二〇〇一年には三〇前後と増加してきた。都市人口を賄うための食料供給は独立後のアフリカ諸国政府の重要な課題となってきた。[7]

都市化の進展に伴って発達したのが、外食である。都市の労働者は周辺の住宅地から離れて職場を持つことが多く、昼食に自宅に戻る時間的余裕がないことが多い。そのため都市には彼らに食事を提供するための食堂が生まれた。そこで提供される料理は、農村と同じく主食と副食がセットで供される。しかし共食が一般的な農村とは異なり、個食のために個別の皿に盛られる。都市では、さらに簡便に食事をとるための、軽食を提供する屋台も数多く見られる。[8]

このような都市における庶民の外食は、一人で、あるいは友人同士で簡便に食事をとるときに行われる。外食文化が根付いたとはいえ、共食を尊ぶ伝統は都市の庶民の間でも廃れてはいない。それゆえ、家族で食事をとる場合には、自宅で、あるいは知り合いの家での共食が好まれ、家族で連れ立って外食に行くというスタイルは一般的ではない。アフリカ諸国の都市住民は貧富の差が大きく、ここまで述べてきた庶民の外食のみがアフリカの都市の食を表しているわけではない。中級レストランのメニューの内容は欧米のものとさほど変わらず、また富める人々はフランス料理やイタリア料理を提供するレストランで外国人と席を並べて食事する（武内一九九二）。

都市の空き地を利用して野菜などの栽培を行う「シティーファーム」もさかんに行われるようになっているとはいえ、多くの都市住民は農地を持っておらず、食材の大半を購入している。また都市住民にとっては、調理の時間や燃料の費用を軽減することも重要な関心事である。これらのことは、都市住民の主食選択にも影響を与えている。アフリカ諸国では米食が広まり、コメの輸入は年々増加しており、国内のコメの生産を推進する国も多い（JICA 2013）。その背景には、コメは調理に手間がそれほどかからないうえに調理時間が短く、燃料費の節約になるということも一因としてあるだろう。

都市では、農村のように身近な食材のみで副食を作ることは難しく、副食の材料にも変化が生じている。もちろん近隣の農漁村からもたらされる肉、魚、野菜や油も利用するが、EUの農水産物の輸出政策などによって安く手に入るようになった輸入の冷凍肉・冷凍魚、またヨーロッパ産の食用油や缶詰も多用されるようになっている。

すでに述べたようにアフリカの農耕民の大皿料理は油を多用することが多い。それに加えて都市では安価な食用油を入手しやすく、また肥満をよしとして問題視しない文化的背景などから、アフリカの都市住民の間では油の摂取量が増加している。その結果、都市住民の間に肥満が急速に広まり、深刻な問題になりつつある（Ziraba et al. 2009）。

このように、アフリカにおける都市化の進展は、共食という食事形態に変化をもたらしただけではなく、調理の労力・時間・費用を軽減できる主食への依存を高め、また安価な輸入食材の消費の増大をもたらしている。また都市は異なった文化を背景とする人々が食を通して知り合うきっかけをもたらし、新たな食材の創造や食文化へのチャレンジの場ともなっている。このようにアフリカの都市の食は、アフリカの食の歴史に新たなページを加えているのである。

おわりに

本章では、共食を前提とした農耕民の大皿料理をアフリカの食の主要な類型とし、それを主食と副食に分けて検討し、またその現代における変化を取り上げ、「アフリカの食の見取り図」を描いた。

本章におけるアフリカの主食・副食の分類から明らかになることは、食材の選択にあたっては、まず、入手のしやすさ、安定性、栄養価といった有用性が大きな役割を果たすことである。その土地の環境条件に合った生産性の高い作物を栽培しながら、複合的な生業を行うことで居住地の自然環境を最大限利用するという極めて環境適応的な選択によって、アフリカの農耕民たちは生活の安定を追求し、それぞれの食文化を築き上げてきたといえる。

彼らにとって有用性が高い外来の作物が入ってきた場合も、それまでの作物に加えて選択肢を増やし、場合によっては従来の作物におきかえて、適応を高めてきた。例えば、広い範囲で食べられている餅状あるいは団子状の主食は、もともとアフリカで栽培化された穀類やイモ類で作られていたものに、アジア起源の作物を加え、大航海時代以降はキャッサバ、トウモロコシというアメリカ起源の作物を大胆に取り入れてきた。味覚の面でも、同じくアメリカ起源のトマトとトウガラシは、いずれもアフリカの食文化に欠かせないものとなっている。

その一方で、肉食に見られる禁忌、特定の主食や昆虫、発酵食品に対する偏愛ともいうべき嗜好など、文化的なこだわりが強い選択も見られる。これらの現象は、有用性や適応によっても説明可能かもしれないが、文化的、社会的な選択として理解する方がアフリカの食文化を理解するうえで重要かもしれない。

主食分類において解説したとおり、アフリカの主食は、今日では、あるものは広範囲に分布する一方、あるものは局所的にしか確認できない。それらの分布には歴史的な意味合いが必ず存在する。それぞれの歴史的背景を解明していくことは、各地域の歴史や文化の解明への重要な貢献となりうるであろう。

例えば、西アフリカで今日さまざまな材料を用いて日常的に食べられるイモ類を搗いて餅状にしたフフは、もともと在来のギニアヤムを用いた料理であった。ギニアヤムは煮るか焼くかすれば十分食べられるが、人々はそれをさらに搗いて餅状にしたフフを好んで食べる。じつはそこにも重要なテーマが隠されているのかもしれない。ギニアヤムは雨季と乾季の区別があり、モロコシやトウジンビエなどの穀物も栽培される地域で栽培化された（Fuller & Hildebrand 2013）。これらの穀物の脱穀や製粉加工のために古くから用いられてきた竪杵と臼がギニアヤムの調理にも転用され、人々の嗜好性と結びついて食べられるようになったのがフフである可能性がある。自然環境と歴史、文化が密接な関係を示す事例であるかもしれない。

東アフリカでウガリなどと呼ばれる粉を練った固粥は、フフ以上にアフリカ大陸の広い範囲で主食となっている。材料となる作物は地域によってさまざまであり、穀類のこともイモ類のこともあるが、その調理方法は大局的にはおよそ同様である。本格的な検討は今後の研究にゆだねるが、こうした類似した固粥がアフリカの広い範囲に分布することを自然環境によって説明することは難しい。イモ類を搗いた固粥、粉を練った固粥の現在の分布には、むしろ人々の移動、具体的には、バントゥーの大移動というアフリカ史における一大イベントが関係している可能性がある。バントゥーの大移動に際して、鉄と土器、いくつかの作物を携えていったとされるが（Vansina 1990）、同時に人々は、食文化も携えていっただろうからである。今日それを実証的に裏づけることは容易でないが、大局的に見た場合、バントゥーの大移動との関連を想定しないかぎり固粥の広い分布を理解することは困難であろう。アフリカ全体での植物性油脂の多用や西アフリカにおける粘性植物への嗜好性も、歴史的な文脈で検討すべき課題かもしれない。

アフリカの食文化についてアフリカの枠組みのなかでのみ考察するのではなく、その成り立ちを世界規模で他地域と比較検討していくことも必要であろう。例えば、中尾佐助は『栽培植物と農耕の起源』において、西アフリカで成立した雑穀栽培を主体とする「サバンナ農耕文化」の特徴として、それが鍋の使用を前提としたものであることを指摘し、これを「土器とともに発達する、完全な新石器時代的な農耕文化」と評している（中尾一九六六：一〇九）。その後五〇年が経過し、アフリカを含めた世界の諸地域における考古学調査の進展などによって、農耕の起源と展開に関する研究成果は、中尾の時代と比較すれば格段に蓄積されている（Denham et al. 2007 など）。アフリカにおける農耕の発達と食文化の形成との関係について、世界的視野で研究を行っていく必要があろう。それは、例えば、同じく主食と副食の区別がある、アフリカと東アジアの文明比較にもつながる。この両地域は、農耕に先行して土器が成立し（Jordan & Zvelebil 2009, Fuller & Hildebrand 2013）、パンではなく、蒸したり茹でたりするという主食の調理法が卓越するといった共通点がある。このような共通性が、デンプン質の主食と副食という食事の基本的な組み合わせに影響した可能性も、検討する価値があるだろう。

このようにアフリカの食の歴史には、まだまだ壮大なテーマがいくつも秘められており、それらの解明が待たれているのである。

注

1　未熟な青いバナナを料理する。バナナの分類については、第一部第一章参照。

2　煮れば食べられるバンバラマメ、ササゲ、デンプン質の野生の木の実なども、主食ではないが、おやつとして食べられる（例えば Ankei 1990: 16, 19 など）。

3　これは、モチ性のイネ科穀類の分布が、アッサム地方より東のアジアに限られていることと関係するかもしれない（阪本一九八九）。

4　それに伴いシコクビエ用の臼と杵ではトウモロコシを製粉できず、タンザニアのベンバは町の製粉機で製粉するようになった（大山二〇一一）。

5　共食用の大皿料理ではないが、水の量を多くしたゆるい粥状のものが、朝食また病人食、離乳食に好まれる。ケニア南部のカンバはトウジンビエの粉で作った粥「ウスー」が朝食である（上田一九九九）。ケニア西部のルイヤもモロコシの粥を軽食として食べる。ソンゴーラは熟したバナナの粉で作る粥「ルカンビ」を年寄りや病人に食べさせるし、毒抜きしたキャッサバ粉で作る粥「ブサブ」が離乳食である（Ankei 1990: 88-90）。

6　アフリカにおけるこれらの都市の分類と分布については、日野舜也の解説（日野二〇〇一：六―一一）を参照。

7　アフリカの都市への食料供給は、食料安全保障の観点からも注目され、研究が行われている。一九八七年に刊行されたグイアー編『アフリカ都市を養う』（Guyer 1987）はナイジェリアのカノ、カメルーンのヤウンデ、タンザニアのダルエスサラーム、ジンバブウェのハラレにおける食料供給に関する論文集である。

8　アフリカの都市における外食については、岩崎・大岩川編『「たべものや」と「くらし」』の第五部におさめられた論考、またガーナを対象とした溝辺の論考（溝辺二〇一三）を参照。

参考文献

石毛直道　二〇〇九『石毛直道　食の文化を語る』ドメス出版。

岩崎輝行・大岩川嫩編　一九九二『「たべものや」と「くらし」――第三世界の外食産業』アジア経済研究所。

上田富士子　一九九九「女たちの世界」川田順造編『アフリカ入門』新書館、二六五―二七六頁。

大塚和夫責任編集　二〇〇七『世界の食文化一〇　アラブ』農山漁村文化協会。

大山修一　二〇一一「ザンビア・ベンバの農村――ザンビアにおける新土地法の制定とベンバ農村の困窮化」掛谷誠・伊谷樹一編『アフリカ地域研究と地域開発』京都大学学術出版会、二四六―二八〇頁。

小川了　二〇〇四『世界の食文化一一　アフリカ』農山漁村文化協会。

阪本寧男　一九八九『モチの文化誌――日本人のハレの食生活』中央公論社。

佐藤弘明　一九八四「ボイェラ族の生業活動――キャッサバの利用と耕作」伊谷純一郎・米山俊直編『アフリカ文化の研究』アカデミア出版会、四七九―五二二頁。

佐藤靖明　二〇一一『ウガンダ・バナナ民の生活世界――エスノサイエンスの視座から（京都大学アフリカ研究シリーズ五）』松香堂書店。

杉村和彦　二〇〇四『アフリカ農民の経済――組織原理の地域比較』世界思想社。

杉山祐子　一九九三「ベンバの食用イモムシ採集」『アフリカレポート』第一七号、三七―四〇頁。

杉山祐子　二〇一一「『ベンバ的イノベーション』に関する考察」掛谷誠・伊谷樹一編『アフリカ地域研究と農村開発』京都大学学術出版会、二一五―二四六頁。
武内進一　一九九二「キンシャサの胃袋を支えるシクワング」岩崎輝行・大岩川嫩編『「たべものや」と「くらし」――第三世界の外食産業』アジア経済研究所、一八七―一九二頁。
竹沢尚一郎　一九九九「ニジェール川の漁民集団ボゾ――社会的共生から経済的適合へ」川田順造編『アフリカ入門』新書館、一八九―二〇〇頁。
武田淳　一九八七「熱帯森林部族ンガンドゥの食生態――コンゴ・ベーズンにおける焼畑農耕民の食性をめぐる諸活動と食物摂取傾向」和田正平編『アフリカ――民族学的研究』同朋舎、一〇七一―一一三七頁。
中尾佐助　一九六六『栽培植物と農耕の起源』岩波書店。
中尾佐助　一九七二『料理の起源』日本放送出版協会。
西崎伸子　二〇〇九『抵抗と協働の野生動物保護――アフリカのワイルドライフマネジメントの現場から』昭和堂。
にむらじゅんこ　二〇一二『クスクスの謎――人と人をつなげる粒パスタの魅力』平凡社。
端信行　一九八一『サバンナの農民』中央公論社。
日野舜也　二〇〇一「アフリカ都市研究と日本人研究者」嶋田義仁・松田素二・和崎春日編『アフリカの都市的世界』世界思想社、一―二八頁。
深澤秀夫　二〇〇九「料理と食事を通して見るマダガスカルの人びとの生活と文化」ボランティア　サザンクロスジャパン・NPO法人リトルパンゲア共催「自然と人との談話会」講演録。
藤岡悠一郎　二〇〇六「ナミビア北部に暮らすオヴァンボ農牧民の昆虫食にみられる近年の変容」『エコソフィア』第一八号、九五―一〇九頁。
藤本武　二〇〇五「作物資源をめぐる多様な営み――山地農耕民マロにおけるムギ類の栽培利用」福井勝義編『社会化される生態資源――エチオピア絶え間なき再生』京都大学学術出版会、九九―一四八頁。
藤本武　二〇一三「なぜ発酵させるのか？――エチオピアの作物エンセーテをめぐる謎」『FIELD+（フィールドプラス）』第一〇号、四―五頁。

前田和美　一九九八「アフリカ農業とマメ科植物」高村泰雄・重田眞義編『アフリカ農業の諸問題』京都大学学術出版会、一九一―二一九頁。

溝辺泰雄　二〇一三「ガーナのお餅に歴史が映る――西アフリカ・ガーナの代表的料理フフ」『FIELD+（フィールドプラス）』第一〇号、一〇―一一頁。

山本紀夫編　二〇一〇『トウガラシ讃歌』八坂書房。

Ankei, T. 1990: "Cookbook of the Songola: An Anthropological Study on the Technology of Food Preparation among a Bantu-speaking People of Zaïre Forest," *African Study Monographs*, Supplementary Issue 13, pp. 1-174.

Ankei, Y. 1989: "Folk Knowledge of Fish among the Songola and the Bwari: Comparative Ethnoicthyology of the Lualaba River and Lake Tanganyika Fishermen," *African Study Monographs*, Supplementary Issue 9, pp. 1-88.

Denham, T., J. Iriarte, & L. Vrydaghs（eds.）2007: *Rethinking Agriculture: Archaeological and Ethnoarchaeological Perspectives*, Walnut Creek: Left Coast Press.

Fuller, D. & E. Hildebrand 2013: "Domesticating Plants in Africa," P. Mitchell & P. Lane（eds.）, *The Oxford Handbook of African Archaeology*, Oxford: Oxford University Press, pp. 507-525.

Guyer, J. I.（ed.）1987: *Feeding African Cities: Studies in Regional Social History*, Manchester: Manchester University Press.

JICA 2013: "The Coalition for African Rice Development（CARD）: Progress in 2008-2013".（http://jica-ri.jica.go.jp/ja/publication/other/the_coalition_for_african_rice_development_progress_in_2008-2013.html 二〇一五年一〇月一日閲覧）

Jordan, P. & M. Zvelebil（eds.）2009: *Ceramics before Farming: The Dispersal of Pottery among Prehistoric Eurasian Hunter-Gatherers*, Walnut Creek: Left Coast Press.

Kelemu, S., S. Niassy, B. Toro, K. Fiaboe, H. Affognon, H. Tonnang, N. K. Maniania, & S. Ekesi 2015: "African Edible Insects for Food and Feed: Inventory, Diversity, Commonalities and Contribution to Food Security," *Journal of Insects as Food and Feed* 1（2）, pp. 103-119.

Kimura, D. 1992: "Daily Activities and Social Association of the Bongando in Central Zaire," *African Study Monographs* 13(1), pp. 1-33.

Kimura, D.（ed.）2015: "Present Situation and Future Prospects of Nutrition Acquisition in African Tropical Forest," *African Study Monographs*, Supplementary Issue 51, pp. 5-173.

Kiple, K. F. & K. C. Ornelas 2000: *The Cambridge World History of Food*, 2 vols., Cambridge: Cambridge University Press.（邦訳：石毛直道監訳『ケンブリッジ世界の食物史大百科事典（全五巻）』朝倉書店、二〇〇四～二〇〇五年）

Komatsu, K. 1998: "The Food Cultures of the Shifting Cultivators in Central Africa: The Diversity in Selection of Food Materials," *African Study Monographs*, Supplementary Issue 25, pp. 149-178.

McCann, J. C. 2009: *Stirring the Pot: A History of African Cuisine*, Athens, OH: Ohio University Press.

Muchnik, J. & D. Vinck 1984: *La Transformation du Manioc: Technologies autochtones*, Paris: Presses Universitaires de France.

Oseo-Asare, F. 2005: *Food Culture in Sub-Saharan Africa*, London: Greenwood Press.

Otengi, S. O., F. Waako, & G. Bakunda 2014: *African Cuisine: History and Practice*, Kampala: MK Publishers.

Pankhurst, R. 1968: *Economic History of Ethiopia*, Addis Ababa: Haile Sellassie I University Press.

Simoons, F. J. 1961: *Eat not this Flesh: Food Avoidance from Prehistory to the Present*, Madison: The University of Wisconsin Press.（邦訳：山内昶監訳『肉食タブーの世界史』法政大学出版会、二〇〇一）

Van der Post, L. 1970: *African Cooking*（*Foods of the World*）, New York, NY: Time-Life Books.（邦訳：江上トミ監修『アフリカ料理』タイムライフブックス、一九七八）

Vansina, J. 1990: *Paths in the Rainforests: Toward a History of Political Tradition in Equatorial Africa*, Madison: The University of Wisconsin Press.

Ziraba, A. K., J. C. Fotso, & R. Ochako 2009: "Overweight and Obesity in Urban Africa: A Problem of the Rich or the Poor?," *BMC Public Health* 9: 465（http://www.biomedcentral.com/1471-2458/9/465 二〇一五年一一月七日閲覧）

第2章 アフリカの作物
成り立ちと特色

藤本武・石川博樹

はじめに

前章で解説されたアフリカの特色ある食文化を支えているのは、その地で栽培される作物、とりわけ主食用作物である。本章では、まず現在のアフリカにおける主食用作物の栽培状況を確認する。その後アフリカの主要な主食用作物について、アフリカを起源とする作物と、アジア・アメリカを起源とする作物に分けて、起源とアフリカにおける栽培史を概観する。さらに栽培化などに見えるアフリカの農業の特色についても考える。

1　アフリカにおける主食用作物栽培

一九六〇年はアフリカの多くの国が植民地支配から脱して独立を遂げたことから、「アフリカの年」と呼ばれる。この年に発表された論文「アフリカの主食自給作物」（Murdock 1960）には、オオムギ、シコクビエ、フォニオ、トウモロコシ、トウジンビエ、イネ、モロコシ（ソルガム）、テフ、コムギの九種類の穀類と、エンセーテ、キャッサバ、サツマイモ、タロイモ、ヤムイモの五種類のイモ類（根茎作物）、およびバナナ、ナツメヤシの二種類の果実が取り上げられ、それぞれの作物の分布が経済的重要性とともに地図で示されている。分布で見るかぎり、モロコシが最も重要、次いでトウモロコシ、三番目にトウジンビエであることが示唆されている。その後、半世紀あまりたった今日、これらの主食用作物の重要性はどのように変化しているだろうか。

国際連合食料農業機関（FAO）の統計部門がウェブ上で公開している統計データベースFAOSTAT（http://faostat3.fao.org/）では、一九六一年以降の各種作物の生産量その他について情報を得ることができる。二〇一五年一二月現在、最新情報は二〇一三年のものである。[1]

ここで取り上げるのは、主にアフリカにおける主食用作物の生産量に関する情報であるが、それらは重大な問題を抱えており、取り扱いには注意が必要である。まずそれらの情報源には、各国政府の公式統計やFAOによる推計が入り混じっている。次に島田周平がナイジェリアを例として指摘するとおり、収穫時期が季節的に限定されないイモ類の生産量の推計については、算出方法が統一されておらず、信頼性に大いに問題がある（島田二〇〇七：四〇―四二）。またイモ類の生産量は、穀類のように乾燥重量ではなく、水分を含んだ重量を示しており、廃棄率も高い。それゆえ、特にイモ類の生産量として統計に記載された数値は取り扱いに十分注意しなければならない。[2]これらの注意点をふまえ、ここではアフリカにおける主食用作物の栽培状況の大まかな傾向を知るためにFAOSTATのデータを利用する。

表1①～④は、FAOSTATに基づいて、一五種類の穀類とイモ類について、アフリカ大陸と世界全体の二〇一三年と一九六一年における生産量をまとめたものである。次に表2①～⑩は、アフリカ大陸における二〇一三年の穀類・イモ類生産量を示した表1①に挙げた作物のなかで、上位一〇位までの作物について、アフリカ諸国の生産量を上位一〇位までまとめたものである。上位一〇位までには入っていないものの、タロイモとフォニオについては、アフリカにおいて局所的に重要な作物でもあるので、生産量上位の国々を表2⑪⑫として掲げた。次いで、表3

表1　アフリカ大陸の穀類・イモ類生産量（万t）

①アフリカ大陸（2013年）

1	キャッサバ	15,772
2	トウモロコシ	7,099
3	ヤムイモ	6,065
4	ジャガイモ	3,050
5	コメ	2,874
6	コムギ	2,826
7	プランテン	2,755
8	モロコシ	2,564
9	サツマイモ	2,013
10	ミレット	1,500
11	タロイモ	777
12	オオムギ	714
13	フォニオ	59
14	オートムギ	28
15	ライムギ	9

②世界（2013年）

1	トウモロコシ	101,811
2	コメ	74,090
3	コムギ	71,591
4	ジャガイモ	37,645
5	キャッサバ	27,676
6	オオムギ	14,396
7	サツマイモ	10,311
8	ヤムイモ	6,305
9	モロコシ	6,230
10	プランテン	3,788
11	ミレット	2,986
12	オートムギ	2,388
13	ライムギ	1,669
14	タロイモ	1,045
15	フォニオ	59

③アフリカ大陸（1961年）

1	キャッサバ	3,149
2	トウモロコシ	1,615
3	モロコシ	1,069
4	プランテン	895
5	ヤムイモ	759
6	ミレット	659
7	コムギ	512
8	コメ	431
9	サツマイモ	328
10	タロイモ	285
11	ジャガイモ	210
12	オオムギ	186
13	オートムギ	18
14	フォニオ	18
15	ライムギ	1

④世界（1961年）

1	ジャガイモ	27,055
2	コムギ	22,236
3	コメ	21,565
4	トウモロコシ	20,503
5	サツマイモ	9,819
6	オオムギ	7,241
7	キャッサバ	7,126
8	オートムギ	4,959
9	モロコシ	4,093
10	ライムギ	3,511
11	ミレット	2,571
12	プランテン	1,272
13	ヤムイモ	832
14	タロイモ	449
15	フォニオ	18

出所）FAOSTATのデータに基づき石川作成。

①〜⑭は、本書の第一〜五部に収載した個別論考で取り上げる国々と、アフリカにおける農業大国であるナイジェリア、アフリカ諸国のなかでは例外的に水田稲作が普及しているマダガスカルを対象として、穀類・イモ類の生産量上位五位までをそれぞれまとめたものである。

表1の四つの表においてまず目を引くのは、アフリカにおいてキャッサバが生産量の第一に位置し、その他にもイモ類の生産量が多いことである。世界全体では、トウモロコシ、コメ、コムギといった穀類が生産量の上位を占めており、キャッサバを含めたイモ類の生産量の多さは、アフリカにおける作物栽培の特色の一つであることが分かる。アフリカにおける生産量と世界全体を比較すると、フォニオとヤムイモはアフリカにおける生産量の占有率が九五%を超え、タロイモ、プランテン、[3]キャッサバ、ミレット[4]も五〇%を超えており、これらの作物の重要性もアフリカ農業の特色である。また二〇一三年の生産量順と、約五〇年前の一九六一年のそれを比較すると、アフリカではモロコシ、ミレット、プランテンが順位を落としているのに対し、ジャガイモ、コメ、ヤムイモが順位を上げており、それぞれの重要性に変化が生じたことも分かる。とりわけジャガイモは生産量が一五倍近く伸びており、特筆すべきである。

表2の一二枚の表からは、地中海性気候地帯であり、コムギ栽培を主体とする農業が行われている北アフリカ諸国と、それ以外のアフリカ諸国における栽培植物の差異をまず見てとることができる。また穀類とイモ類では、後者がより湿潤な地域を擁する国々で栽培され、さらにイモ類のなかでも高温多湿な環境を好む種類と、より乾燥し、気温が低い地域でも栽培可能な種類で栽培地域に差が出ることも分かる。それとともに、生産量で順位をつける場合、どの作物についてもアフリカ全体の二〇%弱もの人口を擁し、農業生産量も多いナイジェリアのような大国が上位を占めることも見えてくる[5]。

表3の一四枚の表においては、大半の国々でトウモロコシかキャッサバの生産が最も多いことと、ウガンダではプランテン、マダガスカルではコメが最も多く生産されていることが目につく。このようにアフリカ全体で主食用作物が複数あることだけではなく、複数の主食用作物が生産されている国々が多いことも注目すべきであろう。表3から

表２　2013年のアフリカ各国の生産量（万t）

①キャッサバ

1	ナイジェリア	5,300
2	コンゴ民主共和国	1,650
3	アンゴラ	1,641
4	ガーナ	1,599
5	モザンビーク	1,000
6	ウガンダ	523
7	マラウィ	481
8	タンザニア	476
9	カメルーン	460
10	シエラレオネ	381

②トウモロコシ

1	南アフリカ	1,249
2	ナイジェリア	1,040
3	エチオピア	667
4	エジプト	580
5	タンザニア	536
6	マラウィ	364
7	ケニア	339
8	ウガンダ	275
9	ザンビア	253
10	ガーナ	176

③ヤムイモ

1	ナイジェリア	4,050
2	ガーナ	707
3	コートジボワール	573
4	ベニン	318
5	エチオピア	119
6	トーゴ	66
7	カメルーン	56
8	中央アフリカ	47
9	チャド	43
10	ガボン	21

④ジャガイモ

1	アルジェリア	493
2	エジプト	480
3	マラウィ	454
4	南アフリカ	225
5	ルワンダ	224
6	ケニア	219
7	モロッコ	193
8	タンザニア	177
9	ナイジェリア	120
10	エチオピア	78

⑤コメ

1	エジプト	610
2	ナイジェリア	470
3	マダガスカル	361
4	マリ	221
5	タンザニア	219
6	ギニア	205
7	コートジボワール	193
8	シエラレオネ	126
9	ガーナ	57
10	セネガル	42

⑥コムギ

1	エジプト	9,460
2	モロッコ	693
3	エチオピア	404
4	アルジェリア	330
5	南アフリカ	188
6	チュニジア	98
7	ケニア	49
8	ザンビア	27
9	スーダン	27
10	リビヤ	20

⑦プランテン

1	ウガンダ	893
2	カメルーン	369
3	ガーナ	366
4	ルワンダ	326
5	ナイジェリア	278
6	コートジボワール	162
7	コンゴ民主共和国	135
8	タンザニア	74
9	ギニア	47
10	マラウィ	37

⑧モロコシ

1	ナイジェリア	670
2	スーダン	452
3	エチオピア	434
4	ブルキナファソ	188
5	ニジェール	129
6	カメルーン	115
7	タンザニア	83
8	マリ	82
9	エジプト	75
10	チャド	75

⑨サツマイモ

1	タンザニア	347
2	ナイジェリア	345
3	ウガンダ	259
4	エチオピア	135
5	アンゴラ	120
6	ケニア	115
7	マダガスカル	113
8	ルワンダ	108
9	モザンビーク	89
10	ブルンジ	84

⑩ミレット

1	ナイジェリア	500
2	ニジェール	300
3	マリ	115
4	スーダン	109
5	ブルキナファソ	108
6	エチオピア	81
7	チャド	58
8	セネガル	57
9	タンザニア	32
10	ウガンダ	23

⑪タロイモ

1	ナイジェリア	390
2	カメルーン	155
3	ガーナ	126
4	マダガスカル	23
5	ブルンジ	14
6	中央アフリカ	13
7	エジプト	12
8	ルワンダ	9
9	コートジボワール	7
10	コンゴ民主共和国	7

⑫フォニオ

1	ギニア	42.9
2	ナイジェリア	9.0
3	マリ	2.2
4	ブルキナファソ	2.0
5	コートジボワール	1.7
6	ニジェール	0.6
7	ベニン	0.1
8	セネガル	0.1
9	ギニアビサウ	0.1

出所）FAOSTATのデータに基づき石川作成。

は、コンゴ民主共和国と南アフリカ共和国以外の国々において、主食用作物が一つの作物に集中しておらず、複数の主食用作物の生産量がかなり拮抗していることが分かる。アジアではコメ、ヨーロッパではコムギ、アメリカ大陸ではトウモロコシと、他地域では主食用作物が一つの作物に収斂している状況とはかなり異なっており、アフリカの農業の大きな特徴といえる。

トウモロコシ、あるいはキャッサバの生産が最も多い国々も、相互に比較すれば、差異が見えてくる。例えばトウモロコシの生産量が第一位を占める南アフリカ共和国とタンザニアではトウモロコシとイモ類の生産量の割合に大きな差があり、またプランテンが重要な地位を占めるウガンダとカメルーンでは、プランテンのほかに栽培される穀類とイモ類の種類に差異が見られる。

一つの国のなかに複数の自然環境が分布し、性格の異なる農業が営まれていることは稀ではないが、「アフリカ分割」のなかでヨーロッパ諸国の利害によって人為的に引かれた国境線を継承しているアフリカ諸国では、その傾向は顕著である。それゆえ国ごとの作物統計に見られる情報をより深く理解するためには、ときには一国のなかに複数存在する農業の類型について知る必要がある。

アフリカにおける農業の類型としてよく知られているのは、植物の栽培化との関わりで中尾佐助が提唱した二つの農耕文化であろう。中尾は一九六〇年代に発表した『栽培植物と農耕の起源』『ニジェールからナイルへ――農業起源の旅』において、世界の農耕文化の類型を論じ、アフリカにおいては、内陸のサバンナ地帯に広がり、西アフリカで栽培化された穀類の栽培を特色とする「スーダン農耕文化」と、西アフリカの沿岸部に広がり、イモ類の栽培を特色とする「ギネア農耕文化」を重要な農耕文化として取り上げた。

佐藤廉也は中尾の議論に依拠しつつ、中尾の「スーダン農耕文化」にあたる「スーダン・サバンナ農耕文化」、「ギネア農耕文化」にあたる「ギニア・森林農耕文化」に加えて、エチオピア高原の「エチオピア山地農耕文化」を含めた三つの農耕文化を、アフリカ農耕の基本類型として挙げている（佐藤二〇〇七：一一〇―一一二）。

表３　2013年のアフリカ各国の穀類・イモ類生産量（万t）

①アルジェリア

1	ジャガイモ	493
2	コムギ	330
3	オオムギ	150
4	オートムギ	11
5	モロコシ	0.2

②ウガンダ

1	プランテン	893
2	キャッサバ	523
3	トウモロコシ	275
4	サツマイモ	259
5	ジャガイモ	77

③エチオピア

1	トウモロコシ	667
2	エンセーテ(注1)	520
3	テフ（注2）	467
4	モロコシ	434
5	コムギ	404

④ガーナ

1	キャッサバ	1,599
2	ヤムイモ	707
3	プランテン	368
4	トウモロコシ	176
5	タロイモ	126

⑤カメルーン

1	キャッサバ	460
2	プランテン	369
3	トウモロコシ	165
4	タロイモ	155
5	モロコシ	115

⑥ケニア

1	トウモロコシ	339
2	ジャガイモ	219
3	サツマイモ	115
4	キャッサバ	111
5	コムギ	49

⑦コンゴ民主共和国

1	キャッサバ	1,650
2	トウモロコシ	137
3	プランテン	135
4	コメ	36
5	サツマイモ	28

⑧ザンビア

1	トウモロコシ	253
2	キャッサバ	107
3	コムギ	27
4	サツマイモ	19
5	コメ	4

⑨セネガル

1	ミレット	57
2	コメ	42
3	トウモロコシ	22
4	キャッサバ	15
5	モロコシ	10

⑩タンザニア

1	トウモロコシ	536
2	キャッサバ	476
3	サツマイモ	347
4	コメ	219
5	ジャガイモ	177

⑪ナイジェリア

1	キャッサバ	5,300
2	ヤムイモ	4,050
3	トウモロコシ	1,040
4	モロコシ	670
5	ミレット	500

⑫ナミビア

1	トウモロコシ	4.0
2	ミレット	2.5
3	コムギ	1.5
4	ジャガイモ	1.3
5	モロコシ	0.7

⑬マダガスカル

1	コメ	361
2	キャッサバ	311
3	サツマイモ	113
4	トウモロコシ	38
5	タロイモ	23

⑭南アフリカ共和国

1	トウモロコシ	1,249
2	ジャガイモ	225
3	コムギ	188
4	オオムギ	27
5	モロコシ	15

注1）FAOSTATでは“Roots and tubers, nes”と記載されている。末尾のnesは“Not elsewhere specified”の略であり、「他では指定されていない」といった意味を表す。“Roots and tubers, nes”は「他に該当する項目のないイモ類」ということであり、この場合はエンセーテを指している。

注2）FAOSTATでは“Cereals, nes”と記載されている。注1で解説したとおり、これは「他に該当する項目のない穀類」を意味し、この場合はテフを指している。

出所）FAOSTATのデータに基づき石川作成。

これらの農耕文化の成立後、アフリカには多くの作物がもたらされた。また植民地期以降、輸出用換金作物栽培が拡大するとともに、都市化の進展に伴って都市住民向けの商品作物の生産も増大した。その結果、アフリカ各地で行われる農業も多様化している。現在アフリカにおいて行われている農業の類型については、二〇〇一年に刊行された『農業システムと貧困』においてディクソンとガリバーが提示した一五のファーミングシステム（Farming System）分類が一つの目安になるであろう（Dixon & Gulliver 2001: 30-40）。表4と口絵図2に示したとおり、ディクソンとガリバーの分類は、牧畜や漁業が主たる生業である地域（表4の第12番、第14番）、ほとんど農業が行われていない乾燥地（同第13番）、都市農業（同第15番）も含めたアフリカ全域を対象とする包括的なものである。

この分類に基づくとタンザニアは国土のかなりの部分が「トウモロコシ混作システム」地域であるが、「イモ類システム」も含んでいる。それに対して南アフリカ共和国の大半は「大規模商業農場&小規模農業システム」地域である。アフリカ諸国におけるプランテン生産の上位二国であるウガンダとカメルーンの場合、前者は「高地多年生作物システム」「トウモロコシ混作システム」地域、後者は「森林ベースシステム」「樹木作物システム」「イモ類システム」地域で構成されている。このように国土を構成する農業類型の組み合わせとその相違が、栽培される作物の種類やその割合の差異を生み出していたことが分かる。

ただし、この分類をよく見ると、生態環境に応じて栽培される作物の組み合わせが主な分類基準になっているとはいえ、農業技術や経営形態など複数の基準が組み合わされたものであることが分かる。また樹木作物の大半は換金作物であり、商業化も大きな影響を及ぼしていることも明らかである。そのため、この分類はアフリカの多様な農業を捉える一つの試みとして限定的に理解すべきであろう。アフリカの農業は先にも見たように、状況に応じて激しく移り変わってきたことが一つの特色であり、今後もさまざまに変化していくことは間違いないのである。

表４　ディクソンとガリバーによるアフリカのファーミングシステム分類

1	灌漑システム（Irrigated Farming System）	スーダン、ソマリア、西アフリカの大河流域に分布。主食用作物として栽培されるのはイネなど
2	樹木作物システム（Tree Crop Farming System）	コートジボワールからガボンにかけての大西洋沿岸部と、コンゴ民主共和国およびアンゴラの一部に分布。ココア、コーヒー、アブラヤシなどの樹木作物、および主食用作物としてヤムイモやトウモロコシが栽培されている
3	森林ベースシステム（Forest Based Farming System）	コンゴ川流域の熱帯雨林とマダガスカル北部に分布。焼畑耕作により、主要な主食用作物はキャッサバ。トウモロコシ、モロコシ、タロイモなども栽培されている
4	イネ・樹木作物システム（Rice-Tree Crop Farming System）	マダガスカルに分布。バナナやコーヒーなどの樹木作物とともに、主食用作物としてイネ、トウモロコシ、キャッサバが栽培される
5	高地多年生作物システム（Highland Perennial Farming System）	東アフリカのエチオピアから大湖地方にかけて分布。プランテン、エンセーテなどの多年生作物の栽培を主とし、キャッサバやサツマイモなどのイモ類、穀類の栽培も行われる
6	高地温帯混作システム（Highland Temperate Mixed Farming System）	標高 1800 ～ 3000m の高地で行われる農業システム。大半はエチオピアに分布するが、レソト、アンゴラ、カメルーン、ナイジェリアの一部にも分布。主食用作物としてはコムギとオオムギの栽培が主に行われる。エチオピアではテフが重要
7	イモ類システム（Root Crop Farming System）	西アフリカおよびアフリカ中央部の熱帯雨林周辺地域、タンザニア南部からモザンビーク北部にかけての地域、マダガスカル南部に分布。南では「森林ベースシステム」と「樹木作物システム」、北では「穀類・イモ類システム」に接する。主食用作物として主に栽培されているのはヤムイモとキャッサバ
8	穀類・イモ類混作システム（Cereal-Root Crop Mixed Farming System）	大西洋岸のギニアから南スーダンにかけて広がる帯状の地域、アンゴラからザンビア西部にかけての地域、モザンビーク中・南部、マダガスカル南西部に分布。トウモロコシ、モロコシ、ミレットといった穀類、キャッサバ、ヤムイモといったイモ類が栽培されている
9	トウモロコシ混作システム（Maize Mixed Farming System）	エチオピアから南アフリカ共和国にかけて広がる、標高 800 ～ 1500m の高地に分布。主食用作物として主に栽培されているのはトウモロコシ
10	大規模商業農場＆小規模農業システム（Large Commercial and Smallholder Farming System）	南アフリカ共和国の北部からナミビア南部にかけての半乾燥地に分布。大規模な商業農場と小規模農業が併存。北部や東部ではトウモロコシ、西部ではモロコシとミレットの栽培が主
11	農牧ミレット・モロコシシステム（Agro-Pastoral Millet/Sorghum Farming System）	西アフリカのサハラ砂漠南縁部、アフリカ北東部の乾燥地帯、南部アフリカの一部に分布。主食用作物としては、乾燥に強いモロコシとトウジンビエが主に栽培されている
12	牧畜システム（Pastoral Farming System）	＊解説なし
13	乾燥地システム（Sparse（Arid）Farming System）	＊解説なし
14	沿岸漁業システム（Coastal Artisanal Fishing Farming System）	＊解説なし
15	都市ベースシステム（City Based Farming System）	＊解説なし

出所）Dixon & Gulliver 2001: 30-40.

2 アフリカの農耕起源

アフリカに限らず、世界の大半は約一万年前まで狩猟採集が主たる生業だったが、その後、ほとんどの地域は農耕が主要な生業となってきた。ただし、アフリカでは他の地域と異なり、家畜放牧が作物栽培に先行することが多く、その後も高い重要性を保ってきたため、在来植物を栽培化することによる農耕は他地域に比べてはるかに遅く、この五千年ほどの間に起こってきた。また土器製作が作物栽培に先行して行われてきたのも世界の多くの地域とは異なっている（Marshall & Hildebrand 2002, Fuller & Hildebrand 2013）。

今日、アフリカで栽培化されたと見られる作物は、遺伝学や古環境学などの知見により、大きく五つの地域で発祥したとされる（Fuller & Hildebrand 2013, Purugganan & Fuller 2009）。

まず西アフリカのサハラ／サヘル地域でトウジンビエが四五〇〇年前には栽培化されていた考古学的証拠が見つかっている。またスイカもこの地域で栽培化されたと見られる。その南の西アフリカの草原ウッドランドではフォニオ、ササゲ、バンバラマメ、アフリカイネ、バオバブなど多数の植物が栽培化された。さらにその南の林縁地域では、ギニアヤム、アブラヤシ、コーラなどが栽培化された。チャド湖の東側の東スーダン草原ではモロコシやフジマメなどが栽培化された。そしてエチオピア高原では、粒の極めて小さい穀類テフ、油料作物ヌグ、巨大な根茎を食用にするエンセーテなどが栽培化された。

ただしこれらのうち、栽培化の時期を示す直接的な古植物学的証拠が見つかっているのは、トウジンビエとテフのみであり、他はより間接的な証拠によるのが実情である。アフリカでは発掘調査が十分進展していないこともあり、いまだに詳細は不明のままである。徐々に進展しているとはいえ、約半世紀前の理解（例えば、中尾一九六六、一九六九）と現在のものとの間にさほど大きな違いがあるわけではない。逆にいえば、今後の調査研究の進展しだいでは、栽培起源地や栽培化年代に関する理解が塗り替えられる可能性があるともいえる。
それでも今日までの理解を紹介しておくことは無駄ではあるまい。以下では、まずアフリカ起源の主食用作物から見ていく。

3 アフリカ起源の主食用作物

モロコシ（*Sorghum bicolor*）はアジアやヨーロッパで重要性が低いことから雑穀の一つと見なされることもあるが、世界的に見た場合、イネ、コムギ、トウモロコシに次ぐ穀類である。アフリカにおいては近年まで最も広く栽培されてきた穀類であり、今も一部の地域・社会ではビールや粥の原料として高い価値を持ち、多数の品種が維持されるなど、人々の文化と不可分の関わりを持つ重要な穀類でありつづけている。

初期の研究ではモロコシは多数の系統（race）に分類されたが、その後ハーランらはモロコシの野生種をverticilliflorum 亜種、雑草種をdrummondii 亜種、栽培種をbicolor 亜種と三つの亜種に区別した。そして栽培種をbicolor, caudatum, durra, guinea, kafir の五系統に分類した（de Wet & Harlan 1971, 阪本一九八八）。bicolor 系統は最も原始的なもので、今日はモロコシ栽培地域で点々と見られる程度である。caudatum 系統は今日のスーダン、チャドなどに分布し、チャリ・ナイル語族（今日のナイル・サハラ語族とほぼ同義）の言語を話す人々と密接に結びついている。durra 系統はインドや西南アジアで広く栽培され、アフリカ大陸では北アフリカに分布する。モロコシのなかでは最も乾燥した地域で栽培される。この系統はアジアに起源しアフリカにはイスラーム教徒を通じて歴史時代にもたらされたとされる。guinea 系統は逆に、西アフリカの森林地帯など最も湿潤な地域で栽培される。kafir は南部アフリカのバントゥー系言語話者の人々に栽培される。

トウジンビエ（*Pennisetum glaucum*）は英名bulrush（ガマ）millet にあるように、しばしば二〇センチ以上もあるガマの穂状の長い穂をつける。サハラ砂漠南縁のサヘル地域で栽培化されたとされ（Harlan 1993）、栽培化された最古の考古学的証拠はマリ・ティレムジ渓谷で見つかった四五〇〇年前のものである（Manning et al. 2011）。本書第一〇章において藤岡悠一郎が述べているように、極めて強い耐乾性を持ち、サヘル地域のマリ、ニジェール、ブルキナファソや南部アフリカのナミビア、アンゴラ、ジンバブウェなどの年間降水量六〇〇ミリ以下の乾燥した地域では、この穀類が最も重要な主食用作物であり、アフリカ起源の穀類のなかでモロコシに次ぐ重要性を持っている。

シコクビエ（*Eleusine coracana*）はモロコシやトウジンビエと異なり、冷涼な湿潤地帯で主に栽培され、また稈の高さも通常人間の膝から腰程度と低い。英名 finger millet とあるように、穂が手のひらの指のような形状をしている。エチオピア高原あるいは東アフリカ大湖地方起源と推定されるが、現在見つかっている最古の考古学的証拠はアフリカよりインド亜大陸の方が一千年以上早く（Giblin & Fuller 2011）、また今日の栽培面積もアフリカ全体よりインドの方がはるかに大きい。インドでは固粥などにして食べられるのが一般的だが、アフリカではむしろビール原料として多く利用されている。

今日世界的な重要性を持つアジアイネ（*Oryza sativa*）と近縁のアフリカイネ（*Oryza glaberrima*）が西アフリカのニジェール川流域で栽培されてきた。考古学的証拠は欠いているが、二千～三千年前に栽培化されたと見られる（Fuller & Hildebrand 2013）。アジアイネより水環境の変動や病虫害に対する強い耐性を持つが、アジアイネに比べ、収量が低く、今日ニジェール川流域でもアジアイネが多く栽培されている。それでも地元ではアジアイネより味覚が優れているとされ、好まれている。なお、奴隷貿易でアメリカ大陸に連れてこられたアフリカからの奴隷によりアフリカイネもアメリカ大陸にもたらされていたことが明らかになっている（Carney 2001）。

「アフリカの角」（Horn of Africa）といわれるアフリカ北東部で栽培されるユニークな雑穀にテフ（*Eragrostis tef*）がある。今日見つかっている最古の考古学的証拠は約二千年あまり前のエチオピア北部のものである（D'Andrea 2008）。この雑穀にはさまざまな特徴があるが、多くの人が最も強い印象を受けるのはその穀粒の小ささだろう。長さは一ミリほどしかない。また、単位面積あたりの収量も極めて低く、トウモロコシの半分もなく、アフリカ起源のモロコシなどよりも顕著に低い。さらには、本書第六章において藤本武が述べるように、栽培化された穀類の共通した特性である非脱粒性（成熟した穂から種子がぱらぱらと脱落しない性質）も決して完全ではないため、収穫時には注意して扱う必要がある。このように、粒が小さく、量も多くとれず、取り扱いも注意を要する穀類を当地の人々はなぜ栽培するのか不思議に思われるかもしれない。しかし、実際にはエチオピアとエリトリアではテフは高値で取り引きされ、高い価値が置かれているばかりでなく、人々のアイデンティティにも関わる文化的に重要な穀類である。主にインジェラと呼ばれるクレープ状の乳酸発酵したパンケーキにして消費される。

また西アフリカのサバンナ・ウッドランド地帯でも、テフ同様、穀粒の極めて小さいフォニオ（*Digitaria exilis*）とブラックフォニオ（*Digitaria iburua*）が栽培される。前者はセネガルからチャドにかけての一帯で点々と、後者はトーゴからナイジェリアにかけての高地の一部で栽培されている。さらにセネガル川とガンビア川流域のフータ・ジャロン高地ではアニマルフォニオ（*Brachiaria deflexa*）が栽培される。アニマルフォニオはフォニオの畑の雑草としてもしばしば見られ、フォニオより生育が早く高い収量とされる。これらのなかで主食用作物として局所的な重要性を持つのはフォニオである（de Wet 1977）。

アフリカではイモ類も何種類か栽培化されてきた。そのなかで最も重要なのはギニアヤムである。伝統的にはキイロギニアヤム（*Dioscorea cayensis*）とシロギニアヤム（*D. rotundata*）の二種に分類されてきたが、近年は一種（*D. cayensis*）とし、後者を前者の亜種（*D. cayensis* subsp. *rotundata*）とする説もある。また栽培化された地域もこれまでは西アフリカとされてきたが、エチオピアも候補地と考えられるようになっており（Fuller & Hildebrand 2013）、いくつかの地域で多元的に栽培化されてきた可能性がある。いずれにせよ、考古学的証拠は見つかっておらず、栽培化された場所や年代など不明の状況である。すぐれた食味により今も栽培は続けられているが、今日はアフリカイネ同様、アジアからもたらされたダイジョ（*D. alata*）などのヤムイモやアメリカ大陸からのキャッサバなどに重要性を奪われつつある。先のFAOSTATの統計で取り上げられていたヤムイモの大半はアジア起源のものである。

エチオピア南部の湿潤な高地ではエンセーテ（*Ensete ventricosum*）という特異な根茎作物が栽培される。エンセーテはアフリカの高地に広く自生するバショウ科の多年生植物であるが、エチオピアでのみ栽培が知られる。三～六年ほど家の周りなどで育てた株を切り倒すと、生重量にして数十キログラムに達する巨大な根茎（イモ）が掘り出される。その根茎を切り分けて土器で蒸し煮したり、あるいはその根茎を砕いて、偽茎から抽出した髄質と混合し、数週間～数ヶ月包んでおいて発酵させたものをパン状に焼くなどして食べる。その地ではエンセーテが人々の食物として重要であるだけでなく、葉を包みや敷物、ひもなどに利用したりと、日々の生活に欠かせない素材を提供する植物でもある。栽培地域はエチオピアのなかでも一部地域にすぎないが、その地域は高い人口密度を持つことでも知られ、また文化的にも高い共通性を示すことから「エンセーテ文化複合」地域（Shack 1963）と呼ばれたこともある。なお、これまでの研究では考古学的証拠は見つかっていないため、エンセーテの栽培化の年代についても不明である。

ここまでの記述からも明らかなように、アフリカ起源の作物といっても、生態環境の異なるいくつもの地域に起源しており、作物のタイプもさまざまなものが見られる。そしておそらくそのことと関連して、アフリカには主食用作物だけ見てもさまざまな種類のものが併存してきた。これは他地域には見られない大きな特色の一つといえる。

4　アジアおよびアメリカ起源の主食用作物

現在アフリカにおいて栽培されている主食用作物のなかには、アフリカ大陸以外の地域を栽培起源地とし、この大陸とその他の地域との交流のなかで持ち込まれたものも多い。ここではアジア起源の作物とアメリカ起源の作物に分けて、起源地とアフリカへの伝播について概略を述べる。[6]

(1) アジア起源の主食用作物

ダイアモンドは『銃・病原菌・鉄』(Diamond 1997: 169-183) において、食料生産の伝播における地理的要因の重要性を説いた。その例として挙げられたのが、東西方向に広がるユーラシア大陸と、アフリカ大陸やアメリカ大陸のような南北方向に広がる大陸である。多様な気候環境が連なる南北方向に広がる大陸において、南北間での栽培植物の伝播には困難が伴った。例えば、西アジアで栽培化されたコムギ (*Triticum* spp.) やオオムギ (*Hordeum vulgare*) は、アフリカ大陸においてエチオピアなどには古代に伝播したものの (藤本二〇〇五)、より南の地域には広まらなかった。コムギの栽培がアフリカでさかんになるのはヨーロッパ諸国による植民地支配が開始されてからである。

陸路による南北間の交流に比べ、海路を用いた他地域との交流は古代よりさかんに行われていた。大航海時代以前の海路を用いたアフリカと他地域の交流としては、中近東、インド、東南アジアなどとの交流が知られている。インド洋を舞台とするこの交流では重要な作物が交換されており、その重要性はより注目されるべきであろう[7]。

インド洋経由でアフリカにもたらされたアジア起源の作物として、よく知られているのはアジアイネである。東南アジア島嶼部に由来するアジアイネと稲作は、数次にわたる東南アジアからの人々の移住によって一二世紀頃までには海路マダガスカルにもたらされ、まず北部の沿岸部に広まった。その後中央高地に居住していたメリナの人々が稲作を受容し、彼らが創始したメリナ王国の版図拡大とともに水田稲作が島内に広まっていった (Le Bourdiec 1978, 田中一九八九、飯田二〇〇八)。東アフリカには、マダガスカルを介して、あるいは直接インドからアジアイネがもたらされた。また西アフリカには大航海時代以降ヨーロッパ人によってアジアイネが伝えられた (Lu & Chang 1980: 16)。

東アフリカのウガンダや中部アフリカ・西アフリカの湿潤地帯などにおいて主食用作物として極めて重要なプランテンはバナナの一種であり、アジアの熱帯地域が起源である。東南アジアから海路東アフリカへもたらされたプランテンは、その後大陸を西進し、熱帯地域において広く栽培されるようになった。アフリカへのプランテンの到来、そしてアフリカ内部におけるその伝播の歴史、さらに中部アフリカと東アフリカ高地で生まれた異なる二つのバナナ栽培文化については、本書の第一部第一章において小松かおりと佐藤靖明が解説する。

ヤムイモあるいはヤムとは、ヤマノイモ属に属し、根茎などを食用とする栽培植物の総称である。主要な栽培種のうちダイジョ（*Dioscorea alata*）、ナガイモ（*Dioscorea opposita*）、トゲイモ（*Dioscorea esculenta*）はアジアが起源である[8]。アフリカにおけるヤムイモの栽培化、そしてアジアを栽培起源地とするヤムイモのアフリカへの伝播については、一九六〇年代から七〇年代にかけて民族植物学者カーシーが研究を行っている。アフリカに到来したアジア起源のヤムイモとしてはダイジョが重要である。カーシーによれば、ダイジョは一一〜一五世紀の間にマダガスカルに持ち込まれ、そこからアフリカ大陸に広まって、一六世紀には西アフリカにおいても栽培されていたという（Coursey 1967: 15-16）。

タロイモあるいはタロとはサトイモ科に属し、根茎などを食用とする栽培種の総称である。主要な栽培種としては、アジアを栽培起源地とする（*Colocasia esculenta*）、アメリカを栽培起源地とするアメリカサトイモ（*Xanthosoma sagittifolium*）などがある[9]。アフリカにおける栽培種としては *Colocasia esculenta* が重要であった。このイモは一世紀にはエジプトにおいてすでに栽培されており、そこから地中海沿岸地域やアフリカに広まったものと考えられている（Purseglove 1972: 62）。しかし二〇世紀後半、栽培の容易なアメリカサトイモに各地でおきかわってしまい、今日残存的になりつつある。

(2) アメリカ起源の主食用作物

一四九二年、大西洋を西航すればアジアに達し得ると信じて航海を続けていたコロンブスは、カリブ海のバハマ諸島に到達した。その後カリブ海の島々、南北アメリカ大陸もヨーロッパ人に知られるようになり、これらの「新世界」へのヨーロッパ人の進出が進むことになる。その結果、ヨーロッパ、アジア、アフリカの三つの大陸からなる、ヨーロッパ人にとっての既知の世界であった「旧世界」と、新世界の間では、植物、動物、感染症などが交換され、両地域の歴史の展開に大きな影響を与えることになった。一九七二年にクロスビーは旧世界から持ち込まれた植物、動物、梅毒が新世界に与えた影響、新世界の作物の導入と旧世界における人口増加の関係などについて論じた著書『コロンブス交換――一四九二年の生物学的・文化的結果』(Crosby 1972)を出版した。その書名に基づき、コロンブスの航海以降の新世界と旧世界の間のモノや感染症の交換を「コロンブス交換」と呼ぶことが一般化した。コロンブス交換はアフリカにも多大な影響を与えた。特に現在のこの地域の農業と食文化を語るうえで欠かすことができない作物が複数もたらされたことは注目される。

現在世界的に、そしてアフリカにおいても極めて重要な作物であるトウモロコシも、コロンブス交換の産物の一つである。トウモロコシの起源については長らく議論が続いていたが、現在ではメキシコに自生するテオシントが祖先種であると考えられるようになっている[10]。コロンブスが新世界を訪れた時点で、すでにトウモロコシは南北アメリカ大陸の広い範囲において栽培されており、スペイン人やポルトガル人によってヨーロッパなどに他地域にもたらされた。アフリカにおけるトウモロコシ栽培に関する最初の記録は一六世紀半ばのカーボヴェルデ諸島に関するものである。その後一七世紀までにアフリカの大西洋岸とインド洋岸においてトウモロコシの栽培事例に関する報告が増加する(Miracle 1966: 87-101, McCann 2005: 23-38)。トウモロコシはモロコシなどのアフリカの在来の穀類に代わって栽培地を拡大していくが、特に植民地支配期に鉱山開発や都市化が進展するなかで、鉱山労働者や都市住民向けの食料として生産が増大する。植民地支配期以降のアフリカのトウモロコシ栽培における農業機械、改良品種、化学肥料といった二〇世紀の近代技術の産物の導入、そしてそれらがもたらしたその後のアフリカ農業への影響については、本書の第三部第九章で鶴田格が解説する。

マンディオーカ、マニオクとも呼ばれるキャッサバは、南米大陸が栽培起源地である。キャッサバには有毒種と無毒種があり、前者は適切に毒抜きをせずに口にすれば死に至ることもある。ポルトガル人によって一六世紀にコンゴ川流域に持ち込まれたキャッサバは、やせた土地でも育ち、収量が多いこともあり、その後アフリカの熱帯地域において普及した。アフリカにおけるキャッサバの普及と生産については、ジョーンズの『アフリカのマニオク』（Jones 1959）が基本的な文献であり、日本においても武内進一がコンゴ川河口部におけるキャッサバ生産の歴史的展開について研究を行っている（武内一九九三）。本書の第二部第四章では、安渓貴子がジョーンズらの研究成果をふまえ、民族植物学と微生物学の視点に基づいて実施した毒抜き法に関するフィールドワークの成果から、アフリカにおけるキャッサバの普及の歴史について再考する。

ジャガイモの栽培起源地は南米の高地である。スペイン人によってもたらされたこのイモがヨーロッパにおいて極めて重要な食料となり、それがあだとなって一九世紀半ばのアイルランドにおいて「ジャガイモ飢饉」と呼ばれる大飢饉を引き起こしたことなど、このイモの世界史上の重要性はよく知られている（Salaman 1949）。アフリカにおける本格的なジャガイモ栽培は、一九世紀後半以降に開始された（Douglas 1987: 10-12）。イギリス、ドイツ、ベルギーなどから到来した入植者やキリスト教宣教師によって、ジャガイモはケニアやルワンダといったアフリカのなかでは比較的冷涼な地域で広まっていった。

サツマイモは中米あるいは南米の低地が起源である。コンクリンによれば（Conklin 1963）、大航海時代以前にアフリカにサツマイモが存在した証拠はない。またアフリカにおけるサツマイモの呼称はポルトガル語でイモを意味する単語 batata に類似するグループと、一六六二年にイギリス領となり、その後イギリス領インドの重要港となったボンベイ（現ムンバイ）に由来すると思われる単語 bombe に類似するグループが存在するという。このような呼称の種類と分布を基にして、ウールフは一六世紀にポルトガル人がアフリカ大陸の大西洋岸にまずサツマイモをもたらし、さらに一七世紀後半以降イギリス人の活動によってもサツマイモがアフリカにおいて普及したとする見解を示している（Woolfe 1992: 16）。

現在アフリカ諸地域の食文化において極めて重要な地位を占めているトマトとトウガラシもアメリカが栽培起源地

である。主食用作物、野菜、香辛料など、アフリカ以外の地域を起源とする食材も柔軟に取り入れながら、アフリカの食文化は築き上げられてきたのである。

おわりに

これまでアフリカで栽培される作物の由来について解説するとともに、その栽培史上のいくつかの特色を述べてきた。そこからは次の五つの特徴が見られる。

① アフリカでは家畜放牧が作物栽培に先行することが多く、その後も高い重要性を保ってきたため、アフリカ起源の作物の栽培化はアジアなど他地域の作物の栽培化の年代と比べた場合、比較的最近と見られること。

② アフリカにおいてはさまざまな生態環境の地域から異なるタイプの植物が栽培化されており、主食用作物についても多様なものが併存してきたこと[11]。

③ 他地域からもさまざまな時期に作物が到来するなかで、アフリカの主食用作物は大きく移り変わってきたこと（この半世紀を見ても大きく移り変わってきていることがＦＡＯＳＴＡＴの統計データからも確認できる）、外来の作物のなかには栽培起源地以上にさかんに栽培されている作物もある（キャッサバやダイジョなど）。

④ それでもアフリカ全体はもちろん、国別の生産量を見ても、アジアにおけるコメのように一つの作物に生産が集中しておらず、さまざまな主食用作物が並存する状況は続いていること。

⑤ 今日、アフリカではキャッサバやヤムイモが世界生産の半分以上を占めるなど、イモ栽培が他地域に比べてさかんであるが、これは湿潤な気候とともに人々の食文化の問題も関係していること。

先にアフリカ起源の雑穀テフについて説明した際に、他地域では見られないほど小さい種子であり、収量が低いにもかかわらず、テフはエチオピアで広く栽培されていることを述べた。通常の穀類と異なり栽培化に伴って種子が大きくなることもほとんどなく、また種子が穂から脱落しない非脱粒性も不完全なのであった。穀類として褒められた出来とはいいがたく、むしろ穀物農業の常識が通用しない作物なのである。じつは種子の小ささはテフ固有のものではなく、西アフリカのフォニオやブラックフォニオ、アニマルフォニオなどでも共通に見られる特性である。これら、他地域では見られないほど、種子が小さい雑穀が栽培化され、今日まで栽培されてきた理由は何であろうか。

ダンドレアが指摘するとおり、それは変動の大きい環境のなかで短い期間で一定の収穫物を得ようという生存戦略と考えられるかもしれない（D'Andrea 2008）。①の農耕の開始が比較的最近と見られるのも、そのことと無縁でないはずである。②④のアフリカの主食用作物が一つに収斂してこなかったことや、③の変化の激しさも同様の点から理解することができるかもしれない。端的にいえば、アフリカにおいては、他の地域と比べて、農業の重要性は必ずしも大きくなく、むしろ農業は数ある生業のなかの一つであり、人々が全面的に依存する生業として必ずしもあったわけではないことが窺われるのである。アジアなどにおける農業と同じ捉え方をするのでは決して妥当な理解に達することはないと思われる。

明らかなのは、アフリカの農業、そして栽培される作物は今後もさまざまに変化していくであろうことである。人々は今も昔もその時々で生業や作物を柔軟に変更しながら選択してきたが、これにより長期的に見るとアフリカでは他の地域に比べダイナミックに変わってきていると見られるのである。

農業研究というと、日本では今も育種であったり、栽培管理など生産の話題がほとんどであるが、アフリカにおける作物の歴史を見て分かるのは、生産ばかりでなく、むしろ人々の消費に関わる文化的嗜好や都市化などの社会の政治経済的動向が、人々がそれぞれの土地で何をどう作るかに多大な影響を及ぼしてきているということである。端的にいえば、人々は収量が低い作物であっても自らが高い価値をおく作物であれば熱心に作ることがあるわけである。アフリカにおける作物のさまざまな変化を見ていく際には、栽培生産のことばかりでなく、その裏に隠されている人々の文化的嗜好性や社会的状況などについても深い理解が求められるのである。

注

1 二〇一一年の南スーダン共和国の独立はまだ反映されておらず、スーダンについては南北両国をあわせた数値になっている。

2 穀類は脱穀後に乾燥状態で計測し、イモ類は皮付きの生の状態で計測するため、重量のみではエネルギー量を比較できない。確立した計算式はないが、食品成分表によると、イモ類のエネルギー量は同量の穀類の二〇~四〇%である。穀類と生産量を比較する際に、イモ類の重量の三〇%を乾燥重量とする換算方法もある（今村・吉田編一九九〇）。

3 FAOSTATの統計上、作物としてのバナナは「バナナ」と「プランテン」に分類されるが、その基準は国によって異なる。「プランテン」は、料理用バナナを指すことが多いが、用途によらず分類する国もあり、注意が必要である。

4 農業統計で「ミレット」とは、通常トウジンビエ（パールミレット）を意味する。

5 ナイジェリアは、キャッサバ、ヤムイモ、モロコシ、ミレット、タロイモの生産量がいずれも一位であるばかりでなく、キャッサバ、ヤムイモ、タロイモのイモ類の生産量が二位の国の生産量の倍以上となっている。これは前章で述べられたフフが当地で日常的な食事であることが関係している。

6 各作物の植物学的情報や世界的な栽培史などについては、作物事典（堀田一九八九、国分二〇〇九、鵜飼&大澤二〇一〇、Cumo 2013）や『ケンブリッジ世界の食物史大百科事典』（Kiple & Ornelas 2000）の該当項目を参照のこと。

7 近年の研究成果をふまえたインド洋史研究の案内としては、インド洋史研究者アルパースの近著『世界史におけるインド洋』（Alpers 2014）などがある。

8 ヤムイモの栽培種とその起源地については、国際農林業協力・交流協会などの解説（国際農林業協力・交流協会二〇〇六：一四九―一五二、Purseglove 1972: 97-117, Lebot 2009: 181-187）を参照。

9 タロイモの栽培種とその起源地については、パースグラブおよびルボの解説（Purseglove 1972: 58-74, Lebot 2009: 277-282）を参照。

10 トウモロコシの起源とそれをめぐる論争については、ウィルクスおよび福永の解説（Wilkes 2004, 福永二〇〇九）を参照。

11 本論では詳しく取り上げることができなかったが、アフリカの農業には多様性を創出する文化があるともいわれる（重田二〇〇三）。

参考文献

飯田卓　二〇〇八「マダガスカルの多様な文化と社会」池谷和信・武内進一・佐藤廉也編『朝倉世界地理講座――大地と人間の物語一二　アフリカⅡ』朝倉書店、八〇九―八二一頁。

今村奈良臣・吉田忠編　一九九〇『飢餓と飽食の構造――今、世界の食糧は……（食糧・農業問題全集）』農山漁村文化協会。

鵜飼保雄、大澤良編　二〇一〇『品種改良の世界史――作物編』悠書館。

国際農林業協力・交流協会　二〇〇六『アフリカのイモ類――キャッサバ・ヤムイモ』国際農林業協力・交流協会。

国分牧衛　二〇一〇『食用作物』養賢堂。

阪本寧男　一九八八『雑穀の来た道――ユーラシア民族植物誌から』日本放送出版協会。

佐藤廉也　二〇〇七「アフリカの農耕文化」池谷和信・佐藤廉也・武内進一編『朝倉世界地理講座――大地と人間の物語一一　アフリカⅠ』朝倉書店、一一八―一三二頁。

重田眞義　二〇〇三「雑穀のエスノボタニー――アフリカ起源の雑穀と多様性を創りだす農耕文化」山口裕文・河瀬眞琴編『雑穀の自然史――その起源と文化を求めて』北海道大学図書刊行会、二〇六―二二四頁。

島田周平　二〇〇七『アフリカ　可能性を生きる農民――環境・国家・村の比較生態研究』京都大学学術出版会。

武内進一　一九九三「ザイール川河口地域のキャッサバ生産に関する一考察――その伝播過程と商品化」児玉谷史朗編『アフリカにおける商業的農業の発展』アジア経済研究所、一九―六一頁。

田中耕司　一九八九「マダガスカルのイネと稲作」『東南アジア研究』第二六巻第四号、三六七―三九三頁。

中尾佐助　一九六六『栽培植物と農耕の起源』岩波書店。

中尾佐助　一九六九『ニジェールからナイルへ――農業起源の旅』講談社。

福永健二　二〇〇九「トウモロコシの起源――テオシント説と栽培化に関わる遺伝子」山本紀夫編『ドメスティケーション――その民族生物学的研究』国立民族学博物館、一三七―一五一頁。

藤本武　二〇〇五「作物資源をめぐる多様な営み――山地農耕民マロにおけるムギ類の栽培利用」福井勝義編『社会化される生態資源――エチオピア絶え間なき再生』京都大学学術出版会、九九―一四八頁。

堀田満他編　一九八九『世界有用植物事典』平凡社。

Alpers, E. A. 2014: *The Indian Ocean in World History*, New York: Oxford University Press.
Carney, J. A. 2001: *Black Rice: The African Origins of Rice Cultivation in the Americas*, Cambridge: Harvard University Press.
Conklin, H. C. 1963: “The Oceanian-African Hypothesis and the Sweet Potato,” J. Barrau（ed.）, *Plants and the Migrations of Pacific Peoples: A Symposium*, Honolulu: Bishop Museum Press, pp. 129-133.
Coursey, D. G. 1967: *Yams: An Account of the Nature, Origins, Civilization and Utilisation of the Useful Members of the Dioscoreaceae*, London: Longmans.
Crosby, Jr., A. W. 1972: *The Columbian Exchange: Biological and Cultural Consequences of 1491*, Westport: Greenwood Press.
Cumo, C.（ed.）2013: *Encyclopedia of Cultivated Plants: From Acacia to Zinnia*, Santa Barbara: ABC-CLIO.
D’Andrea, A. C. 2008: “T’ef（*Eragrostis tef*）in Ancient Agricultural Systems of Highland Ethiopia,” *Economic Botany* 62(4), pp. 547-566.
de Wet, J. M. J. 1977: “Domestication of African Cereals,” *African Economic History* 3, pp. 15-32.
de Wet, J. M. J. & J. R. Harlan 1971: “The Origin and Domestication of Sorghum bicolor,” *Economic Botany* 25(2), pp. 128-135.
Diamond, J. M. 1997: *Guns, Germs and Steel: A Short History of Everybody for the Last 13,000 Years*, London: Vintage.（邦訳：倉骨彰訳『銃・病原菌・鉄——一万三千年にわたる人類史の謎（上・下）』草思社、二〇〇〇）
Dixon, J. & A. Gulliver 2001: *Farming Systems and Poverty: Improving Farmers’ Livelihoods in a Changing World*, Rome & Washington, D. C.: FAO & World Bank.
Douglas, H. 1987: *Potato: Production, Marketing, and Programs in Developing Countries*, Boulder & London: Westview Press & IT Publication.
Fuller, D. & E. Hildebrand 2013: “Domesticating Plants in Africa,” P. Mitchell & P. Lane（eds.）, *The Oxford Handbook of African Archaeology*, Oxford: Oxford University Press, pp. 507-525.
Giblin, J. & D. Q. Fuller 2011: “First and Second Millennium AD Agriculture in Rwanda,” *Vegetation History and Archaeobotany* 20, pp. 253-265.
Harlan, J. R. 1993: “The Tropical African Cereals,” Shaw, Thurstan, Paul Sinclair, Bassey Andah, & Alex Okpoko（eds.）, *The*

Archaeology of Africa: Food, Metals and Towns, London & New York: Routledge, pp. 53-60.
Jones, W. O. 1959: *Manioc in Africa*, Stanford: Stanford University Press.
Kiple, K. F. & K. C. Ornelas 2000: *The Cambridge World History of Food*, 2 vols., Cambridge: Cambridge University Press.（邦訳：石毛直道他監訳『ケンブリッジ世界の食物史大百科事典』全五巻、朝倉書店、二〇〇四～二〇〇五）。
Le Bourdiec, F. 1978: *L'homme et le paysage du riz à Madagascar: Étudede géographie humaine*, Antananarivo: Impremerie F. T. M.
Lebot, V. 2009: *Tropical Root and Tuber Crops: Cassava, Sweet Potato, Yams and Aroids*, Wallingford: CABI.
Lu, J. J. & T. T. Chang 1980: "Rice in Its Temporal and Spatial Perspectives," B. S. Luh (ed.), *Rice: Production and Utilization*, Westport, WI: AVI Publishing, pp. 1-74.
Manning, K., R. Pelling, T. Higham, J. L. Schwenninger, & D. Q. Fuller 2011: "4500-year Old Domesticated Pearl Millet (*Pennisetum glaucum*) from the Tilemsi Valley, Mali," *Journal of Archaeological Science* 38, pp. 312-322.
Marshall, F. & E. Hildebrand 2002: "Cattle Before Crops: The Beginnings of Food Production in Africa," *Journal of World Prehistory* 16 (2), pp. 99-143.
McCann, J. C. 2005: *Maize and Grace: Africa's Encounter with a New World Crop 1500-2000*, Cambridge, MA & London: Harvard University Press.
Miracle, M. P. 1966: *Maize in Tropical Africa*, Madison: University of Wisconsin Press.
Murdock, G. 1960: "Staple Subsistence Crops of Africa," *Geographical Review* 50 (4), pp. 523-540.
Murray, S. S. 2007: "Identifying African Rice Domestication in the Middle Niger Delta (Mali)," René Cappers (ed.), *Fields of Change: Progress in African Archaeobotany*, Groningen Archaeological Studies. Groningen: Barkhuis, pp. 53-61.
National Research Council 1996: *Lost Crops of Africa. Volume 1: Grains*, Washington D.C.: National Academy Press.
Purseglove, J. W. 1972: *Tropical Crops: Monocotyledons*, New York: Longman.
Purugganan, M. D. & D. Q. Fuller 2009: "The Nature of Selection During Plant Domestication," *Nature* 457, pp. 843-848.
Salaman, R. N. 1949: *The History and Social Influence of the Potato*, Cambridge: Cambridge University Press.
Shack, W. A. 1963: "Some Aspects of Ecology and Social Structure in the Ensete Complex in South-west Ethiopia," *Journal of the*

Royal Anthropological Institute 93(1), pp. 72-79.

Wilkes, G. 2004: "Corn, Strange and Marvelous: But is a Definitive Origin Known?," C. W. Smith, J. Betrán, & E. C. A. Runge (eds.), *Corn: Origin, History, Technology, and Production*, Hoboken: J. Willey, pp. 3-63

Woolfe, J. A. 1992: *Sweet Potato: An Untapped Food Resource*, Cambridge, New York, Port Chester, Melbourne, & Sydney: Cambridge University Press.

第3章　アフリカ農業史研究の手法

佐藤靖明・小松かおり・石川博樹

はじめに

農業史研究には、歴史に対する見方、具体的な歴史復元、そしてそれを支える「証拠」を必要とする。本章では、歴史復元の「証拠」となる事象に関するさまざまな手法を紹介する。[1] 農業は人間と環境、植物との関係であるから、そのどこを入り口とするかによって、研究のアプローチは異なっている。大まかには、植物、または環境から考える自然科学的手法と、言語や技術、経済などの文化的側面から考える人文社会科学的手法、そしてそれらを複合した手法がある。近年では、自然科学的手法においては高倍率な顕微鏡の普及や遺伝子分析の発展、人文社会科学的手法においては資料のデータベースの整備と分析法の精緻化、絵画など新たな資料の利用による方法論の発展が見られる(Brizuela-Garcia & Getz 2012)。

この章では、まず自然科学的なアプローチのうち、植物の形態分析とゲノム解析などを紹介する。自然科学的農業史研究は、古い植物資料の形態分類に基づく植物考古学から発達したが、近年、発展が著しい分野となっている。次に、人文社会科学的な手法の一つとして、文字資料を用いた歴史学的研究手法について説明する。アフリカでは、多くの社会で植民地期になるまで文字が使用されてこなかった。そのため植民地期以前の農業については、残されていたとしても、断片的な記録しかないことが多い。しかし植民地期に入ると、行政文書をはじめとする文字記録が増加し、それにつれて農業に関する情報も増加する。植民地期以前の断片的なものも含め、アフリカの農業に関する各種の文字記録は、歴史の復元のために貴重なものであり、所蔵機関での整理が進み利用しやすい体制が整うにつれて、より広い文脈で活用されうる可能性を持つ。それらの資料の所在やアクセスについて、近年の状況も含めて解説する。

続いて、ことばを手がかりとする新たな方法として、歴史言語学的研究手法を取り上げる。複数の言語間における語彙の関係を手がかりにして民族集団や社会の変容を考えるこの手法を通して、従来の考古学では明らかにされなかった観点からの仮説が提示されている。その分析方法について概説する。

おわりに、自然科学と人文社会科学による手法を含めた複合的な手法を紹介する。

1　自然科学的手法

自然科学的手法は、おもに植物資料を対象としている。これまでに最も多かったのは、考古学による古い植物資料の形態の分類である。また、自然環境を復元して、当時のその地域における農業を営むうえでの条件を明らかにする環境考古学が農業史の復元を補佐してきた。現存の植物を利用する方法としては、栽培植物学が、作物の品種と祖先野生種の分布からその伝播と起源地の推定を試みてきた。基本的にこれらの研究が注目してきたのは、植物の形質であった。それに対して、近年急ピッチで進んでいるのは遺伝情報の研究であり、作物のゲノムの解析によって品種間の系統、ひいては作物の伝播のルートを明らかにする試みが見られる。

アフリカの考古学は、ヨーロッパ系入植者が多かった東アフリカと南部アフリカを中心に発展した。農業に関しては、植物遺体を発掘・分析する植物考古学（archaeobotany）として発達した。動物遺体に比べて植物遺体は残りにくく発見が難しかったため、大型植物遺体と呼ばれる肉眼で観察可能な穀物（モロコシやシコクビエなど）やササゲ、アブラヤシなどの炭化種子を主な対象としてきた（Flight 1976, David 1976）。その後、花粉の分析や、植物細胞の植物珪酸体（プラント・オパール phytolith）など、微少遺体と呼ばれる小さな資料の分析が普及した。花粉の分析は、分類群ごとの産出量を定量的に分析して環境復元する技術として、二〇世紀初めに開発された（辻二〇〇〇）。一方、より高倍率な顕微鏡で行われる植物珪酸体の分析が一九八〇年代から普及し、種子などの炭化物を残しにくい植物の同定が可能になった。二〇〇〇年には、カメルーン南部の遺跡にある穴と土器片から見つかった植物珪酸体がアジア起源のバナナ（*Musa* sp.）であり、年代が紀元前五〇〇年であるという論文が発表され（Mbida et al. 2000, Mbida et al. 2001）、それに対して言語分析による歴史復元を行うヴァンシナが反論して、論争となった（Vansina 2003）。

アフリカでの環境復元は、氷期と間（後）氷期、乾燥した時期と湿潤な時期をめぐって行われることが多かった。その際、地形、地層、堆積物、植生を手がかりとするとともに、人工遺物・栽培植物遺物、炭化木片については年代測定が行われてきた（門村二〇一四）。人間との関係では、一〇〇万年単位での人類の起源の問題、一万年前以降の農耕の起源、数千年前の大規模な人間の移動（バントゥーの大移動を含む）などが注目されてきた（山極二〇〇八、門村二〇〇五、水野二〇〇八）。

一方、二〇世紀の自然環境と人間活動、主に森林と農業の関係をめぐっては、植民地時代の航空写真と現在の航空写真および衛星写真との比較、また、衛星写真のデジタル解析による環境復元が行われている（Fairhead & Leach 1996など）。なお、衛星写真のデジタル解析には、フィールドワークによる現植生の確認も必要となる。

年代測定の方法については、一九四〇年代後半に考案された放射性炭素年代測定（radiocarbon dating）が一般的である。これは、あらゆる生物が生存中に一定の割合で取り込む炭素一四の比率が、死後に一定の速度で減少することを生かした測定法である。一九七〇年代に、精度が高く、実験設備が簡易な加速器質量分析計（ＡＳＭ）が開発されたことで急速に普及した。

現存の作物品種とその祖先野生種の形質の比較を通して栽培起源地や伝播のルートを探る栽培植物学は、一九二〇年代のヴァヴィロフの研究以降、多くの作物を対象にしてきた。アフリカでは、ポルテールが一九四〇年代より主導した、西アフリカのアフリカイネ（*Oryza glaberrima*）、モロコシなどの穀物の栽培分布と起源地の推定が古典的研究である（Portères 1976）。

観察によるこれらの手法に加えて、近年急速に発展しているのが、現存する作物の遺伝情報の分析によって系統関係を明らかにする手法である。ゲノム（生物が持つ遺伝情報、もしくはDNAの塩基配列を指す）の塩基配列決定（DNAシークエンシング）やどこの塩基配列がどの遺伝形質をもたらすかといった遺伝地図の作成（マッピング）が進み、現在では改良品種の作出などに利用されている。この技術が歴史の復元にも応用されており、塩基配列の違いを分析して作物品種間の遺伝的な距離を計り、作物の起源や伝播のルートを推定する。イネは食料としての重要性が高く、穀類のなかではゲノムサイズが小さいこともあり、塩基配列の決定が国際協力体制で進められ、二〇〇四年以降、さまざまな品種の全塩基配列が決定されている。また、バナナ、キャッサバ、トウモロコシも塩基配列の解析が進み、系統分析が次々と報告されている。バナナの場合、形質による分類と系統の推定は以前から発達していたが（Ortiz et al. 1998）、遺伝情報は、独立して起こった突然変異が同じ形質を生み出す可能性を排除できるため、より正確な系統分類ができるものと期待されている（Perrier et al. 2009）。アフリカに特徴的な二つのバナナの品種群である東アフリカ高地AAAとプランテン・バナナ（本書第一部第一章参照）についても、含まれる遺伝情報が、アジアのどの品種群と近いのかが分析されつつある（Perrier et al. 2009）。

2　歴史学的手法

歴史学の研究手法については多くの文献が著されており、文字資料を主とする史料の分析方法についてはそれらの文献に詳述されている。アフリカの農業と食文化の歴史について歴史学的手法を用いて研究を行おうとする際に問題となるのは、分析対象となる史料の調査方法であろう。それゆえ、ここでは、古代から二〇世紀後半までを対象として、アフリカに関する文字資料の概要と、それらを調査する際の研究上の手引きについて解説する。

紀元前四千年紀半ばに中近東で発明された文字は、その後周辺地域に伝播していった。この古代における文字の拡散はアフリカにも及び、エチオピアの北部においてエチオピア文字を生み出した。エチオピア文字は改良が加えられつつ、現在に至るまで継続的に使用されている。しかしこれはアフリカにおいては例外的な事例であり、この地域の多くの社会は独自の文字をもたなかった。文字を用いるアラブ人やヨーロッパ人との接触によってアフリカの人々のなかにも文字を使いこなす人々がしだいに現れるようになったものの、この地域において識字率が高まるのは二〇世紀以降のことである。それ以前のアフリカに関する文字資料の多くは、外来者が記録したものであった。

古代エジプト人やギリシア人など、古代地中海世界の文字を用いた人々の一部は、アフリカにも足を踏み入れた。しかし、この地域の農業や食文化に関する情報が得られるような文字資料が残されるようになるのは、アフリカ大陸におけるイスラーム化の進展に伴うアラビア語史料の増加を待たなければならない。七世紀前半にアラビア半島に起こったイスラームは、まず北アフリカに伝わり、その後北東アフリカ、西アフリカのサヘル地方、そして東アフリカ沿岸部に広まった。商人や巡礼者の往来に伴って、これらの地域の情報が中東のイスラーム世界にもたらされ、地理書等に記載されるようになっていった。特にサヘル地方に関しては、イブン・バットゥータの『三大陸周遊記』をはじめとする多くのアラビア語史料が残されている。それらに含まれる記述を基にして、リヴィキは一〇世紀から一六世紀にかけてのサヘル地方の食物に関する研究を行っている (Lewicki 1974)。アフリカ各地に散在するアラビア語文献の調査・目録化作業は現在でも進められており[2]、新出史料を用いたリヴィキの研究の増補が期待される。

一四世紀以降、ポルトガルをはじめとするヨーロッパ諸国の人々がアフリカ大陸の沿岸部を訪れるようになった。一六世紀以降、南北アメリカ大陸およびカリブ海地域向けの奴隷の需要が増すと、西アフリカからアフリカ大陸中央部にかけての大西洋沿岸諸地域は奴隷の供給地となる。奴隷貿易の利潤に引き寄せられてヨーロッパ諸国の商船が多数この地域を訪れるようになると、ヨーロッパの諸言語で記された文字記録も増加していった[3]。ただし一八世紀まで、ヨーロッパ人は主に沿岸部で活動し、コンゴ川流域に位置していたコンゴ王国のように、ヨーロッパ人が内陸部まで分け入って記録を残している地域は珍しい。しかし一九世紀に入ると、ヨーロッパ人はアフリカ大陸の探検を活発に行うようになり、それまで彼らにとって未知の土地であったこの大陸の内陸部に関する情報が蓄積されていった。第四章において、安渓貴子が解説するキャッサバのアフリカ大陸内における拡散に関する研究にみられるように、ヨーロッパ人の旅行記・探検記は植民地化以前のアフリカの農業について研究するうえで貴重な情報を多々含んでいる[4]。

一九世紀後半、アフリカではヨーロッパ諸国の植民地獲得競争が激化し、二〇世紀初頭までに大半の地域がヨーロッパ諸国の植民地となった。植民地支配が終了する二〇世紀後半までに、膨大な数の植民地関連文書が作成され、またそれらを基にした出版物が印刷された。植民地関連の公文書は、年次報告、政治・法律・行政文書、経済・財政文書、各種統計、公衆衛生や教育に関する報告書など各植民地で作成されたものと、宗主国の議会、植民地省、外務省等で作成された植民地関連文書に大別される。これらに加えて植民地において活動した企業や民間人が残した記録も多数存在する[5]。また、アフリカ各地において布教活動を展開した英国聖公会宣教協会（Church Missionary Society）をはじめとするプロテスタント宣教団やカトリック宣教団の宣教師たちが記した布教活動に関する膨大な文書は、民族誌的情報を多々含んでいる[6]。

植民地関連の公文書は、イギリスの国立公文書館（Public Record Office）、フランスの国立海外公文書館（Archives Nationales d'Outre-Mer）といった旧宗主国の公文書館、またケニア国立公文書館（National Archives of Kenya）、セネガル公文書館（Archives du Sénégal）をはじめとするアフリカ諸国の公文書館に分散して所蔵されている。このうちヨーロッパ諸国のアフリカ関連史料所蔵機関とそのコレクションについては調査と目録の刊行が進められており、その概要を容易に知ることができる[7]。それに対してアフリカ諸国の公文書館においては、ケニア国立公文書館やセネガル公文書館などでは所蔵コレクションに関する案内が刊行され（Gregory et al. 1968, Mbaye 1990）、一部の機関では所蔵史料のデジタル化が開始されている。[8] しかし未だに所蔵史料の整理・目録化が進んでいない機関も少なくない。[9]

第二次世界大戦後、イギリスやフランスに代わって世界的な大国になったアメリカ合衆国とソビエト連邦、そしてそれぞれの同盟国、また国際連合の諸機関もアフリカ諸地域に関係する文書・刊行物を残すようになる。二〇世紀後半にアフリカ諸国が次々に独立すると、公文書の作成の主体はヨーロッパ人からアフリカ人へと移る。

各国の公文書館・図書館に所蔵されている各種史料は、本書で扱う農業および食文化の歴史を含め、アフリカ諸地域の歴史を研究するうえで極めて重要である。それらの一部はマイクロフィルム化が進められ、さらにはデジタル化も開始されている。多くの史料については、たとえそれが目録化されたものであっても、内容を把握するためには実際に所蔵機関を訪問し、実物を閲覧する必要がある。

ゼル編『アフリカ研究必携（*African Studies Companion*）』は一九八九年に初版が刊行された北アフリカを含めたアフリカ大陸諸国に関する研究の手引きである。初版は一六五頁であったが、その後増補が重ねられ、第四版（Zell 2006）は八〇〇頁を越える大部なものになっている。第四版では、アフリカ関係の文字資料を所蔵するアフリカおよびヨーロッパの主要公文書館・図書館の所在地・ウェブサイトなどの情報、アフリカ関連研究を実施している研究機関や主要な研究プログラムの情報、各種統計・雑誌・新聞などの情報、近年研究に欠かせなくなったインターネットを活用して情報収集を行う際に有益なデータベースをはじめとするオンライン情報資源に関する情報、さらには効果的なウェブ検索の方法までもが解説されている。アフリカに関する文字資料について調べる際にはまず参照すべきものであろう。[10]

3 歴史言語学的手法

現在話されている「ことば」も、歴史を復元するための手がかりとなる。アフリカでは考古学的な遺物が依然として少ないこともあり、言語は作物伝播の痕跡としての重要な「証拠」とされてきた。それだけでなく、言語の分岐や変化の過程を推測することで、過去の話者をとりまく社会をも探ることもできる。これらを追究する歴史言語学的なアプローチは、アフリカ大陸での広域にわたる農業史の開拓を試み、多くの知見を提供してきた。例えば、アフリカの諸言語における呼称を軸に地域間を比較することを通して、大陸内でのプランテン・バナナの伝播過程を推測していったロッセルの研究（Rossel 1998）、一五世紀以前の東アフリカ大湖地方における諸民族について、特に農牧業を基盤とする政治社会的状況を再構成したショーンブランの研究（Schoenbrun 1998）がある（本書第一部第一章参照）。

歴史言語学の具体的な作業は、一般に次の三つの方法からなる（Brizuela-Garcia & Getz 2012）。

一つめは、相互の関係を踏まえて言語を分類することである。ここではまず、語彙統計学の手法に基づき、ある二つの言語でそれぞれコアとなる一〇〇〜二〇〇単語のうち、どの単語に同源語（cognate）があるのかを調べる。同源か否かは、意味と発音の類似だけでなく、同じ母言語からの借用がありうるか、発音が規則的変化をしているか、といった多様な点から判断する。

言語の分類は、言語間の同源率を基にした系統樹として表現する。その際、複数の言語が分岐する以前の「祖語（protolanguage）」を数段階にわたって措定する。この分析によって、例えば東アフリカ大湖地方で話されているバントゥー諸語に関して、もともとあった一つの祖語（proto-Great Lakes Bantu）が四つの祖語（proto-Luhiya, proto-West Nyanza, proto-Western Lakes, proto-East Nyanza）に分かれ、それらがさらに細かく分岐して現在の諸言語に至ったとする系統樹が作成される。ただし、言語系統樹自体は言語の変化を推測したものであり、社会、政治、経済的な変化を直接示すものではない。

二つめは、言語が他から分岐した年代と場所の推定である。年代の推定には、歴史年代学の手法が用いられる。言語がある一定の速度で変化するという仮定のもと、期間と保持される単語の割合の対応表を作り、それに基づいて言語の分岐年代を推定する。ただし、これには多くの批判がなされており、数百年から千年スケールでの大まかなものとして参考程度にとどめるべきである。他方、過去の言語話者がかつて暮らしていた場所から現在の居住域に至る経路については、「最小限の距離を移動する」という原理に基づいて推定する。

そして三つめが、語句の意味の分析であり、実際には一つめに記した言語分類の作業と同時に行う。ことばが祖語からの保持、創造、他からの借用のうちいずれかを経て使用されることに着目し、複数の言語に共通して見られる同源語やそれらの消失を突き止めることが、言語の変化の様相を知る際に重要となる[11]。単純な例を挙げると、共通の祖語から分かれた二言語の各民族について狩猟採集から農耕への移行を考える際に、「植える」「耕す」といった農業に関する語が同源である場合、分かれる前の祖語の話者は少なくとも農業をしていたと考えられる。もし片方の言語にしか農業に関する同源語がない場合、言語が分かれる前の社会には農業がされていなかったことが考えられる。

4 複合的な手法をめぐって

異なる分野からの成果を合わせて歴史を復元することは、データの少ないアフリカでは必然であり、それはアフリカにおける農業史研究の醍醐味ともいえる。そのとき、各手法の長所や短所を見極めながら複合させていくことが肝要である。例えばブレンチは、考古学的試料と言語資料の二者の特徴を明らかにするために、魚類の骨、根栽作物、最近導入された作物、家畜、湿潤地での人工遺物、大型の捕食動物といった対象物について、生物種の同定のしやすさを比較して整理し、複数分野の協働の必要性を説いている（Blench 2007）。

狩猟採集から農耕への移行を考える際にも学際的なアプローチは有効である。ハーランを中心に古気候学、考古学、民族誌などを合わせてドメスティケーションを考察していった論集『アフリカにおける植物栽培化の起源』(Harlan et al. 1976)、ハーランの追悼論集『古代アフリカにおける植物資源の利用』(Van der Veen 1999) は、それらの代表的なものである。日本では本書の序章で取り上げたように、古くは中尾 (一九六六) が農耕文化基本複合の概念を提唱し、既存の歴史的知見と自身のフィールドワークを合わせ、文理融合的な観点から作物伝播の歴史の復元を試みてきたことはよく知られている。中尾は、アフリカにおいてサバンナと森林それぞれの農耕文化における作物の起源と伝播についての仮説を提唱した (中尾一九六九)。ただし、日本におけるこれらのドメスティケーション研究は、初期の研究における栽培起源地の推定と伝播の大きなルートの推定の後は、むしろ、人間と作物の関係論の追究に向かった (重田二〇一四)。

ユニークな文理複合型の手法としては、安渓貴子の研究がある。安渓は、フィールドワークによるキャッサバの品種と毒抜き法、調理法の調査と文献研究に加え、微生物学の知見を生かして、キャッサバの毒抜き法の分布を分析し、アフリカにおけるキャッサバの導入と伝播の歴史を復元した (安渓二〇〇三、本書第四章参照)。

フィールドワークを中心に地域の農業史を描く試みも、複合的な手法に含めることができるだろう。聞き取り調査は地域の農業史を復元する際の基本的な方法であるが、近年、アフリカ地域研究の立場から、フィールドワークによる聞き取りとGPS (全地球測位システム) による位置測定、ランドサット画像の分析を組み合わせて土地利用の歴史を再現する、フィールドワーク中心の現代農業史研究の成果が発表されつつある。例えば、アンゴラからザンビアへ難民として移動した農民の個人史を聞き取り、個人や世帯の戦略の集合として地域の農業史を描いた研究 (村尾二〇一二) や、非木材森林資源の評価の一環として、カメルーンの熱帯雨林のある村における五〇年間の畑地の移動を詳細な位置測定で再現した研究 (Hirai 2014) などがある。今ではGPS受信機と精密な衛星画像が個人でも利用可能な値段になり、農業と環境利用の現代史的研究の精密化が進んでいる。これらの道具を利用しつつ、農民の記憶を丁寧に聞き取る方法は、農業環境の激変を体験した二〇世紀におけるアフリカの各地域の農業史研究に貢献すると考えられる。

注

1 アフリカ史の基本的方法論については、『ユネスコ アフリカの歴史』の第一巻『方法論と先史時代』（Ki-Zerbo 1981）に詳しい。

2 例えば、イスラームの文字文化遺産の保存と研究の振興をはかるため設立され、イギリスに本部をおくフルカーン・イスラーム文化遺産財団（Al-Furqān Islamic Heritage Foundation）は、アフリカ諸地域におけるアラビア語手稿の目録の刊行を続けている。詳細については、本財団のウェブサイト（http://www.al-furqan.com）を参照。

3 大西洋奴隷貿易については、オンラインデータベース「環大西洋奴隷貿易データベース（Voyages: Trans-Atlantic Slave Trade Database）」（http://www.slavevoyages.org）が公開されており、情報源となった史料を含め詳細な情報を確認することができる。

4 イギリスのＡＢＣ - クリオ社が刊行を続けている『世界書誌シリーズ（World Bibliographical Series）』の各巻には、国ごとに分野別書誌情報がまとめられている。アフリカ各国に関してヨーロッパ人が残した旅行記・探検記のうち主要なものについては、アフリカ諸国を扱ったこのシリーズの各巻に掲載されている。

5 クック編『近代アフリカの形成——文書コレクション案内』（Cook 1995）は、一九世紀末から二〇世紀後半にかけてアフリカで活動した植民地行政官、軍人、外交官、政治家、実業家、ジャーナリストなど一千名以上の個人文書コレクションの所在をまとめ、巻末に文書館別、テーマ別索引を付したものである。公文書の目録はこれまでにも多々刊行されてきたが、この種のコレクションの目録は貴重である。

6 アフリカにおけるキリスト教ミッションに関しては、ペンシルベニア大学図書館がウェブサイト上で公開している「アフリカのキリスト教ミッション——調査ガイド（Christian Missions in Africa: Research Guide）」（http://gethelp.library.upenn.edu/guides/africa/africamissions）などを参照。

7 アフリカにおける主要な植民地保有国であったイギリスとフランスでは特に国内所蔵史料についての調査が進んでおり、それらの目録・研究案内も複数出版されている（Le Conseil International des Archives 1971-1976, Pearson 1993-1994, Thurston 1991, 1997-1998, Westfall 1992）。

8 例えば、ウガンダの公文書館における所蔵史料の目録化・デジタル化については、テイラーらの論考（Taylor et al. 2014）を参照。

9　マキルエーヌの『アフリカ文書館関連著作物』(McIlwaine 1996) は、アフリカ諸国およびアフリカ関係資料を所蔵する諸外国の文書館に関する論考の集成であり、アフリカ諸国の文書館のコレクションに関する論考の情報も得られる。所蔵史料の整理が進んでいない文書館の例としては、コートジボワール国立公文書館に関する佐藤の論考(佐藤二〇〇三)を参照。

10　同書の第四版はウェブ上にて無料で公開されている。二〇一二年より、最新情報を増補した改訂版がオランダのブリル社のウェブサイトにおいて有料で閲覧できるようになった。詳細については、同書のウェブサイト (http://africanstudiescompanion.com) を参照。

11　菊澤(二〇一三)は、ことばの変化をさかのぼることによって人の移動を推論する方法を紹介している。そのなかで、複数の言語間の関係を知る手続きについて詳細な説明を行っている。

参考文献

安渓貴子　二〇〇三「キャッサバの来た道――毒抜き法の比較によるアフリカ文化史の試み」吉田集而・堀田満・印東道子編『イモとヒト――人類の生存を支えた根栽農耕』平凡社、二〇五―二二六頁。

門村浩　二〇〇五「環境変動からみたアフリカ」水野一晴編『アフリカ自然学』古今書院、四七―六五頁。

門村浩　二〇一四「熱帯アフリカの気候と環境の変動」日本アフリカ学会編『アフリカ学事典』昭和堂、四〇六―四〇九頁。

菊澤律子　二〇一三「ことばから探る人の移動」印東道子編『人類の移動誌』臨川書店、二六四―二七七頁。

佐藤章　二〇〇三「コートディヴォワール国立公文書館(ANCI)の植民地期資料について」『アジア・アフリカ言語文化研究』第六六号、二四九―二七三頁。

重田眞義　二〇一四「栽培植物」日本アフリカ学会編『アフリカ学事典』昭和堂、五六六―五六九頁。

辻誠一郎編　二〇〇〇『考古学と植物学』同成社。

中尾佐助　一九六六『栽培植物と農耕の起源』岩波書店。

中尾佐助　一九六九『ニジェールからナイルへ――農業起源の旅』講談社。

水野一晴　二〇〇八「中南部アフリカの自然特性」池谷和信・武内進一・佐藤廉也編『朝倉世界地理講座――大地と人間の物語一二　アフリカII』朝倉書店、四三九―四五一頁。

村尾るみこ　二〇一二『創造するアフリカ農民――紛争国周辺農村を生きる生計戦略』昭和堂。
山極寿一　二〇〇七「環境変動と人類の起源」池谷和信・佐藤廉也・武内進一編『朝倉世界地理講座――大地と人間の物語一一　アフリカⅠ』朝倉書店、五一―六八頁。
Blench, R. 2007: "Using Linguistics to Reconstruct African Subsistence Systems: Comparing Crop Names to Trees and Livestock," T. Denham, J. Iriarte, & L. Vrydaghs（eds.）, *Rethinking Agriculture: Archaeological and Ethnoarchaeological Perspectives*, Walnut Creek: Left Coast Press, pp. 408-438.
Brizuela-Garcia, E. & T. R. Getz 2012: *African Histories: New Sources and New Techniques for Studying African Pasts*, Boston: Pearson.
Cook, C. 1995: *The Making of Modern Africa: A Guide to Archives*, New York: Facts on File.
David, N. 1976: "History of Crops and Peoples in North Cameroon to A. D. 1900," J. R. Harlan, J. M. J. de Wet, & A. Stemler（eds.）, *Origins of African Plant Domestication*, The Hague & Chicago: Mouton & Co., pp. 223-267.
Fairhead, J. & M. Leach 1996: *Misreading the African Landscape: Society and Ecology in a Forest-Savanna Mosaic*, Cambridge: Cambridge University Press.
Flight, C. 1976: "The Kintampo Culture and Its Place in the Economic Prehistory of West Africa," J. R. Harlan, J. M. J. de Wet, & A. Stemler（eds.）, *Origins of African Plant Domestication*, The Hague & Chicago: Mouton & Co., pp. 211-222.
Gregory, R. G., R. M. Maxon, & L. P. Spencer 1968: *A Guide to the Kenya National Archive*, Syracuse: Program of Eastern African Studies, Syracuse University.
Harlan, J. R., J. M. J. de Wet, & A. Stemler（eds.）1976: *Origins of African Plant Domestication*, The Hague & Chicago: Mouton & Co.
Hirai, M. 2014: "Agricultural Land Use, Collection and Sales of Non-Timber Forest Products in the Agroforest Zone in Southeastern Cameroon," *African Study Monographs*, Supplementary Issue 49, pp. 169-202.
Ki-Zerbo, J.（ed.）1981: *Methodology and African Prehistory*（*General History of Africa, vol. 1*）, London & Tokyo: Heinemann Educational Books, Paris: UNESCO, & Berkeley, CA: University of California Press.（J・キーゼルボ編、宮本正興・市川光雄

日本語版責任編集『ユネスコ　アフリカの歴史1　方法論とアフリカの先史時代（全二冊）』同朋舎出版、一九九〇)

Le Conseil International des Archives 1971-1976: *Sources de l'histoire de l'Afrique au sud du Sahara dans les archives et bibliothèques françaises*, 3 vols., Zug: Inter Documentation.

Lewicki, T. 1974: *West African Food in the Middle Ages: According to Arabic Sources*, London: Cambridge University Press.

Mbaye, S. 1990: *Guide des archives de l'Afrique occidentale Français*, Dakar: Archives du Sénégal.

Mbida, C. M., H. Doutrelepont, L. Vrydaghs, R. L. Swennen, R. J. Swennen, H. Beeckman, E. de Langhe, & P. de Maret 2001: "First Archaeological Evidence of Banana Cultivation in Central Africa during the Third Millennium before Present," *Vegetation History and Archaeobotany* 10(1), pp. 1-6.

Mbida, C. M., W. Van Neer, H. Doutrelepont, & L. Vrydaghs 2000: "Evidence for Banana Cultivation and Animal Husbandry During the First Millenium BC in the Forest of Southern Cameroon," *Journal of Archaealogical Science* 27, pp. 151-162.

McIlwaine, J. 1996: *Writings on African Archives*, London, Melbourne, Munich, New Jersey: Hans Zell Publishers.

Ortiz, R., S. Madsen, & D. Vuylsteke 1998: "Classification of African Plantain Landraces and Banana Cultivars Using a Phenotypic Distance Index of Quantitative Descriptors," *Theoretical and Applied Genetics* 96, pp. 904-911.

Pearson, J. D. 1993-1994: *A Guide to Manuscripts and Documents in the British Isles Relating to Africa*, 2 vols., London: Mansell.

Perrier, X., F. Bakry, F. Carreel, C. Jenny, J.-P. Horry, V. Lebot, & I. Hippolyte 2009: "Combining Biological Approaches to Shed Light on the Evolution of Edible Bananas," *Ethnobotany Research & Applications* 7, pp. 199-216.

Portères, R. 1976: "African Cereals: Eleusine, Fonio, Black Fonio, Teff, Brachiaria, Paspalum, Pennisetum, and African Rice," J. R. Harlan, J. M. J. de Wet, & A. Stemler (eds.), *Origins of African Plant Domestication*, The Hague & Chicago: Mouton & Co., pp. 409-452.

Rossel, G. 1998: *Taxonomic-linguistic Study of Plantain in Africa*, Leiden: Research School CNWS, School of Asian, African and Amerindian Studies.

Schoenbrun, D. L. 1998: *A Green Place, a Good Place: Agrarian Change, Gender, and Social Identity in the Great Lakes Region to the 15th Century*, Portsmouth, NH: Heinemann.

Taylor, E. C., A. B. Rockenbach, & N. Bond 2014: "Archive and the Past: Cataloging and Digitisation in Uganda's Archive," T. Barringer & M. Wallace (eds.), *African Studies in the Digital Age: Disconnect?*, Leiden & Boston: Brill, pp. 163-178.

Thurston, A. 1991: *Guide to Archives and Manuscripts Relating to Kenya and East Africa in the United Kingdom*, 2vols., London, Melbourne, Munich, & New York: Hans Zell Publishers.

Thurston, A. 1997-1998: *Sources for Colonial Studies in the Public Record Office*, 2vols., London: The Stationery Office.

Van der Veen, M. (ed.) 1999: *The Exploitation of Plant Resources in Ancient Africa*, New York: Kluwer Academic/Plenum Publishers.

Vansina, J. 2003: "Bananas in Cameroun c. 500 BCE? Not Proven," *Azania* 38 (1), pp. 174-176.

Westfall, G. D. 1992: *French Colonial Africa: A Guide to Official Sources, London*, Melbourne, Munich, & New York: Hans Zell Publishers.

Zell, H. M. 2006: *The African Studies Companion: A Resource Guide & Directory*, London, Munich, & New York: Hans Zell Publishers (1st ed. 1989).

第Ⅰ部

環境との関わり

第1章　バナナから見たアフリカ熱帯雨林農耕史

小松かおり・佐藤靖明

はじめに

バナナはアフリカの湿潤地帯の農耕史において大きな意味を持つ作物である。東南アジアからニューギニアに至る地域で食用の栽培が始まったと推定され、現在、アジア・太平洋、アフリカ、南米の湿潤熱帯地域で栽培されるバナナは、生食されるだけでなく、未熟な果実を料理して主食としても利用されている。アフリカには、すでに紀元前には到達していたと考えられ、キャッサバ、ヤムイモ、イネと並んで、湿潤アフリカにおける自給用・主食用作物の主役として、大陸内の各地でさまざまな歴史を歩んできた。

農の歴史として考えた場合、現在のアフリカのバナナ栽培文化には、地理的な三つのグループ（図1）が認められ、それぞれの地域グループは全く異なるバナナ栽培文化を生み出してきた。東アフリカ海岸部、東アフリカ高地、中部・西アフリカ熱帯林である。そのうち、東アフリカ高地と中部・西アフリカでは、バナナが最も重要な主食の一つである。なお、中南米やアジアと同じように、北半球への輸出に特化した商業的プランテーションもいくつかの国に存在するが、アフリカ大陸内で生産・消費される量と比べると生産量ははるかに少ない。

アフリカではどの地域も、バナナが農に取り入れられてから様々な作物がさらに取り入れられ、農が再編され続けてきた。また、それぞれの歴史のなかで、主作物と副作物、集約と非集約という軸において対照的な農の文化が作り上げられてきた。本章では、東アフリカ高地と中部アフリカのバナナ栽培史を比較し、地域の農耕史のなかでバナナが果たした役割について分析し、集約性の変容について考察する。

1　バナナ栽培の地理的分布

バナナは、バショウ科（Musaceae）、バショウ属（*Musa*）に属する複数の野生植物から栽培化された作物で、その多くは、*Musa acuminata*（AA）か *Musa balbisiana*（BB）、またはその交雑から生まれている。それぞれのゲノムタイプは、祖先種の組み合わせと倍数性から、AA、AB、AAA、AAB、ABB、BBBなどと表記される。われわれが日常的に食べる甘いバナナは、AAAタイプのなかのキャベンディッシュという一品種が多くを占め

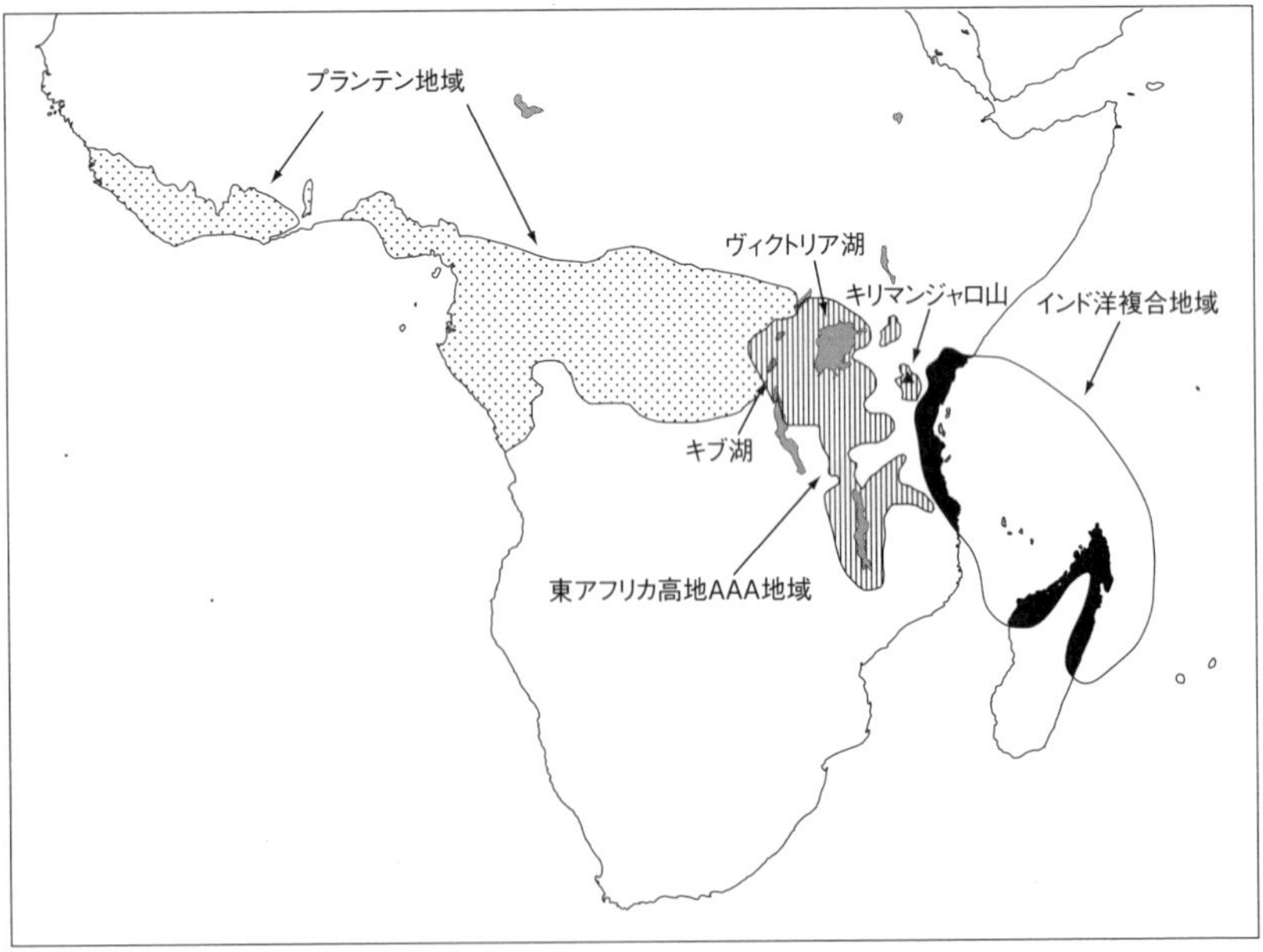

図１　アフリカにおけるバナナ栽培の類型

出所）De Langhe et al.（1994：149）所収の図をもとに一部修正して筆者作成。

ている。バナナは、インドから東南アジア、ニューギニアに至る広範囲に野生種が分布しており、最近のアクミナータ系遺伝子の系統分析では、現在の食用バナナには複数の起源地があるのではないかと考えられている（Perrier et al. 2009）。アフリカには、発芽能力を保持した種子を持つ品種が見られないため、起源地の可能性は否定されている。専ら栄養体で増え、人間が突然変異を見分けて株分けすることで現在の多くの品種が生み出されてきたといえる。

写真１　ウガンダ、ラカイ県ガンダの屋敷畑（2005年、佐藤靖明撮影）

アフリカにおけるバナナ栽培文化は、特徴的な品種群から、インド洋複合（Indian Ocean Complex, IOC）、プランテン（Plantain）、東アフリカ高地ＡＡＡ（East African Highland AAA）の三つの地域に分類できる（De Langhe et al. 1994）（図１）。プランテン地域は、中部アフリカと西アフリカの熱帯雨林地帯である。インド洋複合地域には、東南アジアがそうであるように、多くのゲノムタイプに属する品種群があり、ゲノムタイプの分布もアジアに似ている（小松他二〇〇六）。この地域のバナナはイネやココヤシと組み合わせて栽培され、軽食の材料となるか生食されることが多い副次的な作物である。東アフリカ高地ＡＡＡ地域は、ウガンダ、ルワンダを中心とした東アフリカ高地で、ゲノムタイプは多様だが、なかでも、東アフリカ高地ＡＡＡと呼ばれる独自の品種群を発達させた。集約的な屋敷畑（写真１）で長期間バナナを連作し、主食、酒の材料としての果実の利用だけでなく、葉や仮茎も利用し、バナナに強く依存した農と食を発展させた。中部アフリカと西アフリカでは、ＡＡＢのゲノムタイプのうち、プランテン・サブグループ[1]と呼ばれる品種群が主流であり、一六世紀にキャッサバが導入されるまで、バナナが最も重要な主食材料だったと推定されている。東アフリカとは対照的に、焼畑移動耕作での非集約的な栽培をする（写真2）。

2　バナナの伝播の歴史

バナナがアフリカへ、そののちアフリカのなかで伝播した経路については、遺物が残りにくい状況から、主に、植物学、歴史言語学、歴史学、環境復元の知見をもとに議論されてきた。

アジアからアフリカへのバナナの伝播をめぐっては、現在、その時期と経由地をめぐってさまざまなシナリオが提示されている（Neumann & Hildebrand 2009）。有力な仮説の一つは、紀元前から、インド洋を経由した何度かの伝播の波があったというものである。この説では、アフリカにおける品種群の偏った分布から、異なる品種群の数度にわたる伝播があり、最初の波はプランテンであったと推定されている。突然変異が起こる確率をもとに、アフリカ独自のプランテンの品種群が現在の状態にまで多様化した時間を推定すると、少なくとも紀元前にはアフリカに到着していたことになるという（De Langhe et al. 1994）。

写真2　カメルーン東部州、カコの焼畑（2000年、小松かおり撮影）

もう一つの説は、アフリカの多くの言語における語彙の分布から歴史を復元する歴史言語学の知見から、バナナの到着時期は紀元後だったとするものである（Rossel 1998）。

二〇〇〇年には、カメルーンの遺跡で約二五〇〇年前のバナナのプラントオパールが発見されたという論文が発表された（Mbida et al. 2000, Mbida et al. 2001）。これらの論文は、前者の仮説を支持するものだったが、サンプルの信憑性と結果の解釈をめぐって論争になった。なお、それらの説のほかにも、プランテンがアフリカ東部での栽培をほとんど介さず、東南アジア・太平洋地域起源のタロイモやヤムイモと一緒に西アフリカに運ばれて定着した説（Blench 2009）など、時期と経由地の組み合わせで、多くのストーリーが提示されている。

さて、いずれの説をとった場合でも、中部・西アフリカで現在主流であるプランテンの栽培が東アフリカ内陸部の乾燥地域をどうやって乗り越えて伝えられたのかが問題となる。このアフリカ大陸での経路について、植物学者のデ・ランゲ（De Langhe 2007）は紀元前のアフリカへの到来を前提として、以下の興味深いシナリオを描いている。バナナの西方への伝播が始まるのは、約四五〇〇年前から続く乾燥期の終わりにあたる三五〇〇～二五〇〇年前頃とデ・ランゲは推定した。この時期から約二千年前まで、半落葉性の湿潤熱帯林が中部アフリカからヴィクトリア湖北側までつながっていたと考えられており、それより東側の乾燥地帯をどう乗り越えたのかが焦点となる。彼の仮説は、東アフリカのなかで、タンザニアのウサンバラ高原からキリマンジャロ山にかけて、またケニア山、エルゴン山地にかけての斜面の比較的湿潤な場所に、狩猟採集民や半農耕民が当時共住しており、タロイモやヤムイモなどとともにバナナが西方に運ばれることに関与したというものである。狩猟採集民と半農耕民の多くが乾燥に適応した植物にしか興味を示さなかったことも想像されるが、この地域にはバナナと類似した野生のエンセーテが自生していたと考えられている。彼らはエンセーテの食用利用や繁殖に関わる知識をすでに持っていたため、新来のバナナやタロイモなどの吸芽が繁殖にとって重要であることもよく認識できたものと思われる。この仮説は、キリマンジャロ山付近に住むチャガの人々によるバナナの呼称が周辺の主な言語と関係を持たないという知見をきっかけにして構築された。ただし、この仮説を実証する考古学的遺物はまだ発見されておらず、今後の現地調査が期待される。

一方、東アフリカからもたらされたバナナが中部アフリカでどのように広がったかについては、現在の中部アフリカのマジョリティであるバントゥー系言語集団の移動と重ねて論じられている。彼らの祖先であるプロト・バントゥーの言語集団は、現在のナイジェリアとカメルーンの国境地帯、森林とサバンナにまたがる地域に四千年前くらいに生まれ、乾燥化と熱帯林の縮小が起きた紀元前一七〇〇年頃に、サハラ以南アフリカ一帯への大移動を始めたと推定される（Vansina 1995）。プロト・バントゥーが熱帯林の北縁を通って東アフリカに到達した紀元前一五〇〇年から紀元前千年頃以降に、熱帯林の北東部でスーダン系の言語集団からバナナを受け取ったのではないかとヴァンシナは推定している（Vansina 1990）。その後、おそらく熱帯林の北縁近くを通りながらバナナは一気に熱帯林を西進し、現在のコンゴ共和国（コンゴ・ブラザヴィル）北部からガボン東部にあたる地域にできたバントゥーの拡散の第二次センターを経由して熱帯雨林に広がったと想定されている。それを担ったのは、プロト・バントゥーから分岐した西バントゥーと呼ばれるグループであり、その後、多くの言語集団に分岐した。その根拠の一つは、西バントゥー起源の言語グループの多くで、プランテン・バナナを -ko, -kondo または -konde と呼ぶことであり、言語が分岐する前にプランテンを受け入れていた証拠だと考えられている。

西アフリカへのバナナの拡散は、ガーナから西と東で議論が異なる。ガーナ以西では、中部アフリカと同じようにプランテン・バナナが主流なのにもかかわらず、バナナに関する文献への記載が、一五世紀以前に見当たらない。しかし、ガーナ南部の熱帯林におけるプランテンの栽培と利用が広範に見られ、食文化において重要な位置を占めることから、プランテンの歴史は中部アフリカに準じると見られてきた。近年、ガーナ以西におけるプランテンは一六世紀初頭にポルトガルがコンゴからサントメ経由で持ち込んだことに由来するという説が検討されている（La Fleur 2012）。ガーナの東、トーゴ、ベナンにある、熱帯林が途切れる地域、ダホメ・ギャップが中部アフリカからのバナナの伝播を阻んだという。ガーナ南部におけるバナナの品種と品種名称は中部アフリカに比べて均質であるが、この仮説が正しいとすると、説明がつくことになる。

3　東アフリカ高地における屋敷畑と集約農業の歴史

東アフリカ高地において、バナナは最も重要な主食用作物の一つである。例えばウガンダでは、未熟なうちにバナナの葉で作った袋に入れて一時間以上蒸し、袋の上から潰したり、マメと煮たりして、毎食のように食され、バナナビールも醸造される（佐藤二〇一一）。この一帯で、社会経済的にバナナが特に重要となった地域は主に四つある。一つはルワンダとコンゴ国境にあるキブ湖周辺、二つめはウガンダとケニア国境のヴィクトリア湖北東岸周辺、三つめはヴィクトリア湖の南・西・北岸周辺、そして四つめがキリマンジャロ山麓である（図1）。現在これらの地域では、住居の周りをバナナ畑で取り囲み、一年を通じてその屋敷畑を栽培管理する方式が見られる。この一帯におけるバナナ栽培の歴史は、考古学的遺物が極端に少ないために確実な情報がほとんどない。そのなかにあって、ショーンブラン（Schoenbrun 1998）は、各民族間の語彙の比較から過去の出来事とその時期を推定していく歴史言語学の手法を用いたアプローチによって、一五世紀以前の東アフリカ大湖地方（右記の一つめから三つめを含む地域）の農耕史を新たに提示した。彼の先駆的な仮説に基づき、ここではバナナを中心とした農耕が成立するまでの過程について述べる。

まず紀元前、この地域に初めてバナナが到来した時には、すでに移動耕作による穀物栽培、狩猟採集、漁撈を組み合わせた複合的な生業形態が確立されていた。また、イモ類（ヤムイモなど）やタンパク源であるマメ類（ササゲなど）も栽培され、牧畜のしくみも発達していくなかにあった。遅れて持ち込まれた作物であるバナナは、「労働力の投入が少なくても収穫物が得られる」という利点があるにもかかわらず、人々にとってはさしたる栽培の動機としては働かなかったのである。人々とバナナが親密な関係を築く初期的な段階が千年以上も続いた後、紀元五〇〇～九〇〇年になってようやく料理用、酒用バナナがまばらに栽培されるようになる。

その後、紀元八〇〇～一三〇〇年頃に、バナナの栽培技術や品種に関する知識が洗練され、人々のバナナへの依存が強まる新たな段階に入った。例えば、バナナの枯れ葉を剪定するためだけに使われる特別な形状をした刃の使用、各品種を利用法ごとに包括する語彙の使用、そしてバナナ畑に関する概念の形成が各地で見られた。これらの知識や技術の中心となったのが、キブ湖とヴィクトリア湖周辺のいくつかの民族であり、彼らがバナナを中心とする農耕を確立させていった。

この期間の初期、ヴィクトリア湖周辺の人々は大きく二つの集団に分かれた。一つは、ヴィクトリア湖の北西側に住む集団で、現在のガンダ、ソガといった民族につながる。彼らは定住化してバナナ栽培への依存度を高め、バナナを基幹とする農耕社会を作り上げていった。もう一つはヴィクトリア湖の南西側と内陸側（ヴィクトリア湖とキブ湖の中間に広がる乾燥地帯）に住む集団であり、アンコーレ、ハヤ、ニョロといった民族につながる。この集団はバナナと牧畜に関する知識、技術を同時に高めていったが、集団のうちの一部はバナナ農耕を発達させ、一部は内陸部の草地に移動して牧畜を営むようになった。現在のアンコーレやハヤには、バナナ栽培とウシの飼養を組み合わせた有畜連関型の農耕形態が見られるが、彼らはその当時からバナナ栽培と牧畜の両方を指向する可能性を有していたといえる。

バナナ栽培に傾注していくことに関連して、人々はより良い土地を求めて移動していった。ヴィクトリア湖周辺では、バナナ栽培に適した肥沃な土地に多くの人々が居住するようになり、その土地だけ人口密度が高まるという現象が起こる。つまりこの地域では、多くの収穫量が得られるバナナの栽培を営む集落が点状に分布し、その周りに人口希薄な疎林や草原が広がっていた。なお、バナナは雨量や土壌水分と生育度合の関わりが強い作物であり、栽培条件の良い土地の面積は、乾燥した時期には小さく、湿潤な時期には大きかったと考えられる。ナイル川下流域の水面の記録から、九五〇～一一〇〇年、一二〇〇～一四〇〇年の降雨は少なかったと推定されており、これらの時期には条件の良い土地が特に希少であったと思われる。

限られた豊かな土地でのバナナ栽培を通じて、人々は収穫量を増やすだけでなく、長年にわたって多くの収穫をもたらすバナナ畑に特別な価値を付与していった。それにともない、大きな社会変化がもたらされた。まず、限られた肥沃な土地を持つ人々と持たない人々の間で階層が生まれることになった。また、住居とバナナ畑を核にして、世代をつなぐ相続のしくみが作られていった。さらに、比較的大きな集落は何世代にもわたって持続しやすく、リネージ、もしくはクランといったまとまりをなすようになり、これらが一三〇〇～一五〇〇年頃に展開されるガンダ王国などの国家形成（栗本二〇〇九）につながっていった。

以上のように、移動耕作が主流であったアフリカにおいて、一つの畑が長期的に利用されるこのバナナ栽培システムは画期的なものであった。しかし、それが成立するまでには、人々とバナナの親密な関係の形成、知識や技術の発達、そして土地への定着といった長い年月にわたる過程があった。栽培の集約化が進むのはこの後のおよそ一四〇〇～一七〇〇年の間と考えられているが、その時期や詳細については手がかりがなく、よく分かっていない。バナナを中心とする農耕社会の存在が文書として記録されるのは、一九世紀中頃に西欧人がこの地域に初めて足を踏み入れてからになる。

4　中部アフリカにおける焼畑と非集約農業の歴史

中部アフリカの熱帯雨林では、バナナは主食作物としてキャッサバに次ぐ重要性を持っている。未熟なうちに煮たり蒸したりしたままで食べることもあるが、その後、臼と杵で搗いたり、専用のたたき台とたたき棒で叩いたりしてモチ状にする。農耕の開始時には、アフリカ原産の数種のヤムイモ（*Dioscorea cayenensis, D. rotundata* など）、アブラヤシ、コーラ、種子を食用にするウリなどが栽培されていた。ヤムイモ栽培には明確な乾季が二ヶ月以上あることが望ましく、日当たりも必要とするため、熱帯雨林のなかでは、生産は可能であるが生産量はあまり上がらない。初期には、森林性の野生のヤムイモの採集なども組み合わせ、狩猟採集と漁撈に重点をおいた生業だったであろう。熱帯雨林の人口が増えたのは、鉄器と、バナナ、タロイモ、東南アジア原産のヤムイモ（*Dioscorea alata, D. esculenta* など）、サトウキビなどの東南アジア・太平洋地域起源の作物セット、なかでもバナナを手に入れたからであると考えられている。鉄器によって、大木の伐採が容易になり、ヤムイモよりはるかに熱帯雨林に適したバナナがカロリー源になった（Vansina 1990）。

中部アフリカでバナナの品種の中心は、AABのプランテン・サブグループである。中部アフリカの農民は、ごく限られた株で持ち込まれたと思われるプランテンを、栄養体繁殖で増やしながら、微細な違いを見分けて名づけることで品種を増やしていった。コンゴ・キンシャサ東部に居住するソンゴーラでは三五種の品種が、コンゴ・ブラザヴィル北部のボバンダでは五七種が報告されている。

バナナは、中部アフリカの熱帯雨林のなかで、砂地が多い地域や冠水する土地などバナナ栽培に適さない地域を除いて広範に栽培されていたと考えられる。しかし、一六世紀後半頃、コンゴ盆地と南のウッドランドにまたがって繁栄していたコンゴ王国とポルトガルの交流のなかで、キャッサバの栽培が王国の周辺で広がった。コンゴ王国の東側の内陸部に位置していたブションゴ王国では、キャッサバ導入に関する口頭伝承が記録されていて、それによると、穀類、バナナ、ヤムイモを主食としていた彼らに、有力な隣国であるコンゴ王国から薄切りにして茹でて食べるキャッサバがもたらされ、一六五〇年頃、チマキ状の料理法が知られるようになったという。当時の王が、バッタ害に対抗するためにキャッサバを導入したという伝承もある（Jones 1959）。バッタに対抗するためのキャッサバ導入、という伝承は、他の地域にも見られる。コンゴ川流域には、奴隷をはじめとする交易を背景に、キャッサバが浸透した。スタンレーがコンゴ川流域を旅した一八七〇年代には、コンゴ川流域各地ではキャッサバが重要な主食材料だったという。一方、同じ熱帯雨林でも、ガボンでは、二〇世紀のはじめでもキャッサバをほとんど取り入れず、バナナを中心に栽培していた。二〇世紀になると、都市化や現金経済の普及によって、キャッサバはますます重要性を増した。一九五〇年頃の主食用作物の分布によれば、中部アフリカの熱帯林で最も広範に栽培されていた主作物はキャッサバであった（Miracle 1967）（図2）。

中部アフリカの熱帯雨林では、主要な作物のすべてが外来の作物であり、歴史的に外来の作物が積み重なってきた。混作文化のなかで、重要性は変化するが、古い作物を捨てず、新しいものを加えて比率を変えてきたのが現在の農である。

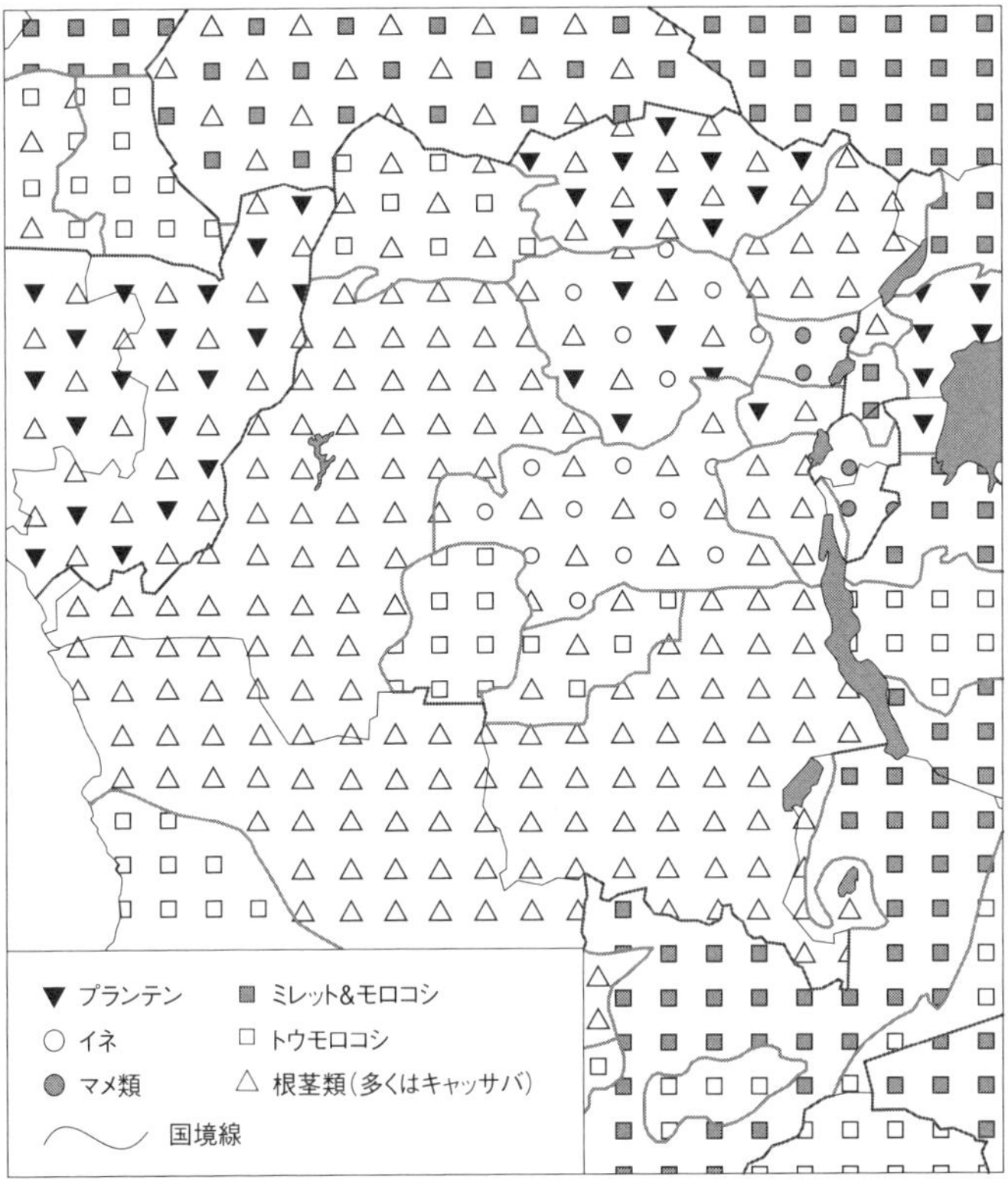

図２　1950年頃の中部アフリカの主食用作物の分布

出所）Miracle（1967：11）所収の図をもとに筆者作成。

紀元前後にバナナを中心とする東南アジア・太平洋地域原産の作物によってデンプン質の主食の安定的供給がもたらされた。また、ヤムイモは日当たりのために畑地内の樹木の徹底した伐採を必要とし、水はけを良くするためにマウンド栽培するなどの労働を必要とするのに比べて、バナナはヤムイモほど完全な畑地の樹木の伐採を必要としないし、マウンドの造成も必要としない。さらに、ヤムイモの植え付けと収穫は年に一度、または二度で季節が限られているが、バナナは植え付けも収穫も一年を通して行われる。そのため、熱帯雨林では、特に植え付け時の集約的労働をかなり減らした可能性がある。樹木の伐採や植え付け時のマウンドづくりは、男性によって担われることが多く、バナナの導入は、特に男性の労働を軽減したと思われる。中部アフリカの農の特徴は、キャッサバとラッカセイ導入まで、マメ類などのタンパク源をほとんど栽培せず、タンパク質は、狩猟、採集、漁撈によって得てきたことにある（小松二〇〇八）。バナナの栽培は、男性の労働力を、さらに農業以外の生業に向けたかもしれない。

一方、キャッサバは、湿地と高地以外、中部アフリカの湿潤地帯のほとんどすべての地域で栽培が可能である。キャッサバは、単作した場合には、バナナより土地生産性が高いといわれる。また、バナナが比較的栄養条件のよい土地を必要とするため、毎年のように森のなかに畑地を造成するのに対して、キャッサバは貧栄養でも育つため、草地段階の休閑地を再伐採することも多く、畑地の開墾の労力が少なくて済む。草地の再利用の場合、男性の労働がなくても伐開が可能である。このため、キャッサバを主作物とすることは、男性の労働をさらに減らした。また、バナナを周年収穫しようと思うと、生長期間の異なる多品種を選んだ上で植え付け時期をずらすといった工夫が必要であるが、キャッサバは、中部アフリカの場合、有毒キャッサバなら一年以上は収穫しないまま地中で保存できる。そのため、周年収穫のための苦労がないうえ、必要なときに大量に収穫することも可能になった。また、キャッサバの葉には豊富なアミノ酸が含まれている。タンパク質の合成には相対的に不足がちなアミノ酸があるものの、タンパク質の重要な供給源となっている。

ただし、中部アフリカで一般的に栽培されている有毒キャッサバには、毒抜きが必要である。また、毒抜き後も、そのまま茹でて食べるところは少なく、ペースト状にする、粉状にするなどの手をかける。粉にする場合は、穀類ほどではないにせよ、粉を搗く作業に手がかかる。中部アフリカでは、キャッサバの導入は、男性の労働を軽減し、女性の労働を増やした可能性が高い。奴隷貿易時代には、奴隷として連れ去られた男性の労働を補填し、一九世紀以降にカカオやコーヒーなどの商品作物が導入されたのちには、商品作物は男性、自給作物は女性という性別分業の再編が起こったと考えられる。

5　バナナと農の集約性

歴史的には、アフリカで最初にバナナ栽培文化が発達したのは、中部アフリカである。中部アフリカでは、それまでに存在していたヤムイモ、アブラヤシなどの混作・焼畑移動耕作と、漁撈、狩猟、採集を組み合わせた生業複合のなかにバナナを取り入れた。中部アフリカで見られるように、列や畝を作らずに多種の作物を同時に植える混作は混合型間作と呼ばれるが、このような畑では、新たな作物を試験的に取り込むことが非常に容易である。バナナは、それまでの主作物ヤムイモと同じ根栽作物であることから、手持ちの技術が応用できたし、畑を伐開する時に、ヤムイモほどしっかり樹木を伐らなくても生産性が上がる。料理法もヤムイモの料理法が応用できた。導入もヤムイモからの置換もハードルが非常に低かったといえる。中部アフリカのバナナ栽培は、品種の細かな見分けをし、命名する観察眼を持ちながら、徹底した除草や細かい株の管理、雄花序の切除、枯れ葉の切除などをせず、毎年新たな畑を開くことで収穫を確保する非集約的な戦略をとった。この背景には、潜在的な畑地が豊富にあるが、土地の表土が薄くてすぐに養分が枯渇し、野生植物の繁殖力が高くて除草が困難な自然環境がある。また、社会の移動性が高く、畑の適地が少なくなれば個人、世帯、または村単位で簡単に数十キロの移動をする。移動性の高さは、社会の階層性の低さにつながっている。

一方、中部アフリカから遅れてバナナ栽培文化が発達した東アフリカ高地では、もともとは雑穀栽培をしており、バナナへのおきかえはそう簡単には起きなかった。気候の変化にともなって、牧畜に特化する人々、農牧する人々、農耕に特化する人々などさまざまな生存戦略の変化が起きるなかで、バナナ栽培、またはバナナ栽培と牧畜に特化する人々が現れた。彼らのバナナ栽培は非常に緻密で集約的であった。背景には、森林部には肥沃な土地が点在し、施肥しながらであれば数十年以上利用可能であったこと、人口密度がすでに高まっており、移動が容易でなかったことなどが挙げられる。限られた肥沃な土地における定住的なバナナ栽培は、土地に価値を与える階層的な社会を生み出し、バナナ栽培を基盤とした王国が生まれた。

このように、バナナという同じ作物をベースとしながら、これらの二つの地域は、集約性において非常に対照的な農の文化を発達させてきたのである。

おわりに

重田が批判的に検討するように、これまでの集約性は、単位面積における生産量である「土地生産性」と単位時間あたりの生産量である「時間生産性」をめぐって議論されてきた（重田二〇〇二）。「集約型農業」とは、土地生産性と時間集約性の高い農業を指す。ただし、集約性の議論には、外部投入材やバイオマスの蓄積をどのように計算に入れるか、混作をどのように評価するか、焼畑の場合の休閑期間をどのように計算するか、土地の地力の持続性をどう評価するか、といったさまざまな課題もある。

一方、非集約的な農とそれをめぐる生活様式を「エキステンシブな生活様式」と呼び、「インテンシブ（集約的）な生活様式」に対置される文化と表現したのは、掛谷誠である（掛谷二〇一一）。本章で描いた中部アフリカの農の文化は、省力化、生業の多様性、畑と村の移動性などの面から、エキステンシブと表現することが可能であり、一方、東アフリカ高地は、栽培技術の緻密さ、土地生産性の高さ、畑地と村の移動性の低さから、インテンシブと表現することができる。本章は、同じ主作物を栽培しながら対照的な農の文化を持つ二つの地域の比較史を試みた。この比較はまだ粗いものであり、それぞれの地域のなかで、さらに小さな単位の歴史研究の積み重ねが、それぞれの歴史の原動力を明らかにするだろう。

アフリカの食と農の歴史を研究する場合、一つのフィールドを対象として深く掘り下げる方法はもちろん有用であるが、自然環境、地理的位置、社会文化的環境、政治経済的環境などの組み合わせによって起こった歴史的な変容のポイントを理解するためには、他地域との比較が非常に有効である。その際、ある作物を基準とすることは、自然環境条件の類似性、作物の伝播が示す地域の交流の可能性、作物の特性による農の技法の限定性などによって、有効な手段であると考える。もちろん、比較の指標は、作物だけではない。食と農の歴史の場合、農法、労働力の調達、生業複合、料理法などの指標もありうる。

さらに、アフリカの歴史を知るためには、アフリカとアジアや南米など、他の大陸を比較する視点も有効である。そのような比較史研究は、それぞれの地域を見る視点をさらに深めてくれる可能性を持っている。

注

1 「プランテン」ということばには二つの用法がある。一般的には、「料理用バナナ」の意味で用いられ、FAOの統計は、bananaとplantainに分けられている。しかし、ある品種が生食にも料理用にも用いられることもあるので、品種に対応した単位としてはほとんど意味がない。FAOの統計も、国によって、bananaとplantainの分類の基準が異なる。バナナの専門家の間では、AABのゲノムタイプを持つバナナのうち、特定の品種群を指し、アフリカでは非常に重要な位置を占めている。本章では、後者の意味で使う。

参考文献

掛谷誠　二〇一一「アフリカ的発展とアフリカ型農村開発への視点とアプローチ」掛谷誠・伊谷樹一編『アフリカ地域研究と農村開発』京都大学学術出版会、一―二八頁。
栗本英世　二〇〇九「東・北東アフリカ」川田順造編『新版世界各国史一〇　アフリカ』山川出版社、四〇―一〇五頁。
小松かおり　二〇〇八「バナナとキャッサバ――赤道アフリカの主食史」池谷和信・武内進一・佐藤廉也編『朝倉世界地理講座――

大地と人間の物語一二　アフリカⅡ』朝倉書店、五四八―五六二頁。

小松かおり・北西功一・丸尾聡・塙狼星　二〇〇六「バナナ栽培文化のアジア・アフリカ地域間比較――品種多様性をめぐって」『アジア・アフリカ地域研究』第六巻第一号、七七―一一九頁。

佐藤靖明　二〇一一『ウガンダ・バナナの民の生活世界――エスノサイエンスの視座から（京都大学アフリカ研究シリーズ五）』松香堂書店。

重田眞義　二〇〇二「アフリカにおける持続的な集約農業の可能性――エンセーテを基盤とするエチオピア西南部の在来農業を事例として」掛谷誠編『アフリカ農耕民の世界――その在来性と変容』京都大学学術出版会、一六三―一九五頁。

Blench, R. 2009: “Bananas and Plantains in Africa: Re-interpreting the Linguistic Evidence,” *Ethnobotany Research & Applications* 7, pp. 363-380.

De Langhe, E. 2007: “The Establishment of Traditional Plantain Cultivation in the African Rain Forest: A Working Hypothesis,” T. Denham, J. Iriarte, & L. Vrydaghs (eds.), *Rethinking Agriculture: Archaeological and Ethnoarchaeological Perspectives*, Walnut Creek: Left Coast Press, pp. 361-370.

De Langhe, E., R. Swennen, & D. Vuylsteke 1994: “Plantain in the Early Bantu World,” *Azania* 29-30, pp. 147-160.

Jones, W. O. 1959: *Manioc in Africa*, Stanford: Stanford University Press.

La Fleur, J. D. 2012: *Fusion Foodways of Africa's Gold Coast in the Atlantic Era*, Leiden: Brill.

Mbida, C. M., H. Doutrelepont, L. Vrydaghs, R. L. Swennen, R. J. Swennen, H. Beeckman, E. de Langhe, & P. de Maret 2001: “First Archaeological Evidence of Banana Cultivation in Central Africa during the Third Millennium before Present,” *Vegetation History and Archeaobotany* 10(1), pp.1-6.

Mbida, C. M., W. Van Neer, H. Doutrelepont & L. Vrydaghs 2000: “Evidence for Banana Cultivation and Animal Husbandry during the First Millenium BC in the Forest of Southern Cameroon,” *Journal of Archaealogical Science* 27, pp. 151-162.

Miracle, M. P. 1967: *Agriculture in the Congo Basin: Tradition and Change in African Rural Economies*, Madison & London: The University of Wisconsin Press.

Neumann, K. & E. Hildebrand 2009: “Early Bananas in Africa: The State of the Art,” *Ethnobotany Research & Applications* 7, pp.

353-362.

Perrier, X., F. Bakry, F. Carreel, C. Jenny, J.-P. Horry, V. Lebot, & I. Hippolyte 2009: "Combining Biological Approaches to Shed Light on the Evolution of Edible Bananas," *Ethnobotany Research & Applications* 7, pp. 199-216.

Rossel, G. 1998: *Taxoonmic-Linguistic Study of Plantain in Africa*, Leiden: Research School CNWS, School of Asian, African and Amerindian Studies.

Schoenbrun, D. L. 1998: *A Green Place, A Good Place: Agrarian Change, Gender, and Social Identity in the Great Lakes Region to the 15th Century*, Portsmouth, NH: Heinemann.

Vansina, J. 1990: *Paths in the Rainforests: Toward a History of Political Tradition in Equatorial Africa*, Madison: The University of Wisconsin Press.

Vansina, J. 1995: "The Roots of African Cultures," P. Curtin, S. Feierman, L. Thompson, & J. Vansina (eds.), *African History: From Earliest Times to Independence*, 2nd ed., New York & London, Longman, pp. 1-28.

第2章 サハラ・オアシスのナツメヤシ灌漑農業
統合的手法による農業史理解

石山　俊

はじめに

本章の目的は、五つの歴史的観点からサハラのオアシス農業を考えることにある。五つの歴史的観点とは、サハラ気候変動、ナツメヤシ伝播、地下水路導水システムの伝播、サハラ交易史、そして近代の農業変容である。

五つの歴史的観点の時間スケール、空間スケールは異なる。それぞれの観点で考察する時間スケールは、サハラの気候変動は二万年、ナツメヤシ伝播は七千年、地下水路導水システムは三千年、サハラ交易史は一千年、オアシス近代農業変容に関しては、フランスによるアルジェリアの植民地化が始まった一八三〇年以降である。

空間スケールもまた異なる。サハラ気候変動とサハラ交易史では現在のサハラとほぼ一致した範囲、ナツメヤシ伝播に関してはインド西部からアフリカ大陸西端にまたがるアフロ・ユーラシア熱帯乾燥帯、地下水路導水システムの考察は、アフロ・ユーラシア熱帯乾燥帯を中心としつつも、西は南米大陸、東は日本にまで範囲を拡大する。サハラ・オアシス近代農業変容では、アルジェリアの小さなサハラ・オアシスを中心とする。

これらの歴史的観点は、自然地理学、人文地理学、考古学、栽培植物起源学、歴史学、地域研究と関連するが、サハラ・オアシスのナツメヤシ灌漑農業を理解するためには、植物分類学、生態学、文化人類学的観点も重要となる。

なぜこのような複数の時間・空間スケールと多岐にわたる研究分野を統合的に考察する必要があるのか。その理由は、サハラおよびサハラ・オアシスに関する文字化された歴史資料の乏しさにある。アラビア人旅行家によって書かれた地理学的記述資料、植民地化に伴うヨーロッパ人探検家、軍人などによる文字資料が存在することは事実であるが、それだけではサハラ・オアシスとそこで営まれてきた農業を歴史的に理解するには不十分である。

しかし、限られた文字資料、地質、土壌、化石に埋め込まれた情報から、サハラの歴史、自然史に関する多数の研究が進められてきた。他方、二〇〇九年より始まった筆者らの現地調査からサハラのオアシス農業の近代的変容も明らかになっている（石山他二〇一三）。

これらの研究成果の統合によって、現代サハラ・オアシスのナツメヤシ農業が、歴史の蓄積のうえに成り立っていることを確認しながら、サハラ・オアシス農業の農業史を立体的に考察してみたい。

1　サハラ・オアシスにおけるナツメヤシ灌漑農業の成立

(1)　サハラ気候変動史

アフリカ大陸の北部三分の一を占め、東西に四八〇〇キロメートル、南北に一六〇〇〜一八〇〇キロにわたって広がるサハラが世界最大の砂漠であることは、ここであらためていうまでもないだろう。しかしサハラは常に砂漠であったわけではない。

サハラとその周縁部の地質、地層、土壌中の花粉分析から二万年来の気候変動が明らかになっている（Rognon 1989, 門村一九九〇、Maley 1993）。

サハラと周縁地域を含む熱帯アフリカの気候変動の特徴は、気温変化よりもむしろ乾湿変動、つまり降雨量の多寡

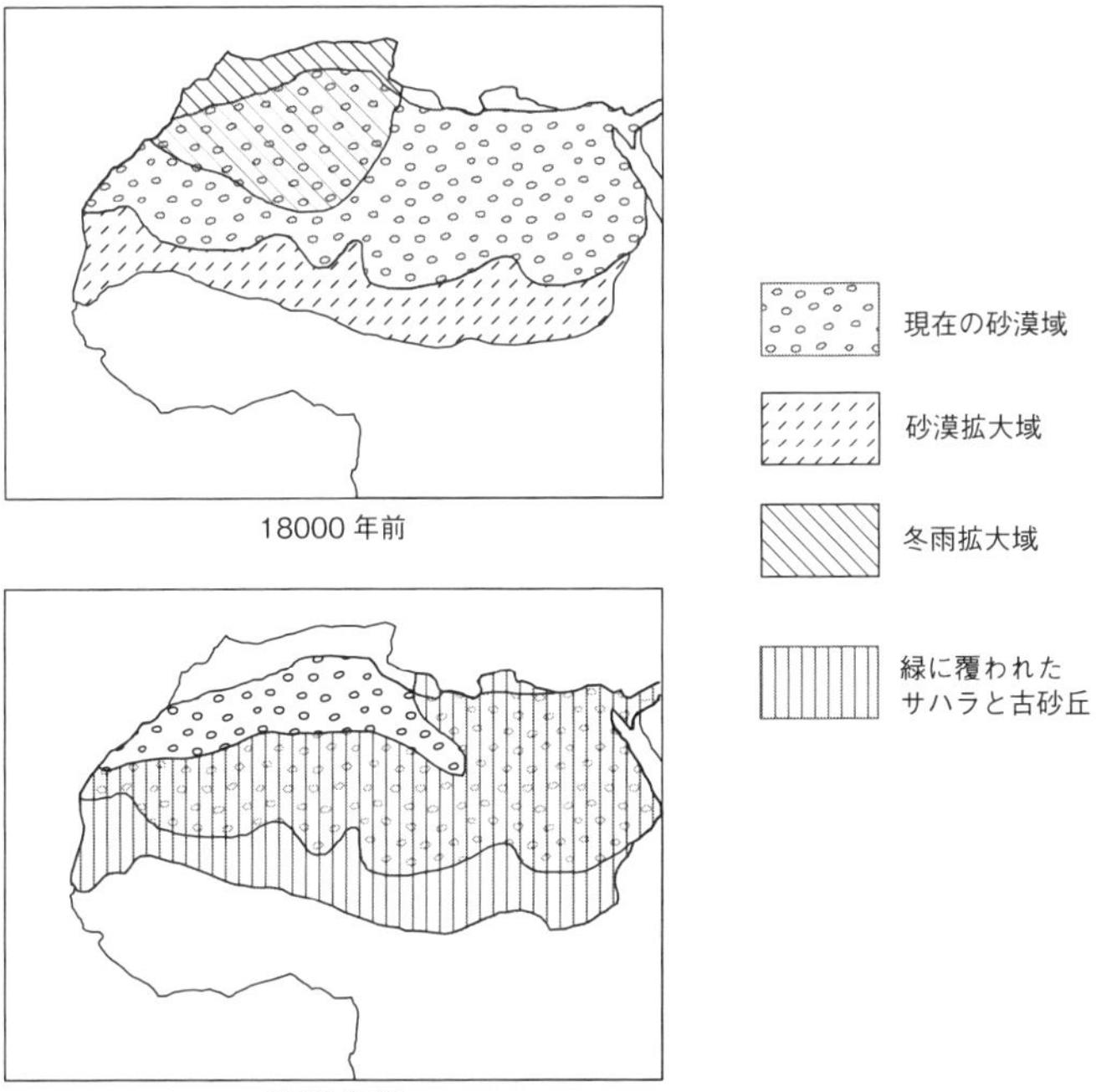

図1　サハラの気候変動

出所）門村（1990：30）を簡略化。

となって現れてくることにある。実際、ヨーロッパが最終氷期の末期にあった、今から二万年から一万二千年前までにかけてのサハラは大乾燥期であった。この時代、サハラ北西部、現在のモロッコからアルジェリア中南部にかけての地域は、冬雨影響下に入り湿潤化したが、サハラは大きく拡大し、その南端は現在よりも数百キロも南下していたのである。

ヨーロッパで最終氷期が終息し温暖化が始まると、サハラには湿潤期が訪れ、植生に覆われていた（図1）。この「緑のサハラ」の時代には、豊かな植生を利用して、人々は牧畜を営み、野生動物の狩猟も可能であった。現在ではサハラ南縁の半乾燥地に分布する農耕民のなかには、「緑のサハラ」時代にサハラにおいて農耕を営んでいたと見られるものもある。乾燥化した現在では、降雨時に限り水流が認められるワーディー（枯れ川、季節河川）には恒常水流があり漁撈も行われていた。

しかし「緑のサハラ」の時代は、今から

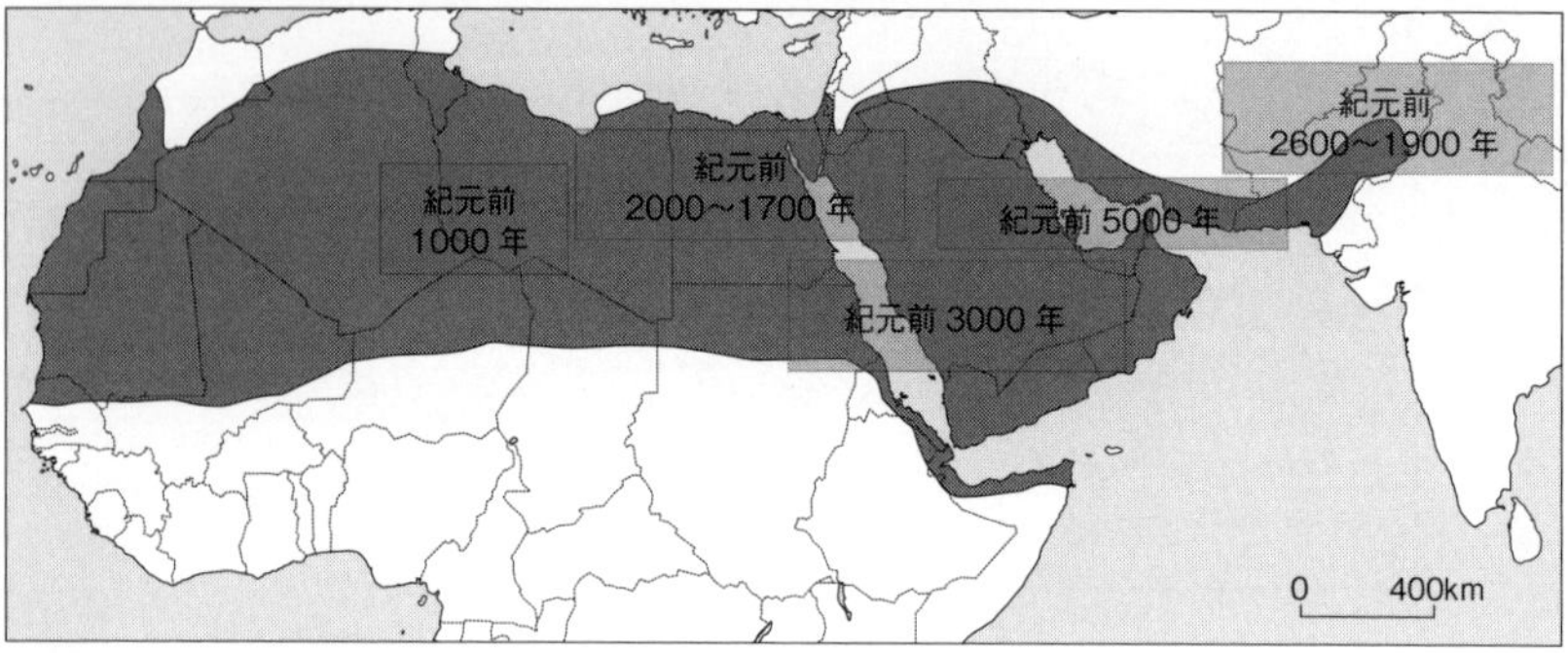

ナツメヤシの分布域
（20 世紀以降に導入された新大陸、南部アフリカを除く）

図２　ナツメヤシの分布

出所）縄田 2013：16。

四五〇〇～四千年前に終息し、以降、小幅な湿潤期―乾燥期を繰り返しながらサハラは現在まで続く乾燥化に向かう（門村一九九〇）。

(2) ナツメヤシ伝播

現在に続く乾燥期のサハラに伝来したのがナツメヤシであった。ナツメヤシ（*Phoenix dactylifera* L.）は、熱帯乾燥環境に適した植物である。それゆえ、熱帯砂漠のオアシスでは、ナツメヤシを中心とする灌漑農業が発達した。

ナツメヤシの成長最適気温は、日平均摂氏二二・七～二七・五度の範囲であるが、五〇度の高温にも耐えることができるし、短時間ならばマイナス五度という低温や霜にも耐えることができる。気温の年較差、日較差が大きい熱帯砂漠気候に適しているのがナツメヤシなのである。その分布域は、西はモーリタニアから東はインド北西部のタール砂漠まで、アフロ・ユーラシア大陸の砂漠分布とほぼ一致する（図２）（縄田二〇一三）。

ナツメヤシの起源地は、アラビア半島東部のペルシア湾岸地域であると考えられている。世界最古のナツメヤシ遺存体も、ペルシア湾岸で発見されている。この遺存体は紀元前五〇〇〇年以前のものであることが分かっている。そしてナツメヤシは長い時間をかけ、アラビア湾岸から東西に向かい砂漠に沿って伝播していった。

ナツメヤシがアラビア半島を横断し、半島西部に伝わった時期は、遅くとも紀元前三〇〇〇年であった。ナツメヤシはさらに西進し、エジプト、ナイル沿岸地域では紀元前二〇〇〇～一七〇〇年、リビア南西部のサハラでは紀元前一〇〇〇年にはナツメヤシ栽培が始まっていたと考えられている。

他方、アラビア半島からから東へ向って伝播したナツメヤシがインド北西部のタール砂漠に到達したのが紀元前二六〇〇～一九〇〇年であった（Boivin & Fuller 2009）。

(3) 地下水路導水システムの伝播史

高温乾燥気候に適しているナツメヤシといえど、水なしでは生育することはできない。乾燥地に分布するナツメヤシ栽培には、乾燥と水分という相反した条件が必要である。この条件を備えるのが、乾燥地の河川沿岸と砂漠に点在するオアシスであった。オアシスのなかには河川水、湧水を得ることが可能なところもあるが、湧水がないオアシスでは井戸や地下水路によって水を得るしくみが必要である。

そのしくみの一つが、旧大陸の砂漠を中心として利用されてきた地下水路導水システムである。この地下水路導水システムの起源は、アラル海とカスピ海にはさまれた、現在のアゼルバイジャン、アルメニア一帯である。その起源は遅くとも紀元前七〇〇〇年代と見られている。地下水路導水システムは、イラン、イラクを経由して東西に広く伝播した。西方へは、アラビア半島、北アフリカ、スペインを経由して南アメリカ大陸にまで、東方へはアフガニスタン、パキスタンを経由して中国、韓国、日本にまで伝わった[1]（小堀二〇一三）。このシステムの、北アフリカへの伝来時期については諸説あるが、遅くとも七世紀以降、イスラームの北アフリカ拡大とともに広まったと見てよいだろう（岡崎一九八八）。

地下水路導水システムの名称は地域によって多様である。起源地であるアゼルバイジャン、それに近いイランではカナートと呼ばれるが、アラビア半島ではファラジュ、北アフリカではフォッガーラ、ハッターラという呼称を持つ。

他方、中国ではカネルジン、韓国ではマンヌンポ、日本ではマンボと呼ばれる（図3）。

地下水路導水システムのしくみはいずれの地域においても共通で、複数の立坑と一本の横坑からなる（図4）。立坑は、横坑を掘るための作業用、堆積した土砂の搬出用として用いられる。横坑では浸透水を集めながら水流が作られ、最終的に水流は地表に現れる。オアシスの人々はこの水を飲用、灌漑用として利用する。

アゼルバイジャン、イランでは、横坑の長さが数十キロメートルにも達する長大な水路も存在する。さらに横坑には、段差が人為的に設けられ、水流を利用した製粉用水車も設置された。他方、サハラの水路は長くても十数キロにとどまり、水流の動力利用は見られない。

(4) サハラ・オアシスのナツメヤシ文化

フォッガーラの伝来によって、ナツメヤシ栽培は湧水、河川水に恵まれないサハラ・オアシスでも可能となった。砂漠に点在するオアシスは、人間の生存が可能な貴重な場である。そのオアシスにナツメヤシが植栽されることによって農業に適した微環境が作り出される（写真1）。ナツメヤシの葉が直射日光を遮り、地表面温度が低下するとともに、湿度が保持され可耕地となる。この微環境作用によって、ナツメヤシの木陰では冬作のコムギ、夏作のトウジンビエの栽培が可能となり、ナツメヤシの実と並んでオアシス住民の重要な食料となった。農園には低木の果樹が植えられる場合も多く、上層がナツメヤシ、中層が低木果樹、下層が作物という三層構造は典型的なサハラ・オアシス景観を作り出した。

ナツメヤシの特徴の一つに品種多様性がある。アルジェリアの例で見れば、一九九八年の時点で、九四〇品種が確認されている（Hannachi et al. 1998）。

ナツメヤシの品種多様性は、雌雄異株かつ栄養繁殖可能という植物学的特徴に由来する。オアシス農民は、母個体と同様の性質を持つ子個体を栄養繁殖（株分け）によって容易に増やすことができるのである。父個体の影響を受け

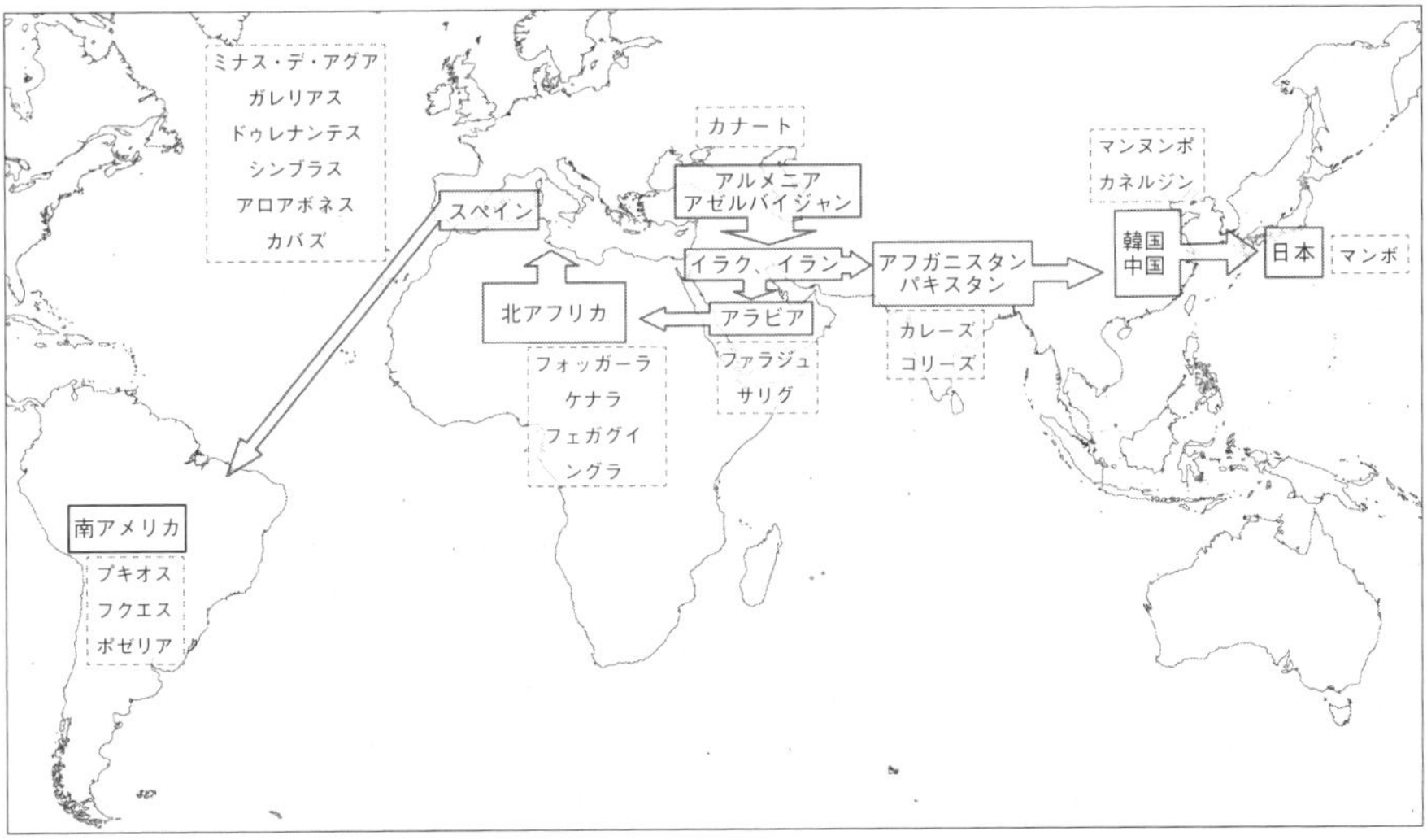

図３　地下水路導水システムの分布と呼称

注）実線は分布地域、点線は呼称を示す。
出所）小堀 2013：173。

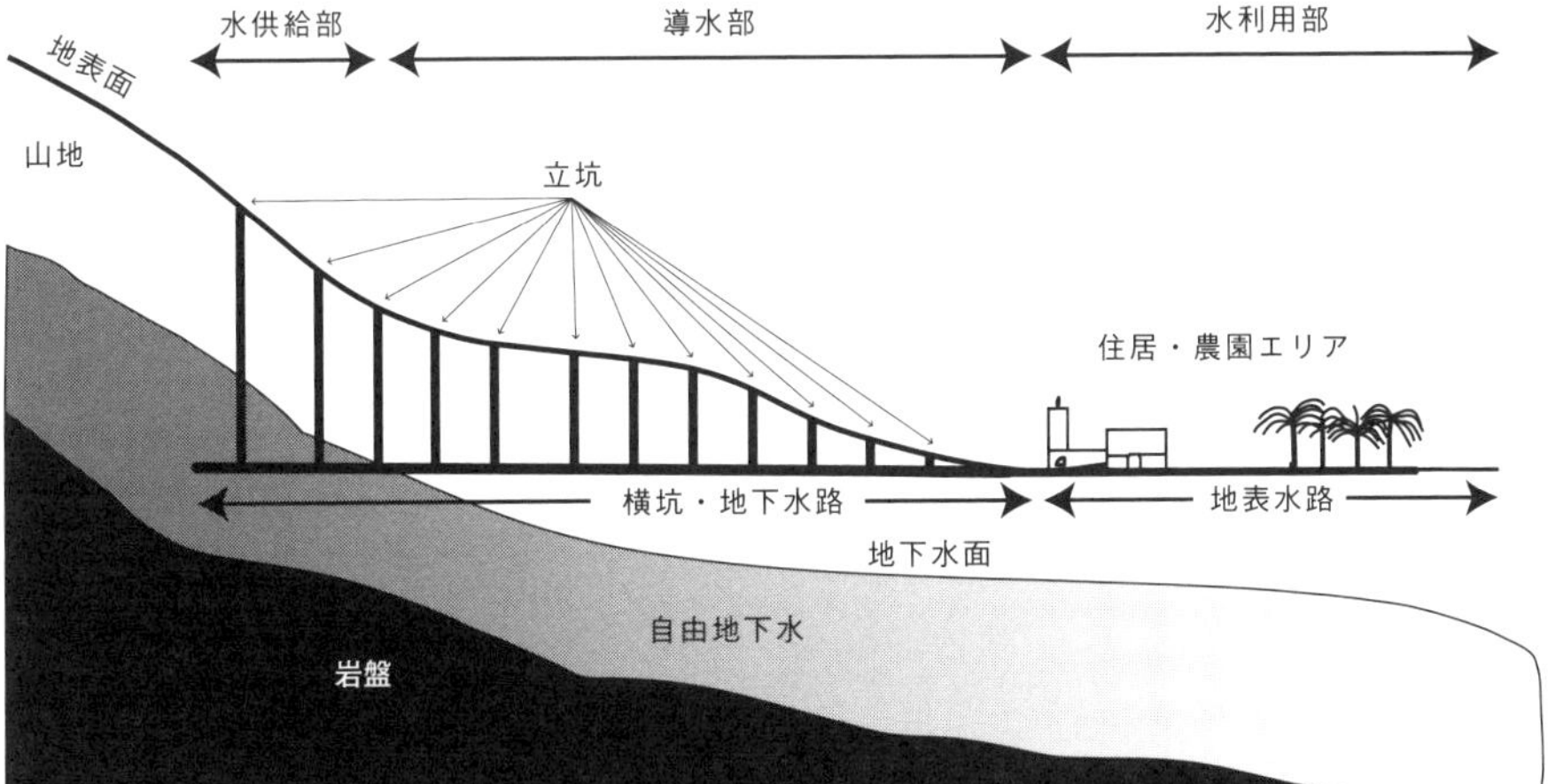

図４　地下水路導水システムのしくみ

写真１　ナツメヤシ樹間で栽培されるコムギ。手前は灌漑用貯水池（アルジェリア、イン・ベルベル、筆者撮影）

る実生個体であっても、その性質が良好であると判断された場合は、栄養繁殖が行われる。こうして数多くの地域固有、場合によってはオアシス固有の品種が生まれた。

オアシス農民がナツメヤシ品種の良し悪しを判断する主な根拠は、味、大きさ、形といった実の性質、耐乾性（耐湿性）、保存性といった点にある（ベンハリーファ二〇一三）。

ナツメヤシはその実（デーツ）が食用に供されるにとどまらず、葉、葉柄なども容器、敷物、農園柵などの製作に利用されてきた。先端が尖った葉を利用した動物罠もかつては狩猟の道具として用いられた。化学肥料が使用される以前には、剪定のために切り落とされた葉・葉柄が地力保持のために耕地に残された。

(5)　サハラ交易

ナツメヤシと地下水路導水システムの伝来によって、サハラ・オアシスではナツメヤシ灌漑農業が可能となった。ナツメヤシを基盤としたオアシス文化の発展を支えたのは、地中海地方とサハラ南縁地域を結んだサハラ横断南北交易であった。

サハラ横断南北交易が活発化した時期は、ナツメヤシがサハラに伝わったかなり後の九〜一〇世紀であった。ラクダのキャラバンによる隊商が物資の運搬だけではなく、地中海地方からサハラ南縁への諸文化の伝達に寄与したのである。一三世紀にはサハラ中央を通るルートが開拓され、その中継点となったのがサハラ・オアシスであった。

サハラ中央キャラバン・ルートの開拓は、サハラ・オアシスに物質的、文化的刺激をもたらしたにとどまらない。サハラ・オアシス農業にとってサハラ交易の利益は、ナツメヤシの実の商品化とナツメヤシ品種の多様化でもあった。前述したように、雌雄異株のナツメヤシは株分けによって母個体とまったく同じ遺伝子型を持つ子個体の繁殖が可能である。オアシス間ネットワークの構築によってオアシス間でのナツメヤシ品種の交換もさかんになったと考えることができる。

さらに、近隣オアシスから導入された品種の実生によって新たな形質を持つ子個体も生まれ、その品種特性が良好であった場合、栄養繁殖によってさらにその個体数を増やすことも可能となる。こうしてサハラ・オアシスのナツメヤシ灌漑農業は成熟していったのである。

2　サハラ・オアシスにおける近代の農業変容

ここからは、サハラ・オアシスの近代農業の変容をアルジェリアのサハラ・オアシスの事例から考察してみたい。アルジェリアの国土面積は、二三八万一千平方キロメートルとアフリカ諸国のなかで最も広く、日本の面積のおよそ六・三倍に相当する。首都のアルジェをはじめとした主要都市が集中する、地中海南岸の東西に細長い平野部の南にはアトラス山脈が迫り、そのアトラスをさらに南に越えると、サハラが広がる極乾燥の世界となる。アルジェリア国土にサハラが占める割合は八〇%以上に達する。

(1)　フランスによる植民地化とサハラ・オアシス

ナツメヤシ、フォッガーラ、サハラ横断南北交易が出会うことによって発達したサハラ・オアシス灌漑農業は、近代以降大きく変化した。特に、フランスによる北アフリカの植民地化の影響を受けた、アルジェリア・サハラ北辺地域の変容は大きかった。アルジェリアのサハラ北辺は、一八三〇年より始まったフランスによるアルジェリア進出の初期にはすでに植民地統治下に入ったからである。

フランスのアルジェリア植民地経営の基盤は農業生産にあったが、その中心はアルジェリア北部の地中海沿岸地域におけるヨーロッパ人入植者による穀物栽培、果実栽培であった。他方、穀物・果樹栽培が困難な、サハラ北辺オアシスでは、輸出用のナツメヤシ商業栽培が発展した。その背景には地中海沿岸までの運搬距離の近さもあった。

写真２　ナツメヤシ商業栽培地における一層構造（アルジェリア、ビスクラ、筆者撮影）

ナツメヤシ商業栽培化に伴って、アルジェリア・サハラ北辺オアシスにおけるナツメヤシ栽培には二つの大きな変化が起こった。一つは水供給システムの近代化、もう一つは栽培品種の単一化であった。

サハラ北辺オアシスの主な水源は、湧水利用、河川水利用であったが、商業栽培化によって深井戸が主たる水供給源となった。他方、ナツメヤシ商業栽培地帯の主要品種となったのはアルジェリア・サハラ北東部が原産地であるデグレット・ヌールであった。その生産性は他の在来種を大きく上回り、一本あたり五〇〜八〇キログラムの実を収穫することができる（Kouzmine 2012）。

ナツメヤシの商業栽培化はオアシス景観に大きな変化をもたらした。先に記したように、オアシス農園は上層のナツメヤシ、中層の果樹、下層の作物からなる三層構造を呈していたが、商業栽培においてはナツメヤシのみが重視され、農園上層部にナツメヤシの葉が生い茂る一層構造を呈するようになったのである[2]（写真２）。

(2) サハラの小さなオアシス、イン・ベルベル

アルジェリア・サハラの中部、南部に点在するオアシスの農業は、先に記したサハラ北辺オアシスとは異なる変化を迎えている。フランス植民地下のアルジェリア・サハラ中南部は、経済開発がほとんど行われなかった。それゆえこの地域のオアシスに大きな変化が訪れたのはアルジェリア独立（一九六二年）以降のことである。農業の変化に伴って、サハラ・オアシスの生活様式も大きく変化している。このことを、サハラの小さなオアシス、イン・ベルベルを事例に考察してみたい[3]。

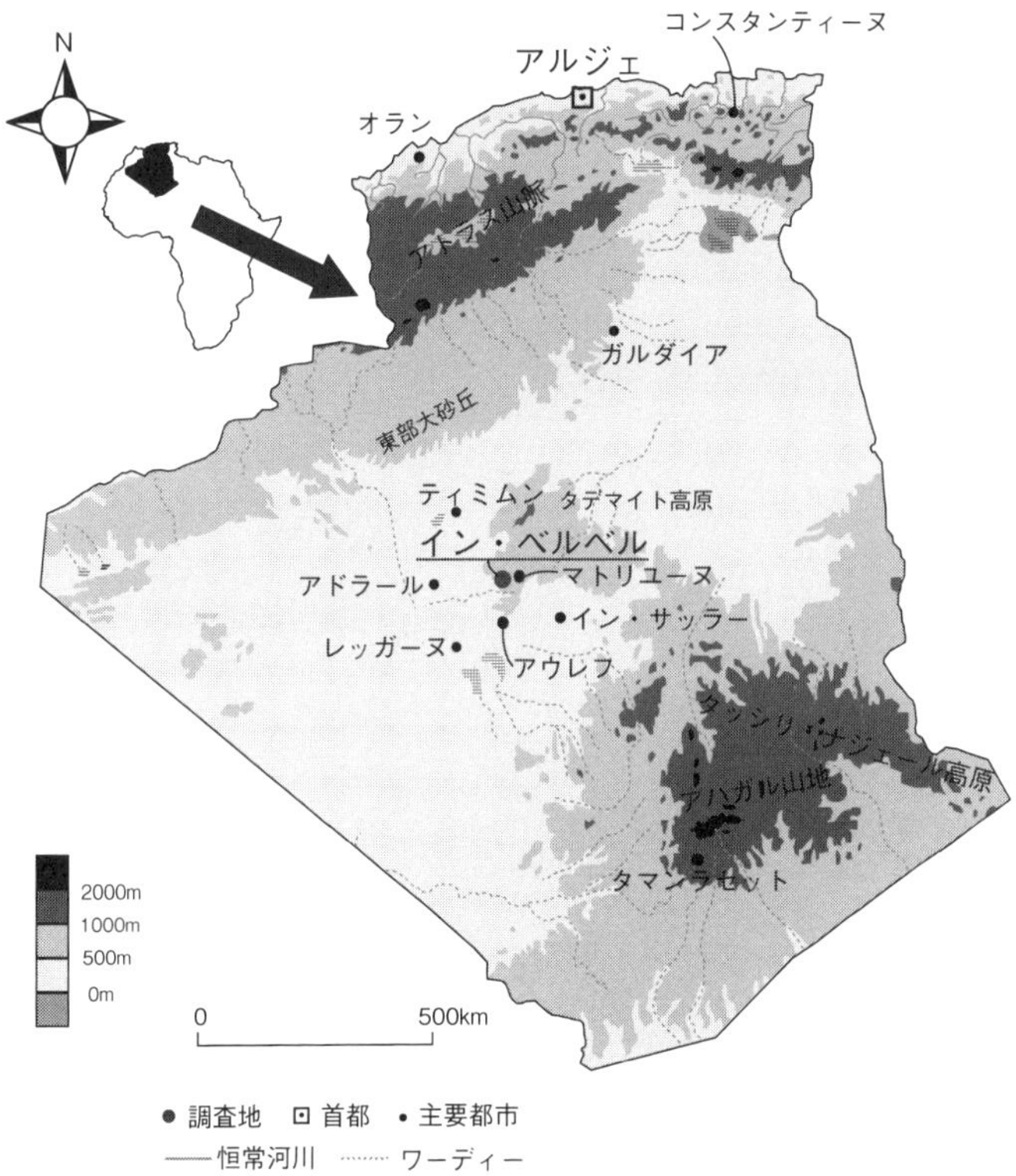

図5　イン・ベルベルの位置

出所）筆者作成。

イン・ベルベル・オアシスはアルジェリア・サハラのほぼ中央に位置する（図5）。イン・ベルベルのすぐ北には、標高四〇〇〜七〇〇メートルのタデマイト高原が広がる。

二〇〇九年時点でのイン・ベルベルの人口は九六二人（イン・ベルベルが

写真３　タデマイト高原から俯瞰したイン・ベルベル全景。右手前が北、左奥が南（筆者撮影）

属するティモクテン郡の職員による）であった。イン・ベルベルの一〇〇キロメートル南には、二万二千人（二〇〇八年）の人口を有するオアシス都市アウレフが位置する。イン・ベルベルから近隣諸オアシスまでの距離は、一〇〇キロ以上も離れる。

口承伝承によると、現在の住民の祖先は一八世紀に一〇キロ東に位置するイン・ベルベル同様の小オアシスであるマトリユーヌから移住してきたという。イン・ベルベルには洞窟住居や要塞の遺構があるが、これらに関する伝承は伝わっていない。マトリユーヌから移住した家族数はわずか四つであった（小堀一九八九）。一九〇〇年代初頭の人口は二八人（Voinot 1995）であったが、一九八二年が四五四人（イン・ベルベルが属するティモクテン市の行政官が把握している人口）、二〇〇九年が九五二人（同上）と一世紀の間におよそ三四倍にまで増加した。

イン・ベルベルの住民は、白色系のアラブと黒人系に大別できる。白色系はマトリユーヌから移住してきた人々の子孫である。他方、黒人系は農園労働者としてサハラ南縁地域、現在のマリ、ニジェールから連れてこられた人々の子孫である。

(3) イン・ベルベルの空間構造

イン・ベルベル・オアシスの空間構造の特徴は、住居域と農園域が明確に分かれていることである（写真3）。オアシスの北側、タデマイト高原南麓の微高地は住居域に、オアシスの南側の低地はナツメヤシ灌漑農園が広がる。農園のさらに南にはワーディーが東から西に流れる。ワーディーには数年に一度のまとまった降雨時以外には水流はない。

東西に広がるイン・ベルベルの農園域は、南北に細長く伸びる多数の区画に分割されている。それぞれの農園の間口は一〇～二〇メートルと狭いが、奥行きは一〇〇メートル以上と長い。農園が細長い理由は、ゆるやかな南北方向の傾斜に沿って掘られた農園内の灌漑水路を利用して、ナツメヤシと作物に灌水をするためである。

(4) イン・ベルベルにおける水源の変化

イン・ベルベルの創始期から一九七〇年代までの一五〇年にわたり、水供給を支えていたのが一本のフォッガーラであった。(図6中のG1)。これが唯一の生活用水源、農園灌漑水源、家畜の飲用水源であった。

オアシスの北東部には、二本目のフォッガーラ（G2）の痕跡が認められる。しかし、現在生存している老人も、G2に水が流れ利用されていたという記憶はない。

一九七〇年代に入るとG1の水量が減少し、枯渇が危ぶまれるようになった。そこで政府からの支援を得て農地造成と深さ五メートル程度の浅井戸（S1）の掘削がセットになった農園開発が試みられた。しかし、浅井戸の水はすぐに枯渇し、農園も放棄された。

一九八〇年代になるとG1の水量減少はいよいよ深刻となり、G1の水量を補強するための浅井戸（S2）掘削が試みられた。

しかしこの計画は失敗した。S2の水位がG1よりも低かったためであった。そこで一九八四年、S2を立坑として利用した三本目のフォッガーラとなるG3が掘削された。この事業では、政府からの補助金によって、掘削機が使用され、作業参加者に対して一日あたり四〇ディナールが支給された。G3の掘削は、フォッガーラの掘削・維持において、「住民の自主的共同作業」から「政府補助事業」への転換点となった。

G3の水量は、掘削直後の時期に比べると減少したと住民はいう。二〇一二年一月に流水量を計測したところ毎秒

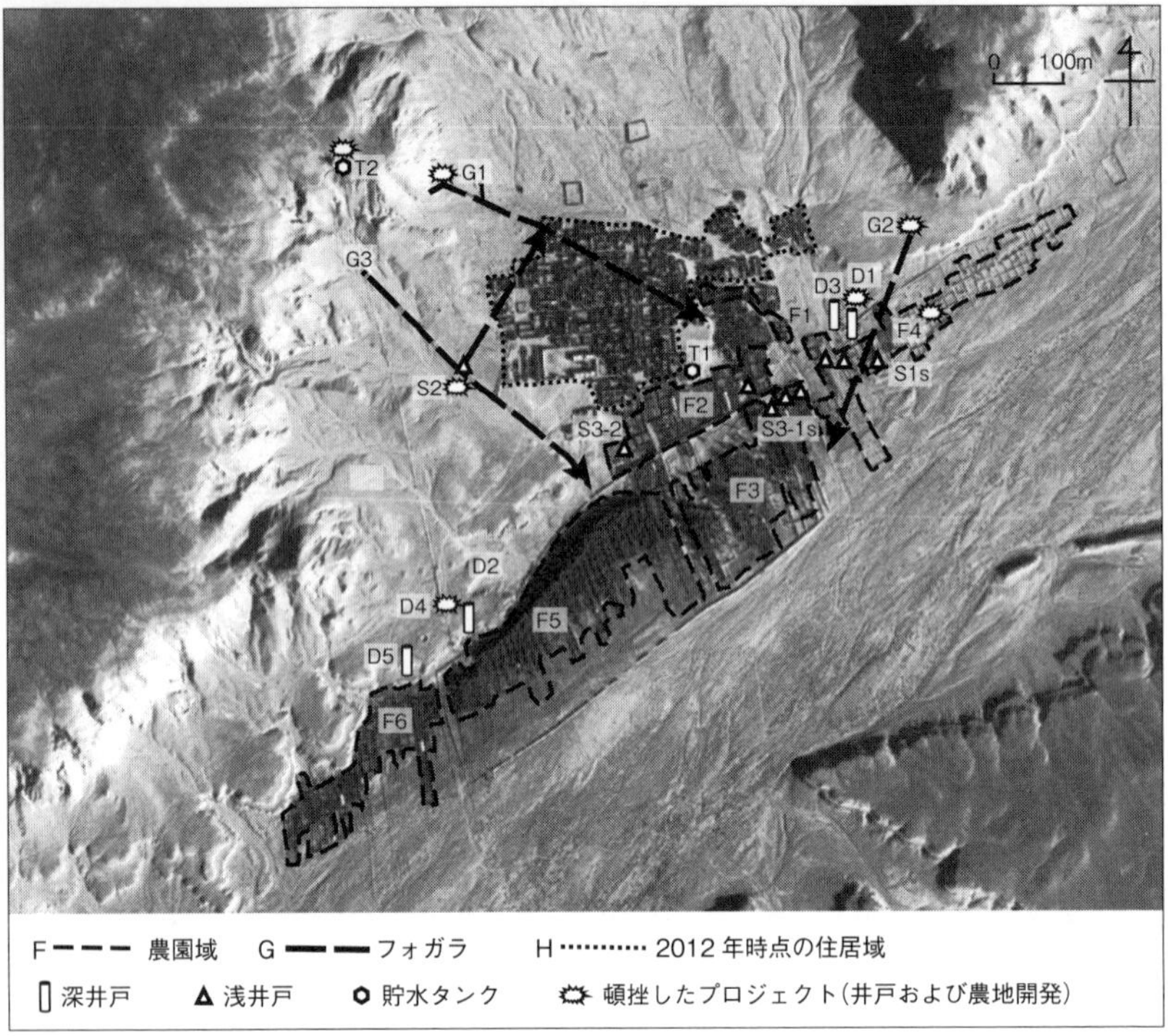

図６　イン・ベルベルの水源変化と農地拡大

出所）石山他 2013。© Institut National de Cartographie et de Télédétéction.

三リットル程度であった。G３の水量減少を補完するために、農園所有者のなかには、浅井戸を自力で掘り、ポンプ揚水を灌漑に利用している者もいる。

一九八一年以降、灌漑用水供給を目的として計五本の深井戸の掘削が行われた。これはアルジェリア政府によるオアシス農業振興策の一環として行われたものである。

一本目の深井戸（D１）が掘削された後の一九八四年には水道塔（T１）も建設された。深井戸の水は灌漑だけではなく住民の生活用水としても使われた。以来、二本目の深井戸（D２）が一九八九年に、三本目（D３）と四本目（D４）の深井戸が二〇〇九年に掘削された。二〇一〇年に掘られた五本目の深井戸（D５）には二〇一二年の時点でポンプが設置されていなかった。

一九八〇年代以降、政府からの援助によって深井戸の本数は増加したが、相次ぐポンプの故障によりＤ３以外は揚水が不可能な状況が続いている。

深井戸Ｄ４の掘削と同時進行で、オアシス背後のタデマイト高原に二つめの水道塔（Ｔ２）が建設されたが、これもポンプ故障によって機能していない状態である。

(5) イン・ベルベルにおける農地の拡大

イン・ベルベルの農地は、時代の経過とともに拡大してきた。イン・ベルベルに現住民の祖先が住み始めたころ、農園があったのはＧ１の出水口付近のみであった。現在でも小規模な農園（Ｆ１）がこのあたりにあるが、Ｇ１の枯渇により、深井戸Ｄ３の水が使用されている。

アブダッラー氏（二〇一二年時点で七八歳）によれば、Ｆ１の次に開拓された農園域がＦ２であったが、この農園域は同氏が幼少の頃にはすでに放棄されていたという。アブダッラー氏の幼少時代、Ｆ３のみでナツメヤシと穀物を栽培されていた。

先述したように、一九七〇年代に入ると、Ｆ３の北東に新しい農園域（Ｆ４）の開発が試みられたが、この計画はまもなく頓挫した。

一九八四年にはフォッガーラ（Ｇ３）と深井戸（Ｄ１）の水の利用を期待しつつ、新たな農園域（Ｆ５）が開拓される。しかし、Ｄ１はポンプの故障によって深井戸からの水の供給は、Ｇ３のみに頼らざるをえない状況に陥った。

二〇〇〇年代に入ると、長い間放棄されていたＦ２で再び耕作されるようになる。さらにＦ６が新たに開拓された。

イン・ベルベルでは一九七〇年代以降、新たな水源開発と農地拡大が試みられてきたが、ナツメヤシ灌漑農業の基盤となるべき水供給は、ポンプの相次ぐ故障によってひっ迫していった。

3　イン・ベルベルにおける食生活の変化

(1)　栽培作物の変化

ナツメヤシはサハラ・オアシス灌漑農業において基幹作物でありつづけるが、ナツメヤシ樹間での栽培作物は、この二〇～三〇年の間に変化をした。

かつて、ナツメヤシ樹間で栽培された作物は、冬季のコムギ、オオムギ、夏季のトウジンビエが中心であった。しかし近年これらの穀物栽培は後退し、野菜栽培が増加している。栽培される野菜は、トマト、ナス、ピーマン、タマネギ、ジャガイモが中心で、気温が低下する冬季にはビニルハウスが使用される。かつてさかんであった穀物栽培は自給的な要素が大きいが、野菜栽培への転換、人口増加によって、コムギの自給率は低下している。そのため、自家栽培のコムギがなくなると、アウレフやイン・ベルベルの商店でコムギを購入することも一般的になった。

(2)　食生活の変化

最近三〇～四〇年でイン・ベルベルの食生活も大きく変貌した。かつてはトウジンビエ、コムギ、ナツメヤシの実が食生活の中心であった。当時の典型的な食事は、コムギ粉を練り、煮たものにバターをからめて食べる「ラーディー」であった。しかし一九六〇～七〇年代になるとアルジェリア北部の生活様式の影響を受けるようになり、クスクスが日常的に食されるようになってきた（写真4）。クスクスとは、粗挽きコムギ粉と水を混ぜ、粒状に練ったものを蒸した料理である。イン・ベルベルでは、通常、各世帯で女性が手作業で小麦粉からクスクスを作るが、パッケージされた既製品も入手可能だ。

クスクスにかけるスープはトマトによって味つけされる。トマトは、自家栽培の物も使用されるが、収穫期間外に

ラーディー（コムギのピタパン）とバター

オアシスの商店で売っているマカロニ

デーツは間食として利用される

朝食にはデーツを食べていた

北アフリカ地中海沿岸地方で食べられていたクスクスが日常食化。コムギは購入されることもある

写真４　イン・ベルベルにおける食事の変化（筆者撮影）

は缶詰が使用される。そして一九九〇年代以降、レタス、トマト、ニンジン、ジャガイモ、ビートなどを素材にしたサラダが日常的に食されるようになった。

サハラ・オアシス灌漑農業において生態学的に不可欠なナツメヤシは、オアシスの食生活にとっても重要である。かつて朝食としても利用されていたナツメヤシの実は、今では間食としての利用が主となった。しかし、オアシスの人々は、それでもナツメヤシを毎日のように食べるし、その際ナツメヤシ品種が話題になることもある。また、自給されたナツメヤシが不足する際には、アウレフなどのオアシス都市においてナツメヤシを購入することさえある。

二〇〇六年に近隣に建設された天然ガス発電所によって、イン・ベルベル・オアシスでは電気製品が普及した。冷蔵庫、冷凍庫が多くの世帯に普及し、これがイン・ベルベルの食生活を大きく変えつつある。例えば、アウレフで購入した肉類の冷凍保存が可能となったし、ナツメヤシでさえも冷凍保存されるようになった。冷凍庫の普及によって、これまで保存が難しかった水分含有量が多いデーツが長期保存されるようになった。

おわりに――歴史的転換点を迎えるサハラ・オアシス農業

生態的観点から見れば、砂漠に点在するオアシスは、閉じられた世界であるとも見ることができる。しかし、本章で見てきたように、歴史的視点からサハラ・オアシスの農業と生活を見直したとき、そこでの人々の暮らしが、外界との接触のなかで育まれてきたことに気がつく。また近代におけるサハラ・オアシス農業と食生活の急激な変化も、植民地化、独立後のアルジェリアの政策というオアシス外部からの影響を大きく受けてきた。

本章で試みたように、複数の歴史的視点から統合的にサハラ・オアシス農業を理解することは、オアシスの立体的理解に結びつくのではないかと考える。立体的理解とは、オアシス特有の生態的循環システムと人間、社会の地域交流システムを、時間軸をふまえながら捉えることである。

急激な変化を迎えている、サハラ・オアシス農業ではあるが、今なおナツメヤシはオアシス農業の基盤であるし、人々はナツメヤシの実を日常的に食べていることにはかわりはない。この先も容易なことではオアシスの人とナツメヤシのつながりが切れてしまうことはないだろう。サハラ・オアシスの人々とナツメヤシ灌漑農業の密接な関わりは、歴史的に長い時間をかけて培われてきた「砂漠の知恵」なのである。

注

1　日本における地下水路導水システムは、三重県鈴鹿東麓、愛知県知多半島、岐阜県垂井盆地などに分布していた。いずれも新田開発に伴う農業用水の確保が主目的であったが、生活用水としても重要であった。

2　こうした変化はアルジェリア・サハラ北辺だけでなく、チュニジア南部のジェリード地方でも広く認められる（鷹木二〇一三）。

3　アルジェリアのサハラ・オアシスにおけるフィールド調査は総合地球環境学研究所プロジェクト「アラブ社会におけるなりわい

生態系の研究――ポスト石油時代に向けて」の一環として行われた。

参考文献

石山俊、ベンハリーファ・アブドゥルラフマーン、縄田浩志、小堀巌、ハジ・ハマディ・アハメド、フーティア・ムハマンド、ベンスリマン・ワッシーラ　二〇一三「変容するサハラ・オアシスのなりわいと生活――イン・ベルベル・オアシスの水源と農地と住居域」石山俊・縄田浩志編『ナツメヤシ　アラブのなりわい生態系二』臨川書店、二三五―二六一頁。

岡崎正孝　一九八八『カナート――イランの地下水路』論創社。

門村浩　一九九〇「サハラ――その起源と変遷」『地理』第三五巻第七号、二六―三七頁。

小堀巌　一九八九「サハラ・オアシスの変貌について」『明治大学政経論叢』第五八巻第一・第二号、一三七―一六四頁。

小堀巌　二〇一三「イスラーム世界におけるカナートの比較研究」石山俊・縄田浩志編『ナツメヤシ　アラブのなりわい生態系二』臨川書店、一七一―一八八頁。

鷹木恵子　二〇一三「オアシスの伝統生活からまなぶ未来」石山俊・縄田浩志編『ポスト石油時代の人づくり・モノづくり』昭和堂、一〇五―一三五頁。

縄田浩志　二〇一三「ナツメヤシ栽培化の歴史」石山俊・縄田浩志編『ナツメヤシ　アラブのなりわい生態系二』臨川書店、一三―六四頁。

ベンハリーファ・アブドゥルラフマーン　二〇一三「サハラ・オアシスのナツメヤシ栽培品種にみる農業生物多様性」石山俊・縄田浩志編『ナツメヤシ　アラブのなりわい生態系二』臨川書店、二三五―二六一頁。

Boivin, N. & D. Q. Fuller 2009: “Shell Middens, Ships and Seeds: Exploring Coastal Subsistence, Maritime Trade and the Dispersal of Domesticates in and around the Ancient Arabian Peninsula,” *Journal of World Prehistory* 22(2), pp. 113-180.

Hannachi, S., A. Benkhalifa, D. Khitri, & R. A. Brac de la Perrière 1998: *Inventaire Variétal de la Palmeraie Algérienne*, Alger: Anep Roubia.

Kouzmine, Y. 2012: *Le Sahara Algérien: Intégration nationale et développement régional*, Paris: L'Harmattan.

Maley, J. 1993: “Chronologie calendaire des principales fluctuations du lac tchad au cours du dernier millenaire,” D. Barreteau & C. Von Graffenried（eds.）, *Datation et chronologie dans le bassin du lac tchad*, Paris: ORSTOM, pp.161-163.

Rognon, P. 1989: *Biographie d'un désert*, Paris: Librairie Plon.

Voinot, L. 1995: *Le Tidikelt*, Vallauris, Jaques Gandini, reprinted from l'édition d'Oran.

第3章 東アフリカ農牧民から見た世界史像

杉村和彦

はじめに

この数百年の間、歴史を記述する言葉の培地となってきたものはヨーロッパ世界であり、そこで編み出された語り口やさまざまな用語が他の地域社会の歴史を語るうえでも一つの規範となってきた。そのような歴史記述をめぐる語り口や用語がヨーロッパ世界を背景とした特殊な諸前提であることは取り上げられず、他の社会の歴史にもあてはめられてきた。そこでは古びて錆びついた言葉かもしれないが、「生産力」や「階級」やそれらに基づく歴史の展開が想定されていく。

しかし今日多くの人が語り始めているような、歴史をめぐる「経路依存性」(杉原二〇一二:一)というような視点から再考するまでもなく、もともと同じような「生業」を胚胎した社会のなかでも、一つの社会は一つの生業構造に踏み出し、そのなかで地域の進化を展開していくのに対して、他の社会ではそうした方向がとられない場合がある。ここでは東アフリカの〈農〉と〈牧〉が有機的につながらない、農・牧の複合形態としての農牧民の世界を取り上げ、ヨーロッパ史の基層にある、〈農〉と〈牧〉が有機的につながってきた有蓄農業世界との異同を地域間比較の視角から検討する。

今日、東アフリカ農牧民社会も開発のなかで大きな変貌の途上にあり、牛耕（写真1）や犂さらにはトラクターが急速に普及しつつある。しかし同時に東アフリカの農牧民社会は、最も農業近代化の遅れた地域の一つであり、ヨーロッパ世界が有した〈農〉と〈牧〉が有機的に結びついた状況とは大きく異なる。ここでは、近代を拒否するように

写真1　牛耕（筆者撮影）

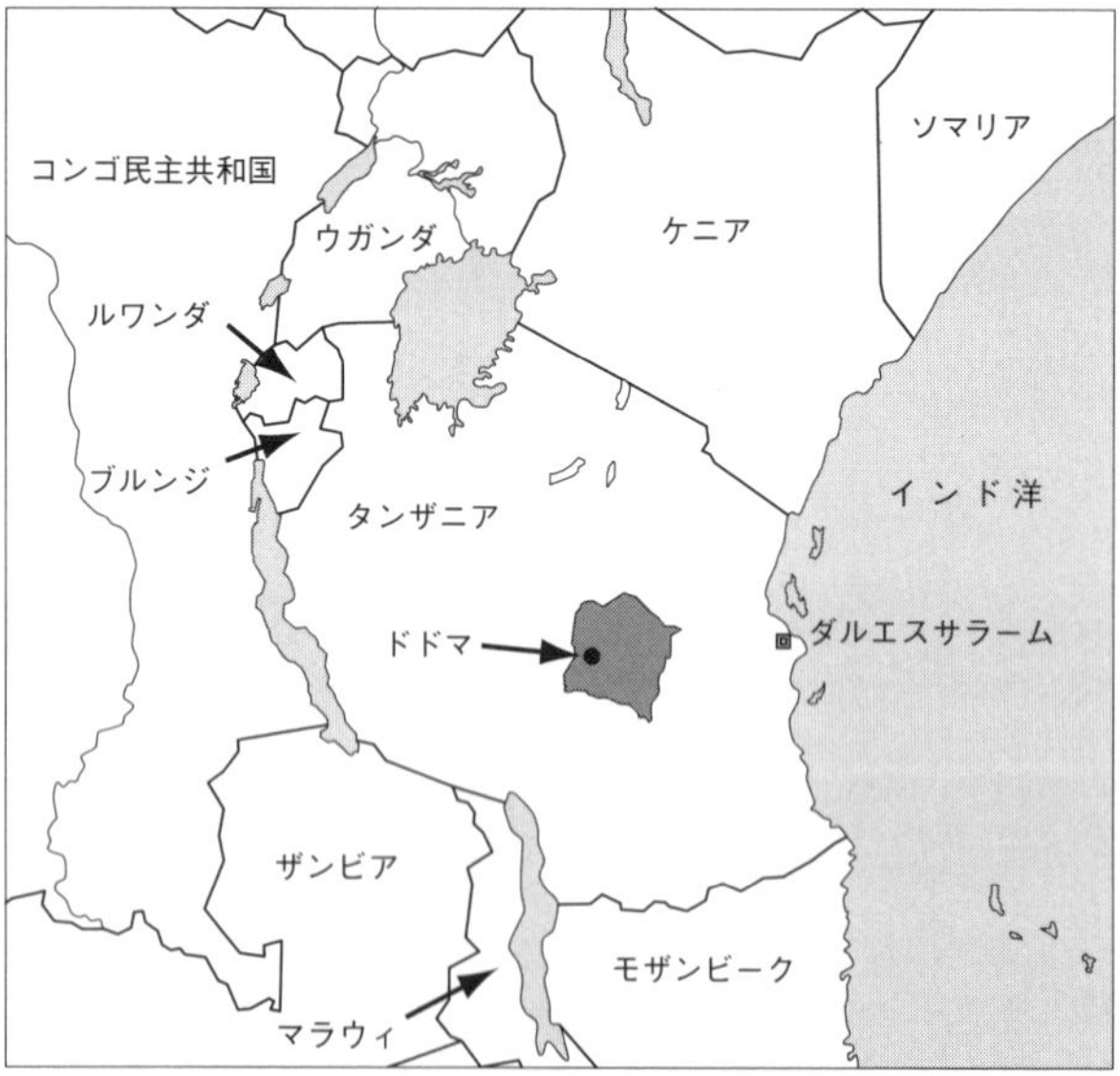

図1　ドドマの街の周辺に広がるゴゴの居住地
出所）Rigby 1967.

見える、東アフリカ農牧民社会と、近代の培地となった有畜農業世界としてのヨーロッパの間にある異同から、普遍的なものとされてきたこれまでの世界史像を再検討する。

1　東アフリカ農牧民とヨーロッパ有畜農業民の間

東アフリカ農牧民の民族誌が描き出してきたものの一つは、繰り返す天候の不順、極度の年次的な不規則性に対応する人々の姿である（坂井二〇一二：三一五）。こうした農牧民の一つのイメージを作り出してきた大型の家畜としての牛を有するタンザニア・ゴゴの居住地（図1）は、今日でも実質的な首都機能を持つダルエスサラームから一九九六年に立法府が移され、国会も開かれる小都市ドドマの周辺に広がる。ここは、より乾燥したところに生活する牧畜民の居住地とミオンボ林帯の間にあり、極度の乾燥と天候不順のなかでもそれに耐えるバオバブのうっそうと茂る地域と重なっている（Rigby 1967）。雨季の一二月が近づくと村人は空をながめては雲の状況を確認する。その雲の動きは気まぐれで本当につかみがたい。暗雲が垂れ込めて、これは一雨来るなと思っても、村人の思いを知ってか知らずか、急にその雲が四散して青空がのぞいたりする。幹線沿いでスコールのような雨が降って、そこから一〇キロメートルくらい離れた目的地の村でもきっと大雨だろうなと思って行ってみると、そこではまったく雨の降った痕跡がないということが起こる。このような状況のなかでは、いくら努力してみても雨が降らないときはまったく取れず収穫はゼロということもしばしば起こる。そうしたなかで、村人も農業は結局、運次第というような言い方をする。このことは、農家にとってみれば、明確な生産計画を立ててもなかなか思うようにならないということを意味する。そして飢饉を引き起こすような雨の降らない時期が続くことが何年かに一回はあり、また同じくらいの降雨量があっても、月ごとの雨量と頻度に大きなばらつきがあり、こうしたことがしばしば飢饉の要因となる（図2）。そのなかでそうした生命の危機を回避していく生活の構えが自ら組み立てられてきた。

人間の制御の難しい、こうした東アフリカ農牧民の世界を支え、そこに生きる生活者の歴史を生み出してきた荒ぶる自然は、ヨーロッパの農村の生活を支えた穏やかな安定した自然と比較すると大きく異なる。川田順造（川田一九九六：三一―四九）は、ヨーロッパの基層文化を支える地域の自然的特質を冬雨型温帯として捉える。この冬雨地帯では、降雨の時期に爆発的な生物の成長ということはないが、夏雨の表土を洗い流していくスコールとは異なり、安定した管理可能な世界が広がっている。冬雨地帯では、歴史的には土地生産性は低い（森本一九九七）。

もちろん自然と人間の関係は決定論的なものではなく、あくまでも可変的なものとして人間の歴史的な営為のなかで変化していくが、グローバリゼーションを経た今日のアフリカ農村においても、そこには自然と人間をつなぐ諸前提として、安定した予測可能なヨーロッパの自然との付き合い方とは異なる（気候の不順を前提とした）ものが焼き付けられ、常に不安定な自然とともに生きる生活のハビトゥスが、地域の歴史経路を異なるものにしてきた。半農半牧ともいわれるアフリカの農牧民社会では、牧的要素が農業と関係を持たない、いわば、家畜は家畜、農業は農業というふうに、それぞれが独立して、つながらないというような独特の生業の存在様式が指摘されてきた（福井一九九九）。アフリカに展開するこの生業システムは、その内部に農的要素と牧的要素は確かに組み込まれているが上記のように相互の関連性が薄く、農と牧が有機的に結びついているヨーロッパの有畜農業とは大きく異なる。

この生業システムは、このように、その内部に農・牧という二つの要素が併存して組み込まれているが、農と牧が有機的に結びつかず切り離されているところに特徴がある。農と牧が有機的に結びついている有畜農業としていえば、ヨーロッパの三圃制農業とか、ヨーロッパの複合農業といわれるものであり、図3に示されるように（福井一九九九：四〇―四六）、家畜の数に応じて農業の規模が大きくなるという比例関係がある。これに対して東アフリカ農牧民社会においては、農が大きければ牧は小さい、逆に牧が大きければ農が小さいというふうに、経済的な特徴として反比例の関係が指摘されてきた。特に、こうしたアフリカ型の農牧複合は、自然環境への適応として、雨量の少ない乾燥地域では家畜の量が拡大し、それに対して、雨量が増大すると農業生産が〈農〉と〈牧〉という二つのセク

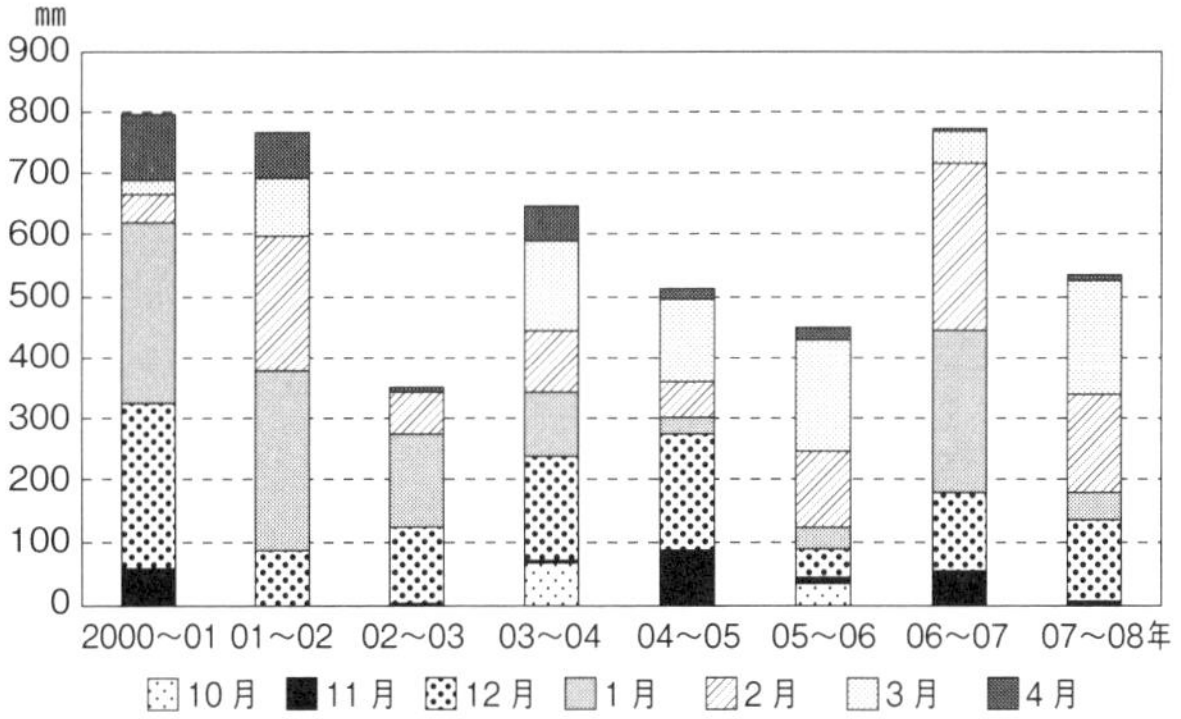

図２　ドドマの年間降水量の推移（2000～08年）

出所）坂井（2012：315）所収の図をもとに作成。

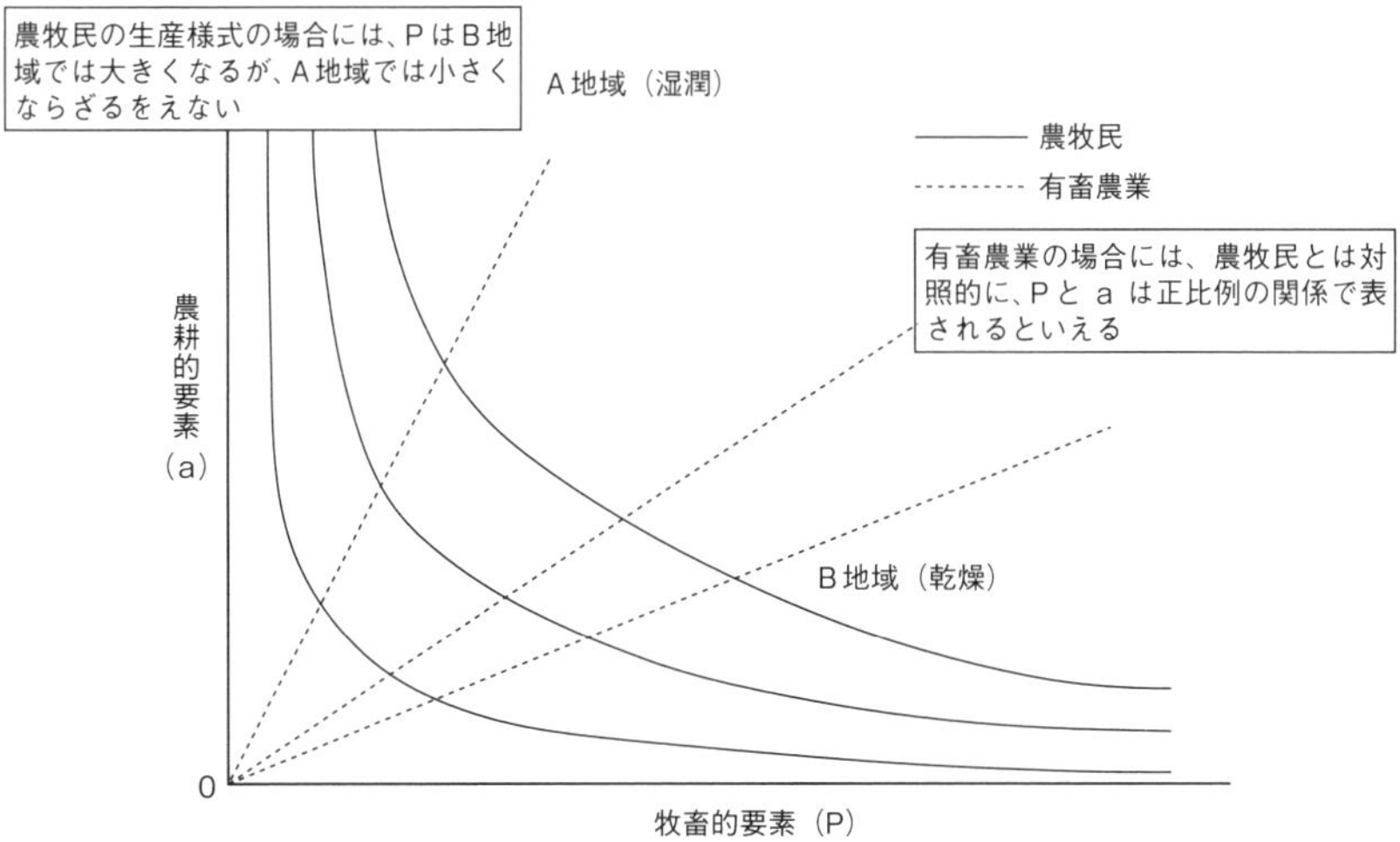

図３　農牧民の生態系への適応

出所）福井（1999：44）所収の図をもとに作成。

ターのなかでより重要な位置を占めるようになってくる（福井一九九九：四六）。そしてこのような生業様式がこの赤道アフリカの乾燥地域の農村のなかでは非常に広く展開している。

2 Njaa（飢饉・食料不足）の記憶――生存維持史観

バントゥー系農牧民ゴゴの記憶のなかには、歴史的に繰り返されてきた「ンジャー（Njaa）」（飢饉、食料不足）の痛みが深く刻まれている。ンジャーは旱魃によるものが多いが、降雨の集中による農作物の不作というものもある。またバッタなどの大発生によるものもある（Rigby 1967: 20-22）。一八八八／一八八九年はムデム（Mudemu）「食料用の壺を覆って隠してしまった」、一八九四／一八九五年はンジゲ（Nzige）「バッタ」、一九〇五年はサバテレ（Sabatele）「穀物用の乾いた秤」、一九一八／一九一九年はムトニャ（Mutunya）「食料をめぐる争い」などの名前がつけられ、村人はこれらの飢饉とともに、そのなかでの生活の過酷さと展開の記憶を記憶のなかに刻みつけてきた。ンジャーはそれ自身として住民の間に大きな問題を生み出す。同時にその危機による地域社会の脆弱な状況に追い打ちするよう、他の問題が起こると社会は壊滅的な危機に遭遇する。例えば、第一次大戦の終わりに起こったムトニャとして記憶されているンジャーには、多くの兵隊も地域社会のなかになだれ込み、社会的秩序が崩壊して食料を奪い合うような地獄絵が現出した。

一九世紀終わりから二〇世紀の初めにかけては、それだけで一〇回以上に及ぶような飢饉が見られるが、名前の残されたものは、大きなダメージを受けたものの記憶であり、より小規模のンジャーは毎年のように地域社会を苦しめた。大きなンジャーの場合は広域におよびそれぞれの場で異なる名前がつけられる場合もある。そのような社会のなかでは、雨乞いなどの宗教儀礼は地域社会のなかで大きな敬意と権力が与えられてきた。ゴゴの世界のなかでは、ンジャーを軸とした記憶の構造化は、生産の発展史観でもなく、戦争の政治史でもなく、困難をいかに生き抜いたかという生存維持史観とでもいうべきものである。

繰り返される生活の危機をいかにかいくぐり、生き抜いてきたか。それはその危機を切り抜けるために、それぞれの拡大家族の最も重要な資産である家畜を売って食料を確保した痛みの記憶でもある。また食料不足・飢饉の程度によっては、生活の場を捨てて、逃散ともいえるような形で他の地域に出ていくこともあった。ゴゴの世界では極度の食料不足は三年に一度、五年に一度という形で繰り返し起こり、雨が降らなければ収穫はゼロになる。

日常生活のなかにも食をめぐる分配や共食、富者が貧者に分けるという行為はあったが、ンジャーという非日常的な危機のなかでは、それに対応できる富者の役割は極めて大きかった。飢饉のときには、食料の確保のために、一〇〜二〇頭の牛が売られる。それは資産を有する富者の役割であり、日常生活とは異なる公共的な供出が行われる。こうした富者の役割は、婚姻などの婚資の調達や家族内に重い病人が出たとき、その費用をだれが負担するかというような生活の危機の乗り越えというような事柄のなかで発揮される（本書一〇章の藤岡による論考参照）。

今日では婚資としての家畜の数は大きく減少しているが、かつては二〇〜三〇頭必要であった。その際、拡大家族が支えあって婚資調達をするという言い方がなされるが、拡大家族のなかにも牛持ちの家と牛なしの家があり、資産としての家畜を多く有する者とそうでない者との間で相当の格差を持つ。このような意味で、農牧民社会の再生産をめぐる「共同体」では、村の共住集団だけでなく、分散して暮らす広域的な領域で拡大家族を束ねた共同性として村人の生存維持を支え、村人の困難を乗り越える語りのなかに一つの歴史像が結ばれる。ゴゴの社会のなかでは、大型家畜を持たないアフリカの他の農村と比較すると〈家畜〉の多寡によって、〈階層〉を常にそのなかに作り出す。しかし一方で常にその格差は非日常の困難を乗り越える放出的ともいえるような大量の純粋贈与のなかで、助け合いを含む、緩やかな「階層性」にとどまり、日常生活のなかでの基本的に対等で平等な権利の働く世界を再生産させてきた。

3　自然社会としての農牧民社会と蓄積様式

この農牧民の生きる場と重なる形で、東アフリカの無頭制社会は生活の基底を、〈牧〉の世界に支えられることによって、流動性のある農村の生活世界を作り出してきた。このような無頭制（宮本・松田一九九七：三一一）といわれるような世界では、上山春平（上山一九六六：七三―九九）がかつて人類史を俯瞰して図式化した「自然社会」と重なる世界が広範に展開している。上山は、近代以前の社会を図4のように農業社会と自然社会の二つに分ける。この図式における自然社会のなかには都市と国家を伴った文明が成立する、社会の重層化を作り出した古代の農業革命以前の社会が想定される。上山によれば、文明以前の世界においては、社会的分業が、男女分業のように、家族内で抑えられた同質的な集合体であり、血縁原理を軸とした社会組織に支えられていた（上山一九六六：七三―九九）。これは重層化の発達しない社会である（谷一九六六：一五―七二）。

図4の自然社会のカテゴリーのなかには、平等主義的社会としての狩猟・採集、牧畜、農耕社会が位置づけられ（杉村二〇〇四）、無頭制社会の東アフリカ農牧民社会もそのなかに内包できる。この地域の軽やかに再編する小農世界の生活のあり方は、後に見るように、その蓄積様式などにおいても、これまでの歴史研究のなかでの「生産の共同体」としての「農業共同体」よりも、むしろ狩猟・採集社会や牧畜社会との間に組織原理としての連続性を有する側面を持つということができる。本来自然社会のなかに内包されるアフリカの農村社会においては、貢納制度もなく、一義的に横のつながりとその分与の経済のなかに自らの安寧を形成してきた。

これに対してドイツ、フランス、イギリスといった冷温帯のヨーロッパ農村は、〈農〉と〈牧〉の要素を内包しながらもあくまでも〈牧〉は〈農〉を支え、基本的に従属するものとして位置づけられ、有畜農業を基本とする三圃制などを生み出した。生産性の高い中世の「農業革命」であり、それを核として都市と国家を支え、定住的で重層的な

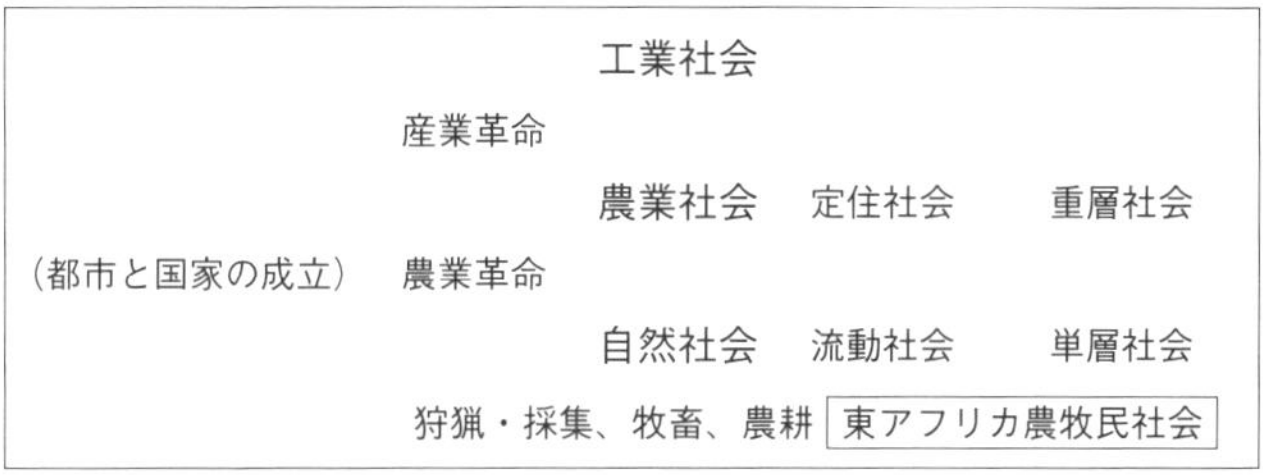

図４　自然社会と農牧民社会

出所）上山（1966）、谷（1966）より筆者作成。

社会の形成、近代に至る歴史の舞台を用意してきた。

そしてそこでは社会組織として、これまでの流動的な血縁社会に対して、家族、地域共同体、国家という構造を持つ確固とした定住社会が生み出されてきた。この中世の「農業革命」以降の農業社会が、「生産の共同性」に支えられた「定住社会」として、そこに農業を中心をおいた富を蓄積する装置を作り出し、重層社会として国家に至る指向性を持った（杉村二〇〇四：四三四）。

これに対して東アフリカの農牧民の世界では〈農〉と〈牧〉が有機的つながりを持たず併存した状況を維持し続け、価値意識の視点からすると〈農〉よりも〈牧〉を重視する世界が生み出された。このことは土地との関係を薄いものにし、より流動的な社会を生み出すことになった。そしてこの農牧民の有する〈家畜〉に対する高い価値評価は、婚資という社会的富としての価値に見られるように、牧畜民の世界とも重なるものであり（エヴァンズ＝プリチャード一九七八）、その価値の移転のなかで人と人の関係が再編されていく。

そしてそこには、〈生産〉としての農業を軸としたヨーロッパ世界とは異なる発展経路が刻まれ、それゆえにアフリカの農民社会はしばしば蓄積を持たない、あるいはそういうのを持ちにくい社会だといわれてきた。このようなヨーロッパ世界からの視点に対して、コポーネンは「蓄積形態」や「蓄積概念」そのものの見直しを求めて次のように述べている。アフリカにおいて「蓄積がないのではなく、むしろ蓄積されるものが未来の経済・社会の物質的な基礎におかれているのではないということなのだ。かわりに蓄積は新しい社会関係、新しい人間関係を生み出すために、またその活動のための一つの社会的基礎をおくために使われる」（Koponen 1988: 389）。

モノを持つときにはすべてを出すというような行為は、そこに人の関係を新たに作り出すとともに、〈富〉の分有状態から見れば格差が減じるという状況が含まれる。このような分配のあり方のなかで、〈富〉を有する者が個人としてさらにその富を増やそうというより、多くは、飢饉や婚資、葬儀の費用など拡大家族をめぐる危機を乗り越えるための社会的再生産のための投資として供出される。

これまでの農村共同体の蓄積形態に関する研究のなかで、こうした「人と人」の関係を主題化したものは、さしあたり中村がインド農村を事例として展開した以下のような議論であろう。中村はマルクスの労働過程に関わる議論を軸として、農村の蓄積形態の類型を以下の三つの要素、①労働主体、②労働対象、③労働手段の改良に整理する。そのうちの③は「手の延長」としての「用具」の発展というかたちでの農村経済の高度化とそれによる蓄積で、その典型がヨーロッパの〈有畜農業〉の発展経路といえる（中村一九七五）。

②は「大地の延長」としての土地の改良を通しての蓄積であり、これは徹底的な集約化を伴った、農業としての勤勉革命を推し進めた日本に特徴的なものである。そしてこれら二つの蓄積が人間の身体組織に外在する対象的自然に刻まれた蓄積形態であるのに対して、中村（一九七五：二九―五〇）は、これとは異なる第三の蓄積形態として、①の労働主体自身、すなわちその内的自然への蓄積形態として、南アジアのカーストに見られる共同体内の分業のあり方のなかに見出している。この労働主体への蓄積は、個人の技能的発達だけでなく、社会関係の発達なども含む視点であり、「人と人」の関係に大きな関心を持つが、それはあくまでも農業のその労働過程のなかで現出する「人と人」の関係を媒介とする蓄積のあり方である。

しかし、これに対してアフリカのなかでしばしばいわれる、人と人との関係のなかに富を蓄積していくというようなことがらは、婚資という再生産の次元で展開する。それゆえ、中村のいうこのような南アジア農村における「人と人」との間への蓄積のあり方はあくまでも南インドの経験をもとに設定した、労働の要素の一形態としての労働力能への蓄積であり、アフリカの「人と人」の関係への蓄積という意味と同一化することはできない（杉村二〇〇四：三九九）。

このような〈再生産〉レベルでの人と人の間の蓄積のなかで、アフリカの社会のなかにも富の蓄積が起こり、生産手段をめぐる富の集積とは異なる首長制やさらにその進化したかたちでの権力の形式が見られるが、その権力基盤は高い流動性を帯びている。南東部アフリカのなかで、このような農牧民的生活様式を背景に生まれた階層社会と富のあり方を考えるうえで興味深い事例がグレートジンバブウェである。吉國は、突如として沸き起こり、瞬く間に霧消したグレートジンバブウェにおける大きな権力の成立とそれを支えた富の集積を〈牧〉の視点から捉え、次のように述べる（吉國一九九九：一六六）。

「……チャンガミレ・ドンボの出自が牛の世話役であり、その後牧畜で名高い草原の国ブトゥアに移住したことが想起されなければならない。加えて、繰り返していうが、地域では牧畜こそ、私有財産制と階級社会の発展を促す決定的な触媒であった。有力者とは、なによりもまず牛の蓄財者のことであり、彼らは、必要ならば交換によって穀類にも姿を変える牛の富の分配や貸与を通じて、他者に対して権力をふるった。……」

そしてこのような社会では、〈牧〉を軸にした社会だからこそ、富の分散が容易に起こり、森のなかに埋もれていくということも起こりうる。

4　東アフリカ農牧民社会と歴史像

以上の検討を踏まえて、もう一度農牧民ゴゴの世界に降り立ち、〈農〉と〈牧〉のヨーロッパ農村の世界との対比をしてみよう。すでに述べたように、ゴゴの世界は不順な天候に悩まされるが、熱帯の夏雨気候であり、うまくいくと爆発的な生産力を示す場合もある。それに対して、ヨーロッパ農村の温帯の冬雨型の場合、基本的に生産は安定的であるが、それほどの大きな生産力を持つ世界ではなかった。そのような世界では自然は放っておいても高い生産を生み出すわけではない。それゆえそこでは、その生産に関わる投入される人間の労働が主題化される。

このヨーロッパ農村の世界を舞台に、土地の所有権、私有財、農村の階層分化などとともに、市民社会に至るヨーロッパ近代の論理を用意したロックは、その世界の基底にある、「農業生産」とその「生産力」に関わるものとして、圧倒的に高い価値を持つ〈労働〉の意味について考察し、次のように述べている。

「……もしわれわれが事物をそれらがわれわれに有用であるがままに正当に評価し、それに必要な諸支出を合計し、そのうちのどれだけが純粋に自分に負っているかを考えてみれば、大半のものはその一〇〇分の九九が全く労働によるものであると評価されるべきだとわれわれは見出すであろう」（今村二〇一一：八六）。

その農産物の生産における寄与率を、土地一％に対し、労働九九％と評価する以上のようなロックの論理のなかからは、農業における〈運〉の要素は完全にはじかれる。このような人間の作り上げた〈生産手段〉としての「土地」への信頼に支えられた農業観をゴゴの農民はどのように受け止めるのだろうか。ゴゴの農業でも人々は生産の増産をめざして努力はするが、すでに述べたように、とにかく、最後は雨まかせであり、雨が降ったら一〇〇、降らなかったらゼロで、農業は最終的に運だと思っている。ゴゴの農業世界では、その生産への貢献度に関する認識はむしろ「労働は一〇％で、自然の恵みは九〇％」ということにもなりうる。それゆえにそこでは雨乞いのような超自然的な世界が極めて重要なものとして関わってくる。そしてこのような〈運〉の農業世界を、東アフリカでは〈牧〉の世界がゆるやかに支え、農牧民はこの〈牧〉の世界に高い価値をおいて自らの豊かさと安寧を確保してきた。

もちろん、この社会は純化した牧畜民社会と比較すると、その社会のなかに「農」の要素を内部化している。しかしながらそれでも〈牧〉の世界に高い価値をおき、「土地」の保有規模よりも、保有する家畜（特に牛）の頭数によって、それぞれの住民の富裕度を計ってきた。東アフリカの大型の家畜を有する農牧社会のなかでは、とりわけ資産価値の高い、婚資としての家畜（特に牛）のやりとりが主題化され、この婚資をいかに調達していくかという、「結婚」という社会的再生産の次元に焦点を当てた社会の共同性が強調される（Rigby 1967）。同時に、農牧民社会は、〈牧〉の要素を内部化することによって、土地と人の間の流動性が高いといわれる焼畑農業に支えられたアフリカ農村と並んで、土地とのつながりの極めて薄い流動性に富んだ社会を生み出してきた。

東アフリカでは、農牧民の外延には専業的な牧畜民世界が展開する。牧畜民は極度な乾燥地への生業形態としての優れた適応形態であり、同時にエヴァンズ＝プリチャード（一九七八：二二―七六）などが指摘したように、「牛に生きる人」としての家畜に対する生業レベルを超えた、高い価値意識を持っている。こうした牧畜民に見られる牛を中心とした家畜への高い依存と価値意識が上記で述べた農牧民社会にも類似したものとして見られる。そしてこうした生業複合における「牧」的要素の強調は、土地保有のような物的生産の次元ではなく、日常的消費や結婚などの再生産の次元における社会的共同の意味を浮かび上がらせる。

ただし、半農半牧といっても、実際には十把一絡げではなくて、自然条件や人口密度などにもよって、さまざまな形がある。その一方で熱帯多雨林下の焼畑農耕の世界でも、小さなヤギに託された婚資としての高い社会的価値や、生命の再生産を重視する世界が展開している。

これに対して、ヨーロッパ冷温帯域においては、三圃制農業社会の確立の後、〈牧〉は〈農〉を支える位置づけのなかでは、ゴゴのように大きな位置を与えられることなく、〈農〉を軸とした歴史の展開が主題化される。ロックの「所有権」の背後にある「労働」の重視はその後、スミスやマルクスに至るまでつながり、普遍的な世界史像として歴史を見る目の王道となってきた。

おわりに

このような農業生産を軸とする蓄積概念は、生産手段としての土地を中心的に主題化した大塚の共同体論のなかにも明確に見られる。大塚は、マルクスとウェーバーの理論に依拠しつつ世界史上の共同体の諸形態を類型化した。我が国の経済史の視角に大きな影響を残した大塚の共同体に関わる中心的な著作である『共同体の基礎理論』は、マルクスの著作『資本制生産に先行する諸形態』が念頭におかれている（黒瀧二〇〇七：二六—二七）。

アフリカ農村において、赤羽（二〇〇一）は、大塚の共同体論的な視角を適用した、農業共同体としてのアフリカ農村社会のユニークネスを明示化した。そのなかでは、土地所有がその議論の中心に置かれ、「地主 - 小作関係」のアジア型に対し、アフリカは「部族共同体的土地占有」として位置づけられている。しかし、そこに持ち込まれた、〈農業〉という専業的生業のあり方を重視する視角のなかでは、ついにアフリカ農村の「牧」的要素の位置づけは主題化されなかった（杉村二〇一二：二二四—二二五）。

しかしこのような〈農〉中心主義の共同体論の見直しの作業もすでに始まっている。小谷は、マルクスが歴史研究をするにあたって参照した重要文献の一つであるメーンの『初期制度史講義』に遡及するなかで（小谷一九八二：二〇三）、一六紀以前のアイルランドにおいては、「土地よりも家畜が富の象徴」という状況が存在していたことを記しており、また家畜の価値を重視する社会像としてアフリカの農牧民としての伝統を有するズールー社会を取り上げている。しかし〈農〉の共同体を前提としたマルクスの史的唯物論は、小谷が次のように指摘しているとおり、それを掘り下げることはなかったし、マルクスの生きた時代にはそれを検討するだけのアフリカに関する歴史的知識は欠如していた。

「マルクスは、『メーン・ノート』でメーンがアイルランドにおける「牛所有」について言及している箇所を『ブリヘム法では、首長は、なによりもまず、富者、すなわち土地ではなく、禽獣、羊、とくに雄牛をたくさん持っているものである』とノートしているが、その後に続くアフリカのズールー族の事例は無視してしまって、ノートしていない。マルクスにとってもまた、そのような社会は『農耕段階』にすら到達していない単なるプリミティブな社会に過ぎず、西欧歴史経験とは異質な歴史経験をもつ、独自の文化的存在とは受けとられなかったのであろう」(小谷一九八二:二〇四)。

しかし歴史地理学の詳細な研究が取り出してきたように(水津一九七六:三二七—三六一)、ヨーロッパの冷温帯の農村に限っても、その多様性や多元性に目を向ければ、三圃制をはぐくんできた「主農的」な風土とともに、ヨーロッパの中心とは異なる「主牧的」ともいえる風土を築いた世界もある。例えばイギリスのケルト人居住地や北欧などの主牧地帯。ケルトには「牧畜マナ」と呼ばれる特殊な荘園体制の成立した例さえあった。そして今、アフリカの地域研究の深まりは、ヨーロッパ世界の歴史像を、普遍的なものではなく、地域間の対話として捉え直すことをはじめて可能にしている。

また、〈農〉と〈牧〉の関係から捉えられる歴史は、ヨーロッパからアジアに目を転ずれば、中国の繰り返される興亡のなかに常に顔を覗かせる。そして中央アジアの牧畜民系の権力の生成のダイナミックな動きのなかには、〈牧〉が有する新たな世界史像の入り口を見出すこともできるだろう。アフリカ農牧民の世界は、このような〈農〉にとどまる歴史をはるかに超えた世界史像と深く共鳴する。そしてその世界のなかには、近代の論理の培地となったヨーロッパ世界と同じように、〈農〉と〈牧〉を抱えながらも、近代に最もなじみにくかったものの一つとして、ヨーロッパ世界で作り出された歴史像に対する根源的な問いかけがある。その問いかけは、それゆえにこそ、新しい歴史像の発見につながる扉になるのである。

参考文献

赤羽祐　二〇〇一『低開発経済分析序説』岩波書店（初版一九七一）。
今村健一郎　二〇一一『労働と所有の哲学――ジョン・ロックから現代へ』昭和堂。
上山春平　一九六六「社会編成論」川喜田二郎・梅棹忠夫・上山春平編『人間――人類学的研究』中央公論社、七三―九九頁。
エヴァンズ＝プリチャード　一九七八『ヌアー族――ナイル系一民族の生業形態と政治制度の調査記録』向井元子訳、岩波書店。
川田順造　一九九六「ヨーロッパ・近代・基層文化」川田順造編『ヨーロッパの基層文化』岩波書店、三―四九頁。
黒瀧秀久　二〇〇七「『共同体の基礎理論』の現代的位相」小野塚知二・沼尻晃伸編『大塚久雄『共同体の基礎理論』を読み直す』日本経済評論社、一九―六〇頁。
小谷汪之　一九八二『共同体と近代』青木書店。
坂井真紀子　二〇一二「農牧社会の変容とモラルエコノミー――タンザニア・ドドマ地方の事例から」『農林業問題研究』第四八巻第二号、三一四―三一九頁。
水津一朗　一九七六『ヨーロッパ村落研究』地人書房。
杉原薫　二〇一二「熱帯生存圏の歴史的射程」杉原薫・脇村幸平・藤田幸一・田辺明生『歴史の中の熱帯生存圏――温帯パラダイムを超えて』京都大学学術出版会、一―二八頁。
杉村和彦　二〇〇四『アフリカ農民の経済――組織原理の地域比較』世界思想社。
杉村和彦　二〇一二「資本主義を受容するヨーロッパ農村共同体との間――アフリカ小農研究の視圏から」『西洋史研究』新輯第四一号、二一五―二二六頁。
谷泰　一九六六「乾燥地域の国家――オープン・ランドにおける重層異質社会」川喜田二郎・梅棹忠夫・上山春平編『人間――人類学的研究』中央公論社、一五―七二頁。
中村尚司　一九七五『共同体の経済構造』新評論。
福井勝義　一九九九「自然と民族のアフリカ」福井勝義・赤坂賢・大塚和夫『世界の歴史二四　アフリカの民族と歴史』中央公論社、九―一四七頁。
宮本正興・松田素二編　一九九七『新書アフリカ史』講談社。

森本芳樹　一九九七「収穫率についての覚書」『経済史研究（大阪経済大学）』第三号、二七―六〇頁。
吉國恒雄　一九九九『グレートジンバブウェ――東南アフリカの歴史世界』講談社。
Koponen, J. 1988: *People and Production In Late Precolonial Tanzania*, Uppsala: Scandinavian Institute of African Studies.
Rigby, P. 1967: *Cattle and Kinship among the Gogo: A Semi-Pastoral Society of Central Tanzania*, Ithaca: Cornell University Press.

第Ⅱ部

食の基層を探る

第4章 毒抜き法をとおして見るアフリカの食の歴史
キャッサバを中心に

安渓貴子

はじめに

今日、熱帯で栽培されるイモ類はもともと毒性があるものがほとんどであったが、毒性の低い系統を選ぶという長年の努力の積み重ねによって無毒化に成功したものが多い（堀田一九九五）。しかしキャッサバは、無毒品種があるにもかかわらず、料理法を誤れば死ぬこともある有毒品種が、今日でも世界の熱帯でさかんに作られている。それはなぜだろうか？

アフリカ大陸におけるキャッサバの料理法については多くの研究・報告があるが、その多くは見かけ上の料理の手順の違いや、できあがった食品の形態や呼び名の複雑さにふりまわされていて、個々の料理技術を毒抜きの原理に照らして体系的に理解して整理し、生活環境や民族集団の文化史に関係づけたものはほとんどないのが現状である（Jones 1959, Favier 1977, Silvestre & Arraudeau 1983, Hahn 1989, Westby 2002, McCann 2010 など）。

キャッサバはアメリカ大陸原産の栽培植物であり、アフリカ大陸での最古の記録は一五五八年とされている（Ankei 1996）。しかしアフリカとアメリカ両大陸の料理法は必ずしも一致していない[1]（Favier 1977, Ankei 1996, 安渓二〇〇三など)。アフリカのキャッサバの料理法は毒抜きに微生物を活用して実に多彩であることに、私は一九七八年から一九八〇年にかけての熱帯アフリカでのフィールドワークで気づいた。

ポルトガル人によって奴隷貿易の交易品あるいは食料としてアフリカに持ち込まれたというキャッサバは、いつ、どこに、どのようにして定着し広まったのか? そのとき、原産地での毒抜き法を伴っていたのだろうか? そして今日のように大陸の随所にゆきわたるにはどのような道筋をたどったのか。アフリカの多彩なキャッサバの毒抜き法の起源とその伝播の道を推定・復原してみたい。

研究の方法は、民族植物学と微生物学の視点に基づいたフィールドワークと文献の再検討を通して、キャッサバの料理の技術を、毒抜きの原理に基づいて統一的に理解する。それをふまえ、アフリカでのキャッサバ栽培の広がりの歴史を追う。そしてこれらを一枚の地図にまとめ、気候や自然環境を考慮しつつ復原した。

キャッサバの毒抜き法は、誤れば死に至るもので、それゆえにひとたび獲得された毒抜きの技法は変化しにくく、生活技術の伝播を復原する有力な手がかりになりうるのである。

1 毒抜きの原理

キャッサバの有毒成分は青酸配糖体として生体内に広く存在している。[2] 青酸配糖体それ自体には毒性がなく、分解酵素のリナマラーゼが働くと分解して青酸が発生する。できた青酸は水に溶け、あるいはガスとして速やかに放出される(Lancaster et al. 1982, Silvestre & Arraudeau 1983)。

キャッサバの青酸配糖体が酵素によって分解し、青酸が発生してそれが除去されるという原理をもとに、以下のようにキャッサバの料理法を整理した(表1)。

① 毒性の低い品種を選ぶ……スイートキャッサバ(本書では甘キャッサバ)と呼ばれる低毒性の品種群。イモの

食用部分に含まれる青酸配糖体の量が少ないので毒抜きの必要がない。皮とイモの中央にある芯の部分は青酸配糖体濃度が高いので取り除き、煮たり焼いたりして食べる。少量なら生で食べる場合もある。

② 水溶法……青酸配糖体は水溶性なので、水に溶かし出して除くことができる。加熱処理との前後関係によってこの技法を次の二つに分ける。

②a 加熱後に水晒しする方法……イモを茹でた後、薄く小さく切って水に晒す方法。籠に入れ、流水中で晒す（図1）。潮水に晒す場合もある（Jones 1959）。冷たいまま食べるが、干したのち葉に包んで再加熱もする。

②b 摺り下ろしてから水晒しする方法……生イモを摺り下ろし、水中に青酸配糖体を溶出させ、沈殿する澱粉を集める。東アジアでは多く見られるが、アフリカでは後述の摺り下ろし発酵法（④c）の副産物程度で付随的なものがあるだけである（Lancaster et al. 1982）。

③ キャッサバ自身の持つ酵素による分解法……キャッサバの細胞内にあるリナマラーゼによって青酸配糖体を分解する。イモの皮を剥き、摺り下ろすかまたは細かく砕く。そのまま一晩から丸一日おく間にキャッサバ自身の持つリナマラーゼで青酸配糖体が分解される。原産地のアマゾン低地で今も広く行われている方法。摺り下ろした翌

表1　伝統的なキャッサバの毒抜き法の大陸間比較

	毒抜き法のタイプ	アフリカ	アメリカ	アジア
①	低毒品種を選ぶ	◎	◎	◎
②a	茹でて、流水中で水晒し	◎		○
②b	摺り下ろして、静水で水晒し			◎
③	摺り下ろして、自分解		◎	
④a	カビによる好気発酵	◎		
④bi	静水中で嫌気発酵：ちまき型	◎		
④bii	静水中で嫌気発酵：ウガリ型	◎	○	
④c	摺り下ろして、袋のなかで嫌気発酵	◎	○	
④d	茹でて、静水中で嫌気発酵	○		

出所）アメリカはSilvestre et al.（1983: 185）、山本（2004：271）を参照。

日絞って水分を除き、粉状になったものを焼いてパンのようにしたり乾燥したりして保存する（Lancaster et al. 1982, Grenand 1996）。

④微生物の持つ酵素による分解法……微生物の持つリナマラーゼによって青酸配糖体を分解する。利用する微生物群の種類によって好気発酵と嫌気発酵に大別できる。嫌気発酵については、さらに三つに分けられる。

④a　カビによる好気発酵……皮を剥いたイモにカビをつけて、カビのリナマラーゼで青酸配糖体を分解する。カビの働きでイモから水分が出て全体が柔らかくなる。これを乾燥して保存する（写真1）。

④b　生イモを静水中で嫌気発酵……生イモを池や水たまり、壷やドラム缶などの静止した水に数日間浸けて、嫌気発酵により、青酸配糖体を分解する（写真2）。「イモが柔らかくなれば毒成分は抜けている」という。特有の強い臭いがある。これを水から揚げて濡れたまま加熱する方法（④bi）と、いったん乾燥してから加熱する方法（④bii）の二つに分けて述べる。

④bi　イモを濡れたまま搗き潰してペーストにし、葉に包んで蒸すシクワング（リンガラ語）、キクワンガ（スワヒリ語）などと呼ぶ「ちまき」がその代表である（口絵写真15）。川沿いの森林地帯で主に食べられている。

④bii　イモを日光で乾燥して保存し、のち搗いて粉状にしてから、熱湯に粉を入れて捏ねるウガリ（スワヒリ語）と呼ぶ固粥がその代表である（写真1、写真2、口絵写真9）。乾燥気候のサバンナ、ウッドランドで主に食べられている。

④c　摺り下ろして袋に入れ嫌気発酵……原産地の方法がアフリカに持ち込まれて変化したと考えられる。アマゾンではイモを摺り下ろし篭に入れて一晩ねかせて絞る（③）が、西アフリカでは袋のまま数日おいて発酵させ、微生物のリナマラーゼによって青酸配糖体を分解する（Collard 1963）。発酵により独特の酸味や香りがつく。

④d　加熱後、静水中で嫌気発酵……皮を剥き茹でた後、舟など専用の容器に溜めた水のなかに一週間以上お

写真２　④b「静水中で嫌気発酵」。イモの皮をむいてからドラム缶に入れ、水を満たしてイモが柔らかくなるまで数日おく（コンゴ民主共和国ウブワリ、1979 年）

図１　②a「茹でてのち流水中で水晒し」。茹でたイモを、へらで薄切りにし、籠に入れて飲用の湧き水の流水に１日以上晒す。冷たいままを食べる。ひやりとして、のどごしがよい（コンゴ民主共和国エリラ、1980 年、筆者作成）

写真３　④d「茹でて、静水中で嫌気発酵」。茹でたイモを水をはった舟のなかで発酵させ、一度洗ってから再度水につけ発酵を徹底する。編んだヤシの葉で舟に被いをする。棚の上では毒抜きしたイモを干している（コンゴ民主共和国ウビラ、1979 年）（いずれも筆者撮影）

写真１　④a「カビによる好気発酵」の黒いイモと④bii「静水で嫌気発酵」の白いイモ。ともに天日干しで乾燥したものが市場で売られていた。黒いイモは料理の見かけは悪いが粘りがあり味がよい（コンゴ民主共和国ウビラ、1979 年）

いて、嫌気発酵を徹底させる（写真3）。それを潰してから葉に包んで再び茹でる（安渓二〇一三）。これは一ヶ月でも保存できる。

2 キャッサバ導入の歴史

ナイジェリアにある国際熱帯農業研究所（IITA）の資料に、アフリカへのキャッサバの導入と伝播という記事がある（Carter et al. 1997）。サハラ以南のアフリカについて、各地で初めてキャッサバが認められた報告を整理して地図におとしたものである（図2）。この資料を見つつ、そこに引用されている文献や、そのほかの資料も用いてキャッサバ拡散の足跡をたどってみよう。ただし有毒品種か低毒性品種かは記述だけでは読み取れないことが多い。

アフリカ大陸にキャッサバが記録された最も早いものは一五五八年（Barré & Thevet による旅行記）である。アフリカ沿岸部各地にあるポルトガル人の貿易港には、何度かキャッサバ導入の試みがあったがアフリカ社会にはなかなか定着せず、一六〇〇年までは奴隷貿易に従事するポルトガル人が、交易品あるいは自らの食料として栽培していた（武内一九九三）。

やがてコンゴ川河口に位置するコンゴ王国で栽培が始まり、一六一一年にアンゴラでは有毒キャッサバから粉を作っていることが（地図上の①）、一六二〇年にはコンゴ川河口のムピンダでブラジル式のキャッサバの耕作が行われ（②）、一六四〇年にはアンゴラのルアンダがキャッサバの生産地であると述べられている（③）。コンゴ王国では一六八七年にはシコクビエやモロコシよりもキャッサバが好まれており、コンゴ川河口に近いマレボプールでは主食であった（Harms 1981）（⑤）。奴隷貿易の活性化により、一九世紀には内陸に住むモンゴ人の船による交易によって、上流から奴隷・象牙が運ばれ、下流からはヨーロッパ製品とともに、キャッサバその他の食料が上流に運ばれていった（武内一九九三）。一八八七〜八八年にスタンリーが、コンゴ川中流のアルウィ川からアルバート湖に進んだ際に、

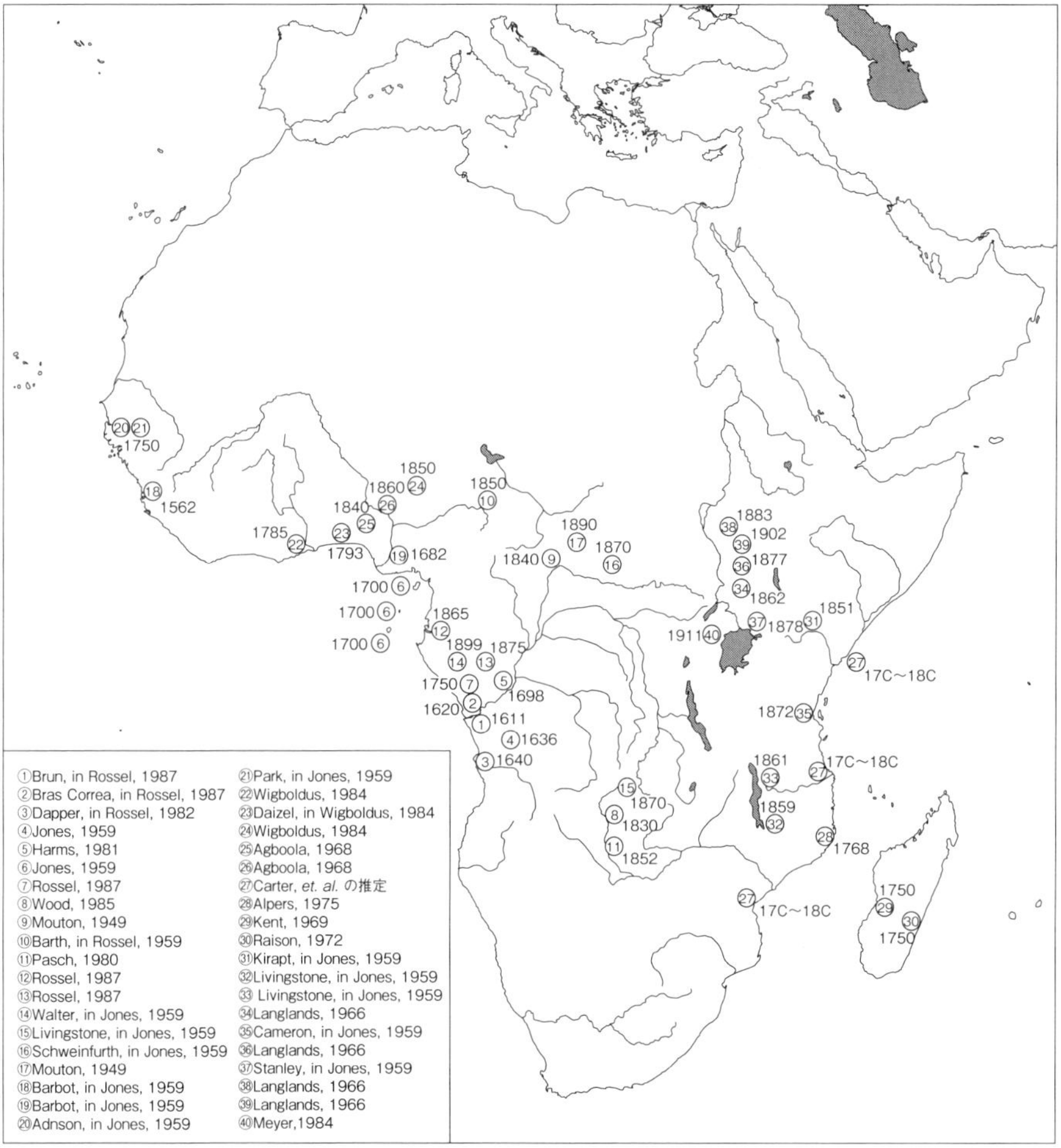

図２　文献に見るキャッサバ導入の歴史

出所）Carter et al. (1997) を一部改変。枠内の典拠情報は Carter et al. (1997) のものを転載。紙幅の都合により、本章で他に引用していない文献の書誌情報は参考文献一覧には記載しなかった。

キャッサバが広く栽培されているのを見ている（武内一九九三）。ウバンギ川（⑨⑰）へも伝わった（Mouton 1949）。一八三〇年代には、アンゴラの海岸と内陸をつなぐ商業の道の終点であるザンベジ川の上流に入っており（⑧）、一八五二年にランバ人がキャッサバを知っていた（⑪）。一八七〇年には（⑮）リヴィングストンがコンゴ川上流のカソンゴで「何マイルも続くキャッサバ畑」を見たと記している（Jones 1959）（㉜、㉝）。

カメルーン・赤道ギニア・ガボンにもキャッサバは導入された。大西洋岸の島々では早くに導入されて一七〇〇年までには主要作物になっていた（Jones 1959）（⑥）。ガボンでも一七六〇年以後は奴隷貿易がさかんになりキャッサバは重要な作物であった。一八六五年にはリーブルビルの南部（⑫）で、一八七五年にはさらに南のフランスビル地方で広く栽培されていた（⑬）。一八五〇年には北カメルーンで記録されている（⑩）。

西アフリカではポルトガル人の砦や商用の港などで一七世紀の終わりにはキャッサバが見られた。しかし栽培が広まるのは一九世紀の末から二〇世紀になる。その理由は、セネガルからカメルーンまでギニア海岸は天然の良港が少なく、海岸地帯はマングローブや低湿地で人はほとんど住まず、王国は内陸にあったからである（Jones 1959）。一七五〇年にはガンビアで畑にヤムイモなどとともに栽培されているという報告がある（⑳、㉑）。一八世紀になるまで今日のガーナにあたる黄金海岸にはキャッサバが認められなかったが、一七八五年にはアクラの周りで栽培されていた（㉒）。ナイジェリアは一八世紀中頃までにラゴス付近、一八六〇年にはすぐ北のイバダン（㉖）にも到達していたが分布は都市に限られていた（Jones 1959）。

東アフリカへのキャッサバ導入については歴史的な記録がほとんどない。しかしモザンビーク、キルワ、モンバサなどのポルトガル商人の交易拠点（㉗）には導入されたことは間違いがないだろう。マダガスカルで一七五〇年の記録がある（Kent 1969）（㉙）。しかしザンベジ川上流部へは東海岸よりも西のアンゴラや北のタンガニイカ湖から持ち込まれた（Wood 1985）（⑧）。

東アフリカで最も詳しい資料はビクトリア湖畔にアラブ商人が持ち込んでから高地に広まったものである（㉞から

㊴）（Langlands 1966, Jones 1959）。それらは、一九世紀中頃に大湖水地帯を旅した旅行者の報告である。最初の報告は一八六二年、ビクトリア湖北部のブガンダ王国のものだが、ここはバナナを主食としていて、キャッサバが広まるのはゆっくりであった。二〇世紀前半になると植民地の政府が救荒作物として中部から西部や北部に広めた。ブルンジで一九一一年にキャッサバが作られていた。ここでは無毒キャッサバが重要であり多様な食べ方があった（Meyer 1984）（㊵）。

二〇世紀以前の東アフリカでキャッサバが主食となることはなかった。ケニアの海岸部の一九一一年の報告では、飢饉のときの食材として考えられていた程度だった（Carter et al. 1997）。

3 毒抜き法が来た道

以上、アフリカ大陸へのキャッサバ導入を外来者の記録に基いて見てきた（図2）。この地図の上に、前述の原理に基いて整理した毒抜き法を、現地調査結果や文献を読み解いて置いてみると、キャッサバとその毒抜き法がたどった道を、かなりの程度推定復原することができた。それを地図上に描いたものが図3である。不思議なことにアメリカ大陸で主流となっている「摺り下ろして急速に毒抜きする方法（表1の③）」は見当たらず、その変形の「摺り下ろしてゆっくり発酵させる方法（表1の④c）」が限られた地域に見られる。

先に示した表1を見ると、原産地アメリカよりアフリカの方が毒抜きの技術が多様であり、発酵を用いていろいろな食べ方をしていることが分かる。図3の説明枠の上から順に〝道〟をたどってみよう。

(1) コンゴ川の交易の道（④bi、嫌気発酵、シクワング＝ちまき）

コンゴ盆地を河口から内陸へ遡った交易の道（Jones 1959）。毒抜きの原理は④ｂｉの嫌気発酵である。生イモを数日水に浸けて嫌気発酵で毒抜きし、潰してから葉に包んで蒸して食べる（Ankei 1990）。小さいものは日本のちまき状で、シクワングと呼ばれ（口絵写真15）、持ち運べる保存食で、日光に毎日当てれば数日は黴びない。またコンゴ盆地の熱帯雨林と湿地林が広がる地域に住むボエラ人は、毒抜きした大量の芋を、乾燥することなく目の荒いザルを通してから、大鍋に葉を敷いて蒸してのち搗いた「ボミタ」が日常食である（佐藤一九八四）。現在のキンシャサがあるマレボプールから上流エクアトールまでの舟の長旅では、毒抜きした大きな固まりを葉に包んで、日中は舟のなかに置き、夜は水中に入れて、食べるときに要るだけ葉に包んで再加熱して食べた（Harms 1981）。こうしてキャッサバは、コンゴ川とその支流の交易路を通り、熱帯雨林で焼畑耕作をする人々のなかを、ちまき型の料理法とともに広がっていった。ちまきは、西はカメルーンの森、ガボンからコンゴ共和国、コンゴ民主共和国などの熱帯雨林で食べられている。熱帯雨林では④bⅱの天日乾燥して粉にする方法は森林内なので黴びやすく、乾燥したキャッサバが特に欲しいときには棚に並べて火を焚いて乾かす。

(2) サバンナ王国の道（④bⅱ、嫌気発酵、ウガリ＝固粥）

コンゴ盆地の南部のサバンナに栄えた諸王国が内陸へ広めた道。毒抜きの原理は④bⅱの嫌気発酵（ウガリ）である。コンゴ川河口のコンゴ王国とその東の内陸に位置するクバ王国、ルバ王国では主食であった雑穀へのバッタの害や、長い乾季のあとの穀物の端境期をのりきるため、積極的にキャッサバを広めた（Jones 1959）。この地域は乾燥気候で水が得にくいので土器やドラム缶など専用の容器に水を溜め嫌気発酵を行う（写真2）。そののち日光で速やかに乾燥する。④bⅰと原理は同じだが、④bⅱはいったん乾燥し粉にしてから次の調理過程に入るところに特徴がある。粉は熱湯のなかに入れて捏ねた固粥ウガリ（スワヒリ語）として食べることが多い（口絵写真9）。乾燥したイモは保存が利き、軽くて持ち運びやすく、粉にすることでパンや粥、酒の原料といった多様な食品を作ることができる。

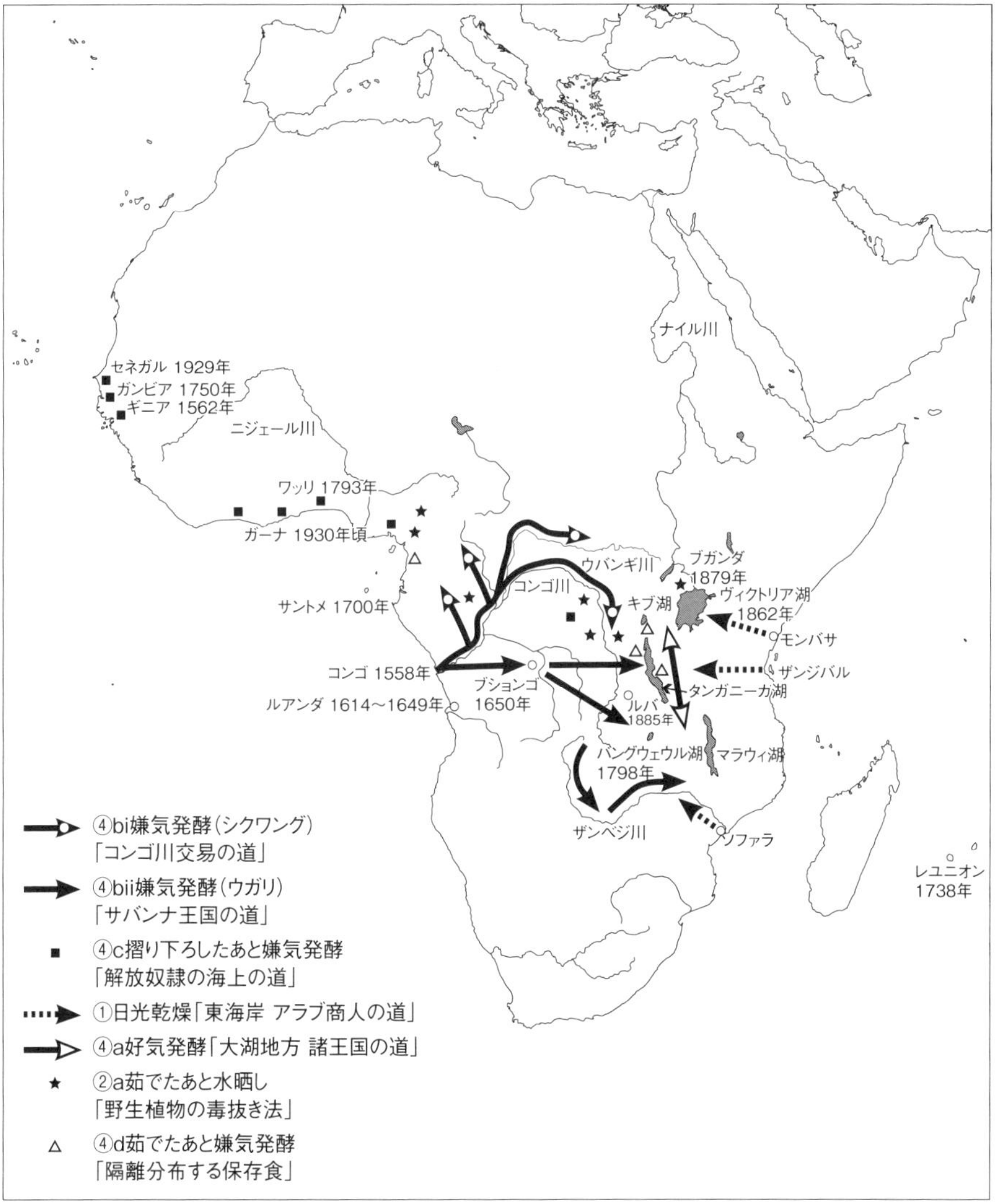

図３　毒抜き法が来た道

出所）筆者作成。

(3) 解放奴隷の海上の道（④c、嫌気発酵、ガリ・アチェケ）

解放奴隷が南米から持ち帰って西アフリカの海岸地方で発展した方法。原理は③から発展した④c。二〇世紀に入ってから急速に西アフリカに広まり（Ohadike 1981）、現在そこでは最も一般的な加工法である。イモを摺り下ろしたあと、一晩寝かせて絞る南米と異なり、数日おくことで発酵させる。前回の発酵菌を植えて速やかに発酵させる地域もあり、発酵によって独特の酸味や風味をつける。絞って水分を除いた澱粉は揉んで粒にして煎ったものをガリ、蒸したものをアチェケと呼び、西アフリカの都会のファーストフードとして広く食べられている（口絵写真18。Muchnik & Vinck 1984, Sotomey et al. 2001, 稲泉二〇〇一）。

(4) 東海岸からのアラブ商人の道（①の低毒性品種、日光乾燥）

東海岸の貿易港からアラブ商人が内陸へ運んだ道。中毒を避ける方法は低毒性品種の採用である。茹でたり、おかずとして煮たりして食べる。生イモは収穫後二～三日で腐るので薄切りにして日光乾燥し保存する。これを潰して粉にし、④bⅱと同じように固粥（スワヒリ語でウガリ、ザンビアではシマ、南アフリカではパップ）にして食べる。この地域はもともとモロコシやシコクビエ、最近はトウモロコシの粉のウガリを主に食べているが、痩せ地で乾燥にも耐えるキャッサバのウガリが増えてきている。地域によってはキャッサバに有毒品種があることを知らず、茹でた生イモを食べて中毒を起こす例も見られる。内陸のウガンダまでこの方法である。

(5) 大湖地方の諸王国の道（④a、好気発酵。そして毒抜き法の集積地）

毒抜きの原理は④aのカビを利用した好気発酵。生イモの皮を剥いたものを山積みにし、チガヤなどの草やバナナの葉をかぶせてカビをつける。タンガニイカ湖畔、キブ湖からビクトリア湖畔に分布する。カビで青酸配糖体が分解されるだけでなく、粘りが出て特有の味と香りがつく。乾燥保存し、搗いて粉にし、固粥にして食べる。キブ湖畔のウビラの市場では、④bⅱの白いウガリよりも見た目は黒いがカビをつけた④aのウガリの方が、香りがあっておいしいと聞いた（写真1）。

この地域は西海岸からの④bⅰと④bⅱの二つの道が出会った場所であり、東海岸からの低毒性キャッサバも到達した。後で述べる②aも見られ、①、②a、④a、④bⅰ、④bⅱ、④cの六つの技法が同所的に見られる。湖とそこに流れ込む川、山地帯と盆地、森林地帯とサバンナの移行帯という環境の多様性に加えて、歴史的にも現在のウガンダ、ブルンジ、ルワンダなど大地溝帯にそって栄えた王国によって、交易と交流がさかんに行われた証しであろう。

(6) 点在する野生植物の毒抜き法の応用（②a、茹でて水晒し）

原理は②aの加熱後水晒しである。茹でてから薄くまたは小さく切ったイモを流水に晒し、水に有毒成分を溶かし出す。コンゴ民主共和国やガボン、カメルーンなどの森林地帯に点在する（図3）。この技法は、主として狩猟採集民のものだが、農耕民でも野生のヤムイモやマメ科の大木[3]の実の毒抜き法として②aを用いており、有毒成分が強い場合は灰汁で煮たり（G・アルトボ氏私信、Tanno 1981）、海水に晒すこともある（Burkill 1939）。これは、アフリカの熱帯雨林に住む狩猟採集民の伝統技術の外来作物への応用であると考えられる。

(7) 東西に隔離分布する保存食（④d、茹でてのち嫌気発酵）

タンガニイカ湖畔北部一帯と西カメルーン（Grimaldi & Bika 1972）にあるが、他に報告のない孤立した技法。毒抜きの原理は④dの加熱後嫌気発酵。タンガニイカ湖畔では、茹でたイモを専用の丸木舟に入れて水に浸け、チガヤをかぶせて発酵させ、三日目に取り出して洗い、再び水を満たして四日間以上嫌気発酵（写真3）、イモに渋味がなくなったら水から揚げて搗き潰す。これを葉に包んで茹でると一ヶ月でも保存できる。発酵を徹底させることで、毒抜きから保存食にまで高めた料理法になっている。

4　有毒な葉を食べる

コンゴ川上流に住むソンゴーラ人のなぞなぞに「下も食べるし上も食べるものは?」というのがある。答えはキャッサバである。アメリカ大陸ではあまり食用とされない（Grenand 1996）キャッサバの葉が、アフリカでは重要な食素材となっている。キャッサバの葉はタンパク質、カルシウム、ビタミン類を多く含み（Hahn 1989）、少量の動物性タンパク質を補えば優秀な副食となる。しかし、キャッサバの葉には、青酸配糖体が三〇〇～一千ｐｐｍという高濃度で含まれている（Silvestre & Arraudeau 1983）。サツマイモやアメリカサトイモ、カボチャの若葉は、ナイフで刻んで料理するが、キャッサバの葉は、どの地域も杵でよく搗き潰し長時間加熱して料理する。実はこの料理法は、毒抜きの③の原理で、自身の持つ分解酵素を働かせ青酸を取り除くものだ。私は、現地で主婦たちに料理を習いながら、キャッサバの葉だけはていねいに搗き潰すことが不思議だった。のちに青酸配糖体の分解のプロセスを知って初めて、アフリカの主婦たちの毎日の何気ない営みに秘められた意味を理解したのである。

おわりに

必要に迫られて発明したキャッサバの毒抜き法によって、重くてかさばり三日で腐る生イモが、軽量化し保存可能になり、大量に出荷できる商品作物としての地位を獲得した。粉として扱えること（③、④a、④b、④c）は多様な料理を可能にし、畑を持たない都市住民にとってはファーストフードを得ることにもなった。

アメリカ大陸でマヤやインカの文明を支えたのは、トウモロコシとジャガイモであり、キャッサバはアマゾン低地にとどまった（山本二〇〇四：二七一）。キャッサバは、アフリカに来て、ふるさとのアメリカにはない多様な毒抜き＝料理法を生み出し、今では都市の食のみならずアフリカ各地の食を多様な形で支えている。「貧者の食べ物」とアメリカでは軽視されてきたキャッサバは、アフリカで今、人々を支える新たな文化として展開しつつある。

表1を見ると、低毒品種を栽培するほかは、アメリカやアジアの毒抜き法は多くない。またアフリカとの重なりも少ない。なぜアフリカの毒抜き法がアフリカ独自の多様性を持つように見えるのかを考えてみたい。

毒抜き法の背景にある地域の環境を見ると、②aはきれいな流水が得られる川ぞいの地域である。発酵による多様な毒抜き法はその分布によって、④aはウッドランド、④biは森林、④biiはサバンナ、④cは西アフリカ、④dは湖水地帯とおおまかに捉えることができる。

②aは森林の狩猟採集民と共通の方法であり、農耕を行いつつ採集・狩猟も日常的に行うアフリカ農耕民の暮らし（総説第一章参照）を反映している。アメリカと共通の技法を一部持つ④cは解放奴隷の帰還という歴史を生かし、原産地アメリカの技術にアフリカ独自の方法を付け加えたものだ。

アメリカ大陸では森林地帯に栽培が限られていたキャッサバが、アフリカ大陸の広範な地域で栽培され食べられている。環境適応の幅が大変に大きいというキャッサバの潜在能力をアフリカの人々は引き出したのである。本章で論じてきたように、人々はキャッサバを携えて、大陸の奥へ、移住の地へとおもむき、新たな環境に適応した技術を創造しつつ広めていった。そのいい例が村尾るみこにより本書の第一一章で論じられている。

研究の方法について、最後に付け加えておきたい。

フィールドでの観察に微生物学の基礎知識を加えた民族微生物学（ethnomicrobiology）の確立が必要である。例えば「このような毒抜き法では食べた人の多くが死ぬはずである」とか、「このやり方で作ったのでは酒にならない」といった文献の批判ができるのも、毒抜きや発酵の原理まで理解したフィールドワークの力である（安渓二〇一一）。アフリカ大陸の雑穀利用の酒は、ビールの麦芽と同じ、穀物の発芽の力を利用する酒であるといわれてきた。沖縄をフィールドとした後にアフリカに行った私は、森のなかで作られるコメやトウモロコシにカビをつけて醸造する蒸留酒と出会い、アフリカにも「泡盛」と同じ原理の酒があるという報告と論文を書いた（安渓一九八七、Ankei 1988）。

本章で引用した歴史的な文献のほとんどは、アフリカをヨーロッパの男性の目で捉えたものである。人類学ではフィールドワーカーが誰であるかによって結果が大きく異なる。だからアジアからの目、女性の視点で見直せば、これまでにない発見が可能になるであろう（例えば、前述のカビ発酵酒）。

まとめると、（一）フィールドの気づきや発見を大切に、現場で行われている生業の営みの底にある原理を理解すること。そしてその原理にそって、（二）現場と原理を熟知したうえで文献を批判的かつ系統的に再検討してはじめて、（三）大陸全体にわたる文化史の再構築という課題への糸口が見えてくるのである。

注

1　本章の記述は、Ankei 1990, 1996, 安渓二〇〇三、二〇一三ですでに論じてきているので、詳細はそれらを参照。

2　キャッサバの有毒成分は青酸配糖体（linamaroside と lotaustraloside の二種類で、前者が九〇％を占める）として、根・茎・葉・種子といった生体内に広く存在している。ただし、青酸配糖体それ自体には毒性がなく、胃酸中でも沸騰水中でも分解されない安定な物質である。青酸配糖体は分解酵素のリナマラーゼ（linamarase）が働くと、分解してブドウ糖と、糖を失った残余部分（aglycone）になる。これは、水の存在下でさらに特異酵素が働くことで最終的に青酸とケトンに分解される。キャッサバの生きた組織では、青酸配糖体と分解酵素が細胞壁内で互いにふれあわないように別々に貯蔵されている。いったん組織が傷つき再生できない状態になると、青酸配糖体と分解酵素が接触し分解して青酸が発生する。できた青酸は水に溶け、あるいはガスとして速やかに放出される（Lancaster et al. 1982, Silvestre & Arraudeau 1983）。

3　コンゴ民主共和国のソンゴーラでは *Pentaclethra macrophylla* BENTH. *Gilbertiodendron dewevrei* (de Wild.) Léonard など。

参考文献

安渓貴子　一九八七「中央アフリカ・ソンゴーラ族の酒造り——その技術誌と生活誌」和田正平編『アフリカ——民族学的研究』同朋社、五三三—五六五頁。

安渓貴子　二〇〇三「キャッサバの来た道——毒抜き法の比較によるアフリカ文化史の試み」吉田集而・堀田満・印東道子編『イモとヒト——人類の生存を支えた根栽農耕』平凡社、二〇五—二二六頁。

安渓貴子　二〇一一「ソテツが来た道——毒抜きの地理的分布から見たもうひとつの奄美・沖縄史」安渓遊地・当山昌直編『奄美沖縄環境史資料集成』南方新社、三六三—四〇四頁。

安渓貴子　二〇一三「毒があるものをあなたは食べられますか——熱帯アフリカのキャッサバの食べ方を追って」『FIELD+（フィールドプラス）』一〇号、八—九頁。

稲泉博己　二〇〇一「ナイジェリアにおける発酵食品の普及に関する研究」『味の素食の文化センター　食文化助成研究の報告』第一一巻、九—一六頁。

佐藤弘明　一九八四「ボイエラ族の生計活動——キャッサバの利用と耕作」伊谷純一郎・米山俊直編『アフリカ文化の研究』アカデミア出版会、六七一—六九七頁。

武内進一　一九九三「ザイール川河口地域のキャッサバ生産に関する一考察——その伝播過程と商品化」児玉谷史朗編『アフリカにおける商業的農業の発展』アジア経済研究所、一九—六一頁。

堀田満　一九九五「食用植物の利用における毒抜き」吉田集而編『生活技術の人類学』平凡社、四一—六五頁。

山本紀夫　二〇〇四『ジャガイモとインカ帝国——文明を生んだ植物』東京大学出版会。

Agboola, S. A. 1968: "The Introduction and Spread of Cassava in Western Nigeria," *The Nigerian Journal of Economic and Social Studies* 10, pp. 369-385.

Ankei, T. 1988: "Discovery of saké in Central Africa: Mold-fermented Liquor of the Songola," *JATBA (Journal de l'agriculture tradionalle et de botanique appliquée)* XXXIII（année 1986 publié en 1988）, pp. 29-47.

Ankei, T. 1990: "Cookbook of the Songola: an Anthropological Study on the Technology of Food Preparation among a Bantu-speaking People of the Zaïre Forest," *African Study Monographs*, Supplementary Issue 13, pp. 1-174.

Ankei, T. 1996: "Comment consomme-t-on le manioc dans la forêt du Zaïre?," *Cuisines: Reflets des Sociétés*, Textes réunis et présentés par M. C. Bataille-Benguigui & F. Cousin, Paris: Editions Sépia & Musée de l'Homme, pp. 57-67.

Burkill, I. H. 1939: "Notes on the Genus Dioscorea in the Belgian Congo," *Bulletin du Jardin Botanique Belgique* 15(4), pp. 345-392.

Carter, S. E., L. O. Fresco, P. G. Jones, & J. N. Fairbairn 1997: *Introduction and Diffusion of Cassava in Africa*, Ibadan: International Institute of Tropical Agriculture.

Collard, P. 1963: "A Species of Corynebacterium Isolated from Fermenting Cassava Roots," *Journal of Applied Bacteriology* 26(2), pp. 115-116.

Favier J. C. 1977: "Valeur alimentairer de deux aliments de base africains: le manioc et le sorhgo," *Travaux et Documents*, Paris: ORSTOM, No. 67.

Grenand F. 1996: "Cachiri: l'Art de la bière de manioc chez les Wayapi de Guyane," *Cuisines: Reflets des Sociétés,* Textes réunis et présentés par M. C. Bataille-Benguigui & F. Cousin, Paris: Editions Sépia & Musée de l'Homme, pp. 325-345.

Grimaldi, L. O. & A. Bikia 1972: *Le grand livre de la cuisine camérounaise: La cuisine familiale de la province de l'ouest*. République unie du Caméroun.

Hahn, S. K. 1989: "An Overview of African Traditional Cassava Processing and Utilization," *Outlook on Agriculture* 18(3), pp. 110-118.

Harms, R. 1981: *River of Wealth, River of Sorrow: The Central Zaire Basin in the Era of the Slave and Ivory Trade 1501-1891*, New Haven: Yale University Press.

Jones, W. O. 1959: *Manioc in Africa*, Stanford: Stanford University Press.

Kent, R. 1969: "Note sur l'introduction et la propagation du manioc à Madagascar," *Terre Malgache* 5, pp. 177-183.

Lancaster, P. A., J. S. Ingram, M. Y. Lim, & D. G. Coursey 1982: "Traditional Cassava-based Foods: Survey of Processing Techniques," *Economic Botany* 36(1), pp.12-45.

Langlands, B. W. 1966: "Cassava in Uganda 1860-1920," *Uganda Journal* 30(2), pp. 211-218.

McCann, J. C. 2010: *Stirring the Pot: A History of African Cuisine*, Athens: Ohio University Press.

Meyer, H. 1984: *Les Barundi: une étude ethnologique en Afrique orientale*, Paris: Société française d'Histoire d'Outre-mer.

Mouton, M. J. 1949: "Le manioc en Afrique Equatoriale Francaise," Congrès du manioc et des plantes féculentes tropicales des territoires de l'Union française. Institut Colonial. Marseille, FR. 1949. pp. 107-110.

Muchnik, J. & D. Vinck 1984: *La transformation du manioc: Technologies autochtones*, Paris: Presses Universitaires de France.

Nweke, F. I., D. S. Spencer, & J. K. Lynam 2002: *The Cassava Transformation: Africa's Best-Kept Secret*, East Lansing: Michigan State University Press.

Ohadike, D. C. 1981: "The Influenza Pandemic of 1918-19 and the Spread of Cassava Cultivation on the Lower Niger: A Study in Historical Linkages," *Journal of African History* 22, pp. 379-391.

Silvestre, P. & M. Arraudeau 1983: *Le Manioc*, Paris: Maisonneuve & Larose.

Sotomey, M., E.-A. Ategbo, E. Mitchikpe, & M.-L. Gutierrez 2001: *L'attiéké au Bénin: Innovations et diffusion des produits alimentaires en Afrique*, Paris: CIRAD (Centre de coopération internationale en recherche agronomique pour le développement).

Tanno, T. 1981: "Plant Utilization of the Mbuti Pygmies with Special Reference to their Material Culture and Use of Wild Vegetable Foods," *African Study Monographs* 1, pp. 1-53.

Westby, A. 2002: "Cassava Utilization, Storage and Small-scale Processing," R. J. Hillocks, J. M. Thresh, & A. Bellotti (eds.), *Cassava: Biology, Production and Utilisation*, Oxfordshire: CABI Publishing, pp. 281-300.

Wood, A. P. 1985, "A Century of Development Measures and Population along the Upper Zambezi," J. I. Clarke, M. Khogal, & L. A. Kosinski (eds.), *Population and Development Projects in Africa*, Cambridge: Cambridge University Press, pp. 163-175.

第5章 エチオピアのエンセーテ栽培史を探る
文字資料研究の可能性

石川博樹

はじめに

植民地化以前のアフリカの多くの社会では文字が使用されていなかったものの、この時期のアフリカに関する文字資料が皆無なわけではない。また植民地期以降、アフリカに関する文字資料は増加していく。日本におけるアフリカ農業研究は文字資料に依存しない方法で進展してきたとはいえ、この地の農業や食文化の過去の姿を探るためには、文字資料を用いた研究の限界と可能性を見極めることが必要ではなかろうか？　本章では、まずアフリカでは例外的に一九世紀以前の文字資料が比較的豊富なエチオピア高原について、文字資料に窺える過去の農業の姿を概観する。次いでエンセーテと呼ばれる作物に関する記述を事例として、文字資料を用いた農業および食文化研究の可能性を探る。

1　ソロモン朝エチオピア王国の農業と食文化

エチオピア高原では、紀元前一千年紀に紅海対岸に位置する南アラビアから古代南アラビア文字がもたらされた。そして一世紀頃に成立したアクスム王国において、この文字を基にしてゲエズ文字（エチオピア文字）が創出された。四世紀にこの王国に伝わったキリスト教は、ゲエズ文字を用いて王国の言語であったゲエズ語に翻訳された。七世紀以降アクスム王国が衰退し始めるとともに、ゲエズ語による執筆活動も低調になっていった。

その後一三世紀後半にソロモン朝エチオピア王国と呼ばれる王国がエチオピア高原に成立した。王国の住民の多くはエチオピア教会に属するキリスト教徒であった。[1] 一五世紀の最盛期に王国の版図はエチオピア高原の広い範囲に及んだ。しかし一六世紀前半に現在のエチオピア南部からクシ系民族オロモが大規模な移動を開始すると、王国はその影響を受けて大いに混乱した。この「オロモの進出」によってエチオピア中央部の民族分布は大きく変わり、現在見られるような民族集団分布が形成されることになる。「オロモの進出」に伴う混乱のなかでソロモン朝エチオピア王国の版図は半分程度に縮小したものの、王国は滅亡を免れた。しかし一九世紀半ばに王国は滅亡し、その後の混乱のなかで台頭したメネリク二世が一九世紀末に近代エチオピア帝国を創始することになる。

ソロモン朝エチオピア王国では、主な口語はアムハラ語であり、ゲエズ語は文語として用いられていた。王国の成立と発展を受けて、一四世紀以降、多数のゲエズ語文献が執筆されるようになった。しかしそれらの大半は聖書をはじめとするキリスト教関連文献であり、そのなかに作物や食事に関する記述は極めて乏しい。この王国の農業と食文化に関する情報の大半は、ヨーロッパ人の旅行者・宣教師が残した記録から得られる。それらのなかで最も重要なのが一六世紀から一七世紀にかけて王国内に滞在し、布教活動を行ったイエズス会士たちの記録である。[2]

イエズス会では情報収集や情報の共有による会員相互の団結強化等のため、書簡による通信を重視し、会員に活動内容の定期的な報告を義務付けた。これに則って、エチオピアで布教活動にあたった宣教師たちもまた多数の報告書を著している。また宣教師のなかには、エチオピアにおけるイエズス会の布教活動に関する著作を執筆する者もいた。それらのなかには、ソロモン朝エチオピア王国の地理や文化について多岐にわたる情報が記載されている[3]。

例えば、一六二四年にエチオピア王国に入国し、一六三三年まで布教活動に従事したポルトガル出身のイエズス会士アルメイダは『高地エチオピア、すなわちアバシアの歴史』を著している。本書のなかでアルメイダはソロモン朝エチオピア王国で栽培されている作物、そして果樹および樹木に関して一章を割いて解説している（Beccari 1969 V: 37-39）。

そのなかで、アルメイダは当時王国内で栽培されていた農作物として、テフ、モロコシ、シコクビエ、コムギ、オオムギといった穀類、ヒヨコマメなどのマメ類、ヌグと呼ばれる油料作物、そして各種の野菜と果樹を挙げている。またアルメイダは標高に応じて異なる作物が栽培されていたことも報告している。それによれば、標高が高く冷涼な土地ではオオムギとコムギが栽培され、より標高が低く、暖かい土地ではオオムギ、コムギに加えてその他の穀類も栽培されている。またアルメイダはモロコシに数多くの種類があること、テフが現地の人々によって非常に高く評価されていることも記している。王国内は食料が豊かであったけれども、食料不足もしばしば見られた。その理由としてアルメイダは、蝗害、兵士による食料の略奪、悪路ゆえの食料の移送の困難さなどを挙げている。

イエズス会士たちの記述のなかには、農業の技法に関する観察も見られる。一六二四年にエチオピア入りしたイエズス会士バラダスはこの地の犂について、牛の首にくびきを置いただけの構造であり、彼の出身地であるポルトガルの犂のように深く土地を耕すことはできないと述べている。また彼は山地において人々が根掘り鍬や掘棒を用いて農作業を行っていたことも記録している（Beccari 1969 IV: 94）。

イエズス会士たちは王国内に住む人々の食文化についても記録している。例えば、一六二五年にエチオピア王国に入国し、一六三四年に追放されたイエズス会士ロボは、「アパと呼ばれるパンケーキ」の食べ方について解説した後、王国内の人々がウシの生肉料理を好んでいたこと、そして食事が終わるとすぐに蜂蜜酒の酒宴が続いたことなどを述べている（Lobo 1971: 365-367）。「アパと呼ばれるパンケーキ」というのは、現在エチオピアで好まれている、テフの粉から作られた食べ物インジェラ（口絵写真12）を意味する。

イエズス会士たちがソロモン朝エチオピア王国内で布教活動を行っていた一六世から一七世紀にかけては、「コロンブス交換」によってもたらされた新世界産の作物が、ヨーロッパ、アフリカ、そしてアジアに広まっていった時期であった。エチオピアで活動したイエズス会士たちの記述から、一七世紀前半において、新世界産の作物のうち、少なくともタバコとジャガイモがエチオピア王国内で栽培されていたことを確認できる（Beccari 1969 IV: 216, 217; Lobo 1971: 370）。しかし彼らは料理の辛さについて言及しておらず、今日のエチオピア料理で最も重要な香辛料であるトウガラシがエチオピア王国内で多用されるようになるのは、彼らが去った一六三〇年代半ば以降であったことも分かる。

2　エンセーテに関する文字記資料

一七世紀前半においてイエズス会士たちが活動していたのは、エチオピア高原の北部であった。彼らが残したソロモン朝エチオピア王国の農業に関する記述からは、現在エチオピア高原で見られるものと同様の、穀類の栽培を主体とし、標高差を利用した農業が当時行われていたことが分かる。そのようなイエズス会士たちの記述のなかで異彩を放っているのが、エンセーテに関する記述である。エンセーテ（学名 *Ensete ventricosum*）はアフリカに分布するバショウ科の植物である。この植物は現在でもエチオピアの南西部において栽培されており、その根茎部や偽茎に蓄えられたデンプンが食用利用されている。

エンセーテについては一六世紀以降の複数の史料に言及されており、それらの記述をめぐる研究が続けられてきた。

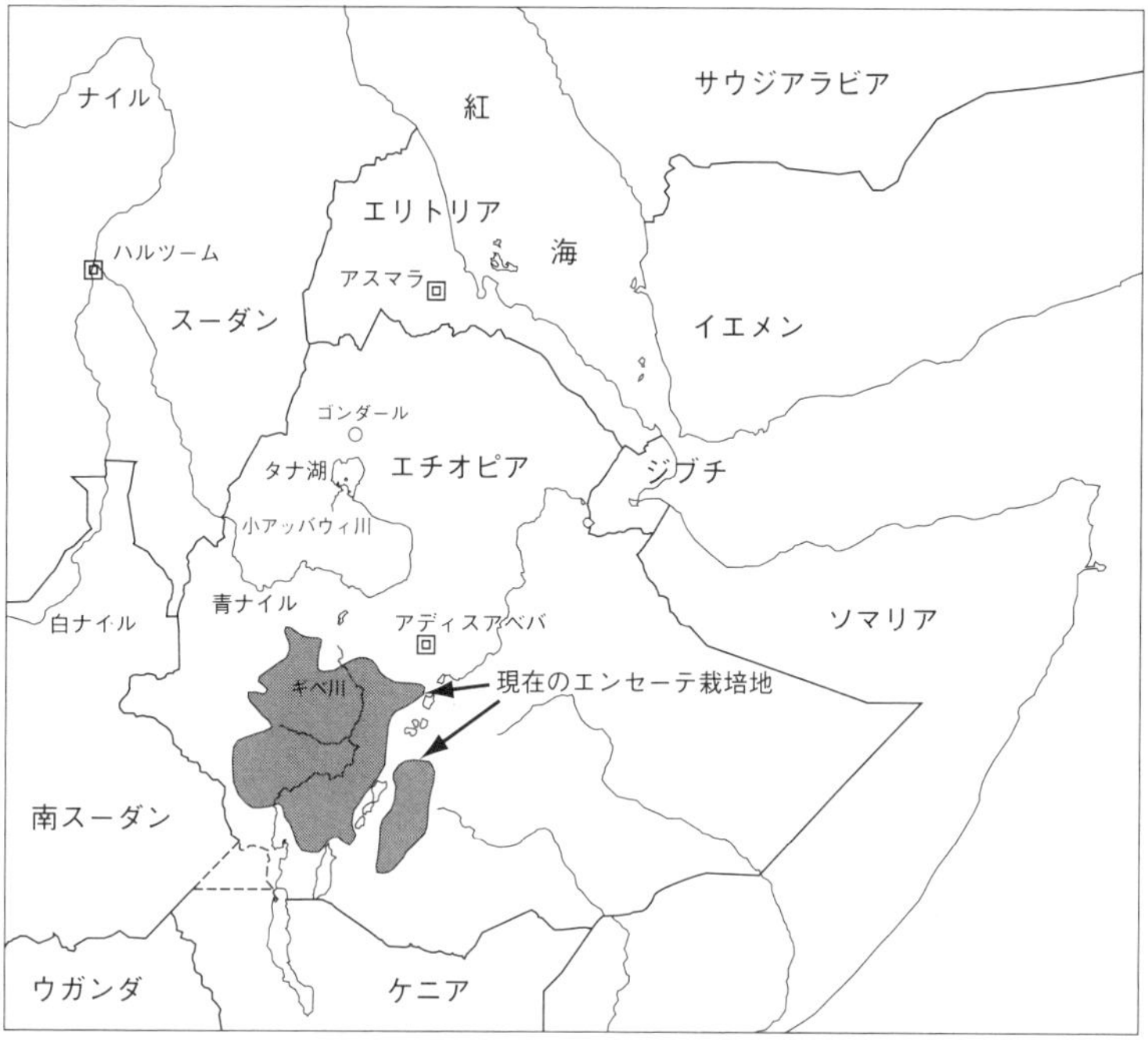

図1　現在のエンセーテ栽培地

出所）Brandt（1997：844）所収の図をもとに筆者作成。

以下、まず主要な記述を確認し、続いてそれら記述をめぐる研究と議論について見ていきたい[4]。

まず一六世紀後半のソロモン朝エチオピア王国の君主サルツァ・デンゲル（在位一五六三〜九七年）のゲエズ語年代記にこの作物（図1）に関する記述が見える（Conti Rossini 1961-1962 I: 140）。それによれば、この君主の治世に実施されたガンボと呼ばれる地域への遠征の発端となったのは、「ガファトの食べ物」であるエンセーテを切っていたこの地の住人が王国軍の兵士を殺害したことであったという。現在ゲエズ語史料におけるエンセーテに関する記述としては、わずかにこの記述が知られているのみである。

それに対してイエズス会士たちはこの作物について比較的多くの情報を残している。それらのなかで最もよく知られているのは、次に掲げるイエズス会士アルメイダの記述である（Beccari 1969 V: 38-39）。

「エンセーテはごく近くでなければ区別できないほど『インドのイチジク』にとてもよく似たこの地に特有の樹木である。幹はとても太く、いくつかのものは二人では抱えることができないほどである。それを根元で切ると、五〇〇、七〇〇、しばしば一千もの同じものが生まれる。[人々が]切ると私が言うのは、それが食用の実をつけないからである。それは切って煮るか、解体され、粉にされて食べられる。それ［エンセーテ粉］は穴に置かれ、そこで長年にわたり保存され、そこから取り出され、それからアパすなわちパパが作られる。ナレアの諸地方において、それは多くの人々の食料となっている。この樹木は『インドのイチジク』と同様に集まって密に生育するが、灌漑の必要はない。葉、あるいはその茎は太い亜麻糸の束のようにほどけ、それらからとても良質で美しいござが作られる。」

「インドのイチジク」とは、大航海時代のポルトガル人たちがバナナを指して用いた語である。「ナレア」とはギベ川上流域にあった地域の名称であり、現在のオロミア州西部の一画にあたる。この地名は、ゲエズ語史料には「エンナルヤ」として登場する。アルメイダは、当時エンセーテの食用利用が行われていたこと、その際エンセーテがそのまま煮て食べられていた他に、粉にして長期保存もされていたこと、特にエンナルヤにおいて重要な食料源となっていたことを伝えている。

イエズス会士ロボは「ダモト人」のエンセーテ利用について観察し、報告している（Lobo 1971: 460-461）。エンセーテを切ると「とても悲しく人間くさいうめき声」のような音がするため、人々は「エンセーテを切りに行こう」と言う代わりに「エンセーテを殺しに行こう」と言っていたという記述、そしてエンセーテの葉や繊維の利用方法に関する記述など、彼が書き残したエンセーテに関する記述は詳細で興味深い。そのなかで、エンセーテの食用利用に関する記述をまとめると次のようになる。①エンセーテからは「極めて細かく白く繊細な粉」が作られ、食用とされていた。②エンセーテの幹と根はカブやジャガイモのように煮込んで食用とされており、収量はカブやジャガイモよりも多かった。エンセーテの幹や根から作られた食品は数日間保存できたため、旅行の際に携行された。③エンセーテは

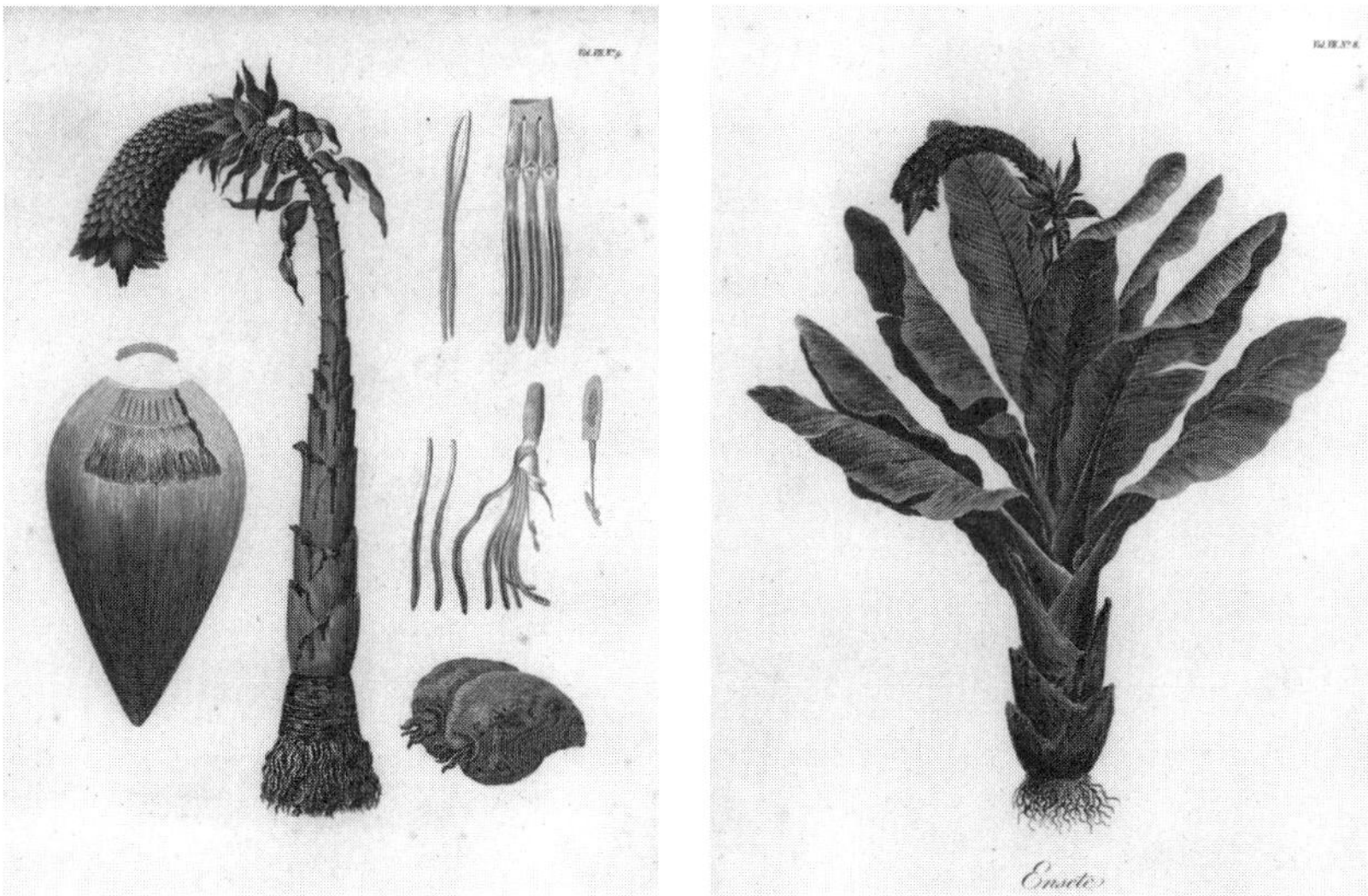

図２　ブルースの旅行記に掲載されたエンセーテの図

出所）Bruce 1790 V: Opposite Page 36 & Before Page 37.

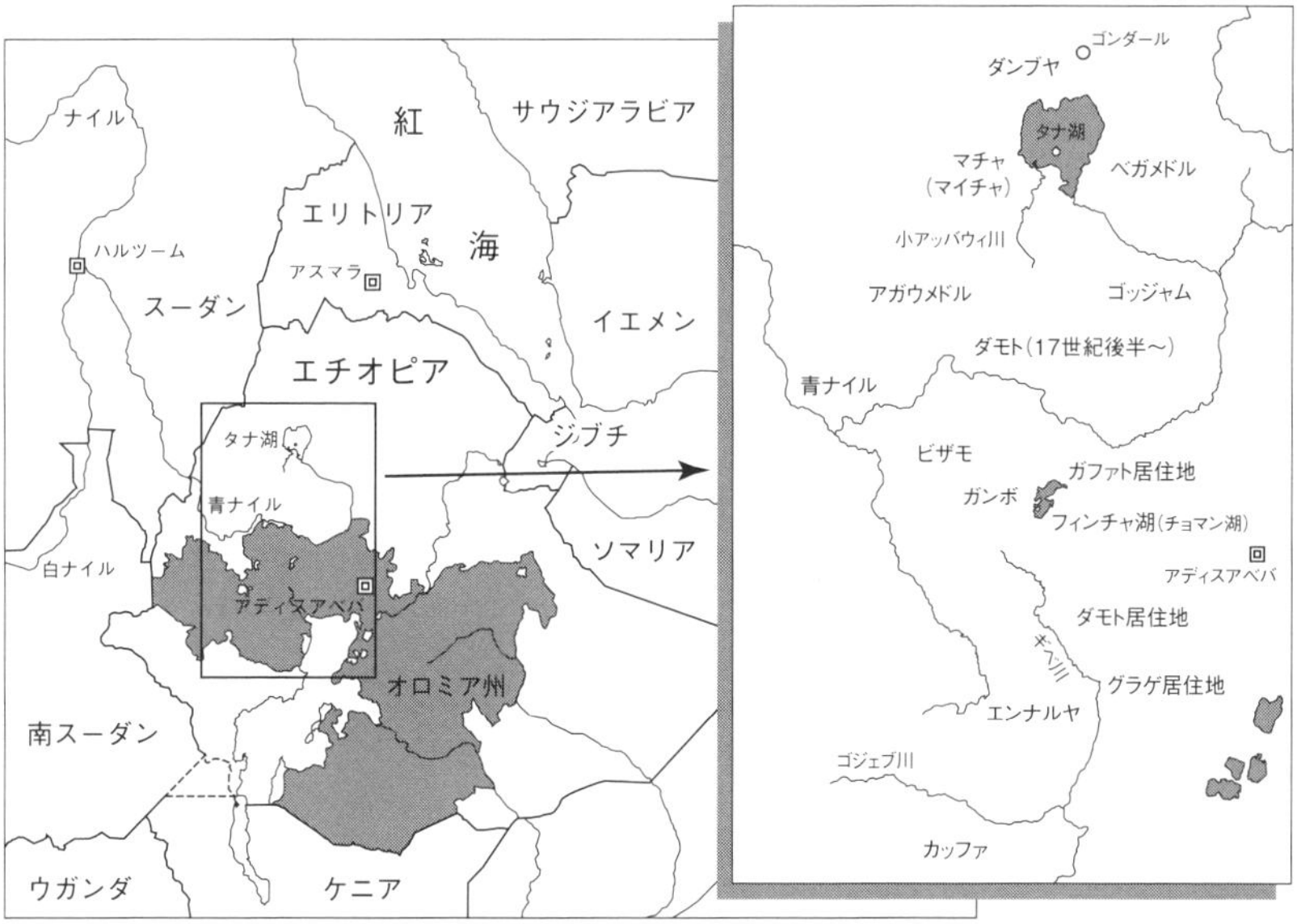

図３　オロミア州およびフィンチャ湖周辺地域

出所）筆者作成。

「貧者の樹木」あるいは「飢饉のための樹木」と呼ばれていた。「飢饉のための樹木」という呼称は、植えれば飢饉を恐れる必要がなくなるためにつけられた名称であったが、富裕な者もこの植物を栽培していた。

アルメイダをはじめとするイエズス会士たちは、一六三〇年代半ばに王国から追放された。その約一四〇年後の一七七〇年代初頭に、ナイル川の水源を「発見」するためエチオピアを訪れたスコットランド人探検家ブルースもエンセーテに関する記述と図（図2）を残している。彼は①タナ湖の南西に位置するマイチャと呼ばれる地域の人々がエンセーテを主食としていたこと、②タナ湖に流れ込む小アッバウィ川を遡行して青ナイルの源流を目指した際、道中訪れたある家屋で壺のなかで煮られているエンセーテの塊を見つけ、また市場で「食用のエンセーテ、そしてモザイク細工のようにさまざまな色で塗られたその植物の葉の工芸品」が売られていたこと、③エンセーテは「ナレアから来たガッラ」がマイチャなどにもたらしたものといわれていることなどを記している（Bruce 1790: III 258, 584-585, 589, V: 589）。

ブルースがエチオピアを訪れた後、再びエンセーテに関する記述を残したのがビークである。イギリス政府が現在のエチオピアに派遣した使節団の一員であった彼は、一八四二年にタナ湖と青ナイルに囲まれた地域の踏査を実施し、その記録を『王立地理学協会誌』において公表した。そのなかで彼はイェウォラダという地域において、エンセーテの「かなりの群落を初めて見た」と記している（Beke 1844: 4）。

3　エンセーテに関する文字資料をめぐる論争

先行研究においてエンセーテに関するこれらの文字資料はどのように解釈されているのであろうか。

まず『サルツァ・デンゲル年代記』の記述は、一六世紀末にガンボという地域においてエンセーテが栽培され、これをソロモン朝エチオピア王国の人々が「ガファトの食べ物」と認識していたことを伝えている。拙稿で解説したとおり（石川二〇一二b：一六七、一七二）、ガンボとはフィンチャ湖の西方に位置する地域であったと考えられている（図3）。これは青ナイルの南、ギベ川上流域に位置する地域で、現在の行政区分ではオロミア州西部の一画にあたる。またガファトとは、同じくギベ川上流域に居住していたセム系言語話者集団である。前述の「オロモの進出」のなかで、彼らの一部は原住地に留まり、一部は北上して青ナイルを越え、その流域の一画に定住した。

イエズス会士の記録からは、当時ソロモン朝エチオピア王国領内の「ナレア」、すなわちエンナルヤにおいてエンセーテが重要な食料になっていたこと、また「ダモト人」と呼ばれる人々もこの作物を食用としていたことなどが分かる。エンナルヤはソロモン朝エチオピア王国の一部を成していたが、「オロモの進出」の結果王国本体から切り離され、飛び地となっていた。それでも一七世紀前半の時点では、ソロモン朝の君主に服属していた。エンナルヤと同様にダモト人も「オロモの進出」の影響を受けた人々であった。ダモト人の居住地については先行研究において混乱が見られる。拙稿において指摘したとおり（石川二〇一二a：四―五）、ロボが訪れたダモト人の居住地は、青ナイルとタナ湖に囲まれた地域の一画であった。この地域は一八世紀以降「ダモト」と呼ばれるようになる。

ブルースは一七七〇年代にタナ湖の南西に位置する小アッバウィ川流域においてエンセーテが栽培され、食用とされていたことを伝え、また王国内にエンセーテをもたらしたのは「ガッラ」であったと述べている。この「ガッラ」とはオロモを意味する。

ソロモン朝エチオピア王国にオロモがエンセーテをもたらしたとするブルースの記述は、二〇世紀半ば以降研究者の間で論争を引き起こした。パンカーストは王国内にエンセーテをもたらしたのはオロモに追われて移住してきたダモト人であり、オロモであったとするブルースの記述は誤っていると主張した（Pankhurst 1996）。さらに歴史学者のマッキャンと考古学者のブラントは、ブルースの報告とビークの報告を比較し、一七七〇年代から一八四〇年代までの間に、タナ湖と青ナイルに囲まれた地域においてエンセーテ栽培が急激に廃れたのではないかと主張している（McCann 1995, Brandt 1997）。

それに対して石川は、エンセーテを小アッバウィ川流域にもたらしたのは、「オロモの進出」の影響によって移住したギベ川上流域に居住していたエンセーテ栽培民であった可能性があること、そもそもタナ湖と青ナイルに囲まれた地域において行われていたエンセーテの食用利用は限定的なものであり、マッキャンとブラントが主張するように一七七〇年代から一八四〇年代までの間にこの地域においてエンセーテ栽培と食用利用が急激に廃れたとは考えにくいことを指摘している（石川二〇一一a）。

4　文字資料を用いた研究の困難さと可能性

エンセーテはソロモン朝エチオピア王国内で栽培されていた作物の一つにすぎない。この作物に関する文字資料とそれに関わる研究から、文字資料を用いたアフリカの農業および食文化の研究について見出せるものとは何であろうか？

(1)　研究の困難さ

まず指摘しなければならないのは、作物など農業にまつわる事柄に関する文字資料の乏しさと、それらの乏しく断続的な情報に基づいて研究を行うことの困難さである。

アフリカにおいてエチオピア高原は紀元前より文字を用いて記録が残されてきた例外的な地域である。イエズス会士たちがエンセーテの食用利用を目のあたりにしたソロモン朝エチオピア王国においても、王国の住人によって多くのゲエズ語文献が執筆されていた。また多くの場合一九世紀以前にヨーロッパ人が残したアフリカ大陸に関する記録が沿岸部に限られるのに対し、エチオピア高原は内陸にあるにもかかわらず、一六世紀半ばから一七世紀前半にかけてイエズス会士たちが長期滞在して記録を残している。

キリスト教という宗教を布教しようとしたイエズス会士たちが、布教地の言語の習得と、習俗の把握に努めたことはよく知られている。そのような布教対象理解の一環として、イエズス会士たちは生業としての農業、そして食文化に対しても関心を向けた。そのような宣教師たちの姿勢は、貴重な記録を後世に残し、特に彼らが継続的に布教活動を行いえた地域では通時的な検討をも可能にさせている。しかしエチオピア布教の場合、イエズス会士たちが君主の保護を得て王国内で比較的自由に活動できた期間は一七世紀前半の二〇年程度にすぎず、中長期的に継続した観察が残されることはなかった。

ゲエズ語文献に農業に関する記述が極めて乏しいことはすでに述べたとおりである。アフリカにおいては例外的に文字資料が多いとされるエチオピア高原でさえ、文字資料から得られる農業に関する情報は乏しく、断続的であることが分かる。

断続的な情報をもとにして農業史を研究する場合、個々の記述の解釈は、それが書き残された時代・地域の研究を専門とする他の研究者の解釈に依存せざるをえない。しかしそれゆえに歴史的な背景を十分に把握していない研究者によって関連記述が恣意的に解釈され、誤った結論が導き出されることもしばしば起こりうる。

また使用される言語が多岐にわたる場合、英訳のあるものなど、利用しやすい史料のみが使用されがちになる。エンセーテに関する研究・論争においても、英訳があって入手しやすい史料のみの利用、宣教師の滞在地や探検家の踏査ルートに関する誤解、ソロモン朝エチオピア王国領内の諸地域が一七世紀前半に置かれていた政治状況に対する理解不足など、史料の利用や各種記述の歴史的背景の把握が不十分なまま、恣意的な解釈に基づいて研究が行われてきたことは否めない。

農業に関する質量ともに限られた記述を利用して研究を行う際には、利用する文字資料が成立した背景、あるいはそれらの執筆目的への留意も重要になってくる。拙著で指摘したとおり（石川二〇〇九：四七―六一）、ソロモン朝エチオピア王国において文献の執筆を担ったのはキリスト教の聖職者であった。彼らが残した文献の大半はキリスト教信仰に関連するものであり、それらはキリスト教を賛美することを目的として執筆された。ゲエズ語文献には自然環境に関わる記述は極めて乏しいが、それがキリスト教を賛美するという目的に直結しないことを考えれば、自然なことといえなくもない。

担い手の興味関心に大きな影響を受けるということは、文字資料に限られるわけではない。農業や作物に関する人々の記憶、そしてそれらを伝える口頭伝承の内容も、担い手の関心に強く依存していることを心に留めながら利用すべきであろう。

(2) 研究の可能性

いくつもの困難を抱えているとはいえ、文字資料を用いたアフリカ農業史研究に可能性がないわけではない。エンセーテに関する文字資料を用いた研究から見出すことのできた研究の可能性を提示したい。

まず注目されるのは、イモ類であるエンセーテと穀類であるテフとの関係である。

イエズス会士たちの記述から、一七世紀前半にソロモン朝エチオピア王国内で、「穀類から作られるパンケーキ」、すなわち現在のテフから作られるインジェラが好まれていた一方、エンセーテは救荒作物であり、「貧者の樹木」と呼ばれていたことが分かる。この情報からは、テフのエンセーテに対する優位が垣間見える。

前述のごとく、マッキャンとブラントが主張するように一七七〇年代から一八四〇年代までの間にタナ湖と青ナイルに囲まれた地域においてエンセーテの栽培と食用利用が急激に廃れたとは考えにくい。しかし一七七〇年代にブルースがエンセーテの食用利用を目にした小アッバウィ川の流域では、現在テフ栽培を主体とする農耕が行われ、エンセーテは生育しているとはいえ、食用利用はなされていない。したがってブルースが訪れた後、エンセーテの食用利用がこの地域で廃れてしまったことは事実である。

このようなエンセーテとテフに関する観念と小アッバウィ川流域におけるエンセーテの食用利用の衰退とがどのよ

うに関係しているのかという点を明らかにすることは、エチオピア高原において現在も続いているテフ栽培の拡大という現象の要因を明らかにすることにつながる興味深い研究課題である。そしてこの問題は、イモ類と穀類の双方が栽培可能な地域において、イモ類よりも穀類の栽培が優先されるようになった事例の一つとして、アフリカ内外で見られたそのような現象の比較研究に寄与するものと思われる。

次に、各種史料が、現在では失われた作物・食文化と民族集団の移動の関係を伝えていることも注目される。『サルツァ・デンゲル年代記』の記述は、現在のオロミア州西部の一画においてエンセーテが食用利用されていたこと、またガファトと呼ばれるかつてこの地域に居住していた民族集団もエンセーテを食用としていたことを伝えている。またイエズス会士の記述は、同じく現在のオロミア州西部の一画に位置していたエンナルヤ、そしてタナ湖と青ナイルに囲まれた地域の一画において、一七世紀前半にエンセーテが食用利用されていたこと、特にエンナルヤにおいてエンセーテが重要な食料であったことを伝えている。

一六世紀前半に始まった「オロモの進出」のなかで、同世紀後半にオロモは現在のオロミア州西部にも進出した。その結果、この地でエンセーテを食用としていたガファトをはじめとする民族集団は北方に移住するか、あるいは留まってオロモに服属した。そしてオロモから逃れた民族集団が移住したと思しきタナ湖近隣地域において、一七世紀から一八世紀にかけてエンセーテの食用利用が報告されるようになる。

しかしオロミア州西部においてもタナ湖近隣地域においても、現在ではテフ栽培を主体とする農耕が行われ、エンセーテの食用利用は行われていない。そしてこれらの地域に住む人々は、エンセーテの食用利用をエチオピア南西部の人々の食慣習と認識している。

このように一六世紀から一八世紀にかけてのエンセーテに関する各種文字資料は、現在では失われてしまった過去の食文化と、それらと「オロモの進出」、およびそれによって引き起こされたその他の民族集団の移動との関係を後世に伝えている。

おわりに

本章では、エチオピア高原に存在したソロモン朝エチオピア王国とエンセーテと呼ばれるこの地の作物を事例として、文字資料に見られる農業および食文化に関する情報を用いた研究の困難さと可能性を考察した。

一九世紀以前のアフリカに関する文字資料に見られる農業や食文化に関する情報は、豊富で継続的なものではなく、乏しく断続的であることが一般的である。これらの記述から得られる情報を正確に解釈することはなかなか難しい。しかしそれらを丹念に読み解くことによって、過去に生きていた人々が持っていた作物や食物に関する観念、そして民族集団の移動に伴う農業や食文化の変化といった地域史に関する知見を得ることもできる。それらのなかには、現在見られる農業や食文化の分析を深めることに寄与する知見、あるいは現状分析のみでは見出しにくい農業や食文化の過去の姿、あるいはそれらの歴史的変化を知る手がかりが秘められていることもあろう。

一九世紀後半から植民地化が進むなか、アフリカに関する文字資料は増加する。植民地当局が作成した行政文書や各種報告、またキリスト教宣教団の各種記録などには、アフリカ各地の農業や食文化に関する情報が多々含まれており、それらの情報は前植民期のものに比べてより連続的で、情報量も多い。このような植民地期の文字資料を用いたアフリカの農業・農村史研究、また都市への食料供給や食文化研究は、海外ではすでに歴史学研究の一分野として進められている。[5] 日本においてもアフリカ史研究の一分野として農業・食文化に関連する文字資料に基づく研究の振興をはかる必要があることは論を俟たない。そしてそのような研究を進める際に、農業に関連する他分野の研究者の協力を仰ぐことにより、歴史学界全体に提起しうる研究を行うことも可能になるのではないかと思われる。

注

1　エチオピア教会は、四五一年のカルケドン教会会議で定められたカルケドン信条を受け入れない非カルケドン派と呼ばれる教会の一つである。

2　ソロモン朝エチオピア王国の農業と食文化に解説している、パンカーストの『エチオピア経済史序説』(Pankhurst 1961)、ドレスの『一七世紀から一八世紀にかけてのエチオピアのキリスト教徒の日常生活』(Doresse 1972)も、専らイエズス会士の報告に依拠している。

3　ソロモン朝エチオピア王国で布教活動を行ったイエズス会士たちが残した書簡や著作は、ローマのイエズス会歴史文書館やその他の図書館・文書館に保管されている。アルメイダ、バラダス、ロボの著作については、英語による全訳、あるいは抄訳が刊行されている。詳細については、拙著の解説（石川二〇〇九：四二―四七）を参照。

4　本章で取り上げるエンセーテに関する記述については、拙稿（石川二〇一二b）においてすでに訳注と解題を示している。

5　植民地期の文字資料を用いたアフリカの農業・農村に関する歴史学研究としては、例えば一九〇五年から一九七〇年までのケニアを対象としたキチングの『ケニアにおける階級と経済変化』(Kitching 1980)、一八九〇年から一九九〇年までのザンビアを対象としたムーアとヴォーンの『樹木を伐採して』(Moore & Vaughan 1994)など、多くの研究成果が公表されている。アフリカの都市への食料供給については、グイアー編『アフリカ都市を養う』(Guyer 1987)などがあり、食文化については、ナイジェリアにおける二〇世紀の食のイクペの『ナイジェリアの食と社会』(Ikpe 1994)などがある。

参考文献

石川博樹　二〇〇九『ソロモン朝エチオピア王国の興亡――オロモ進出後の王国史の再検討』山川出版社。
石川博樹　二〇一二a「一七、一八世紀北部エチオピアにおけるエンセーテの食用栽培に関する再検討」『アフリカ研究』第八〇号、一―一四頁。
石川博樹　二〇一二b「一六～一八世紀のエチオピアにおけるエンセーテ栽培に関する史料訳注」『アジア・アフリカ言語文化研究』第八四号、一六三―一八一頁。

Beccari, C. (ed.) 1969: *Rerum aethiopicarum scriptores occidentales inediti a saeculo XVI ad XIX*, 15 vols., Bruxelles: Culture et civilisation (1st ed. Roma, 1903-1917).

Beke, C. T. 1844: "Abyssinia: Being a Continuation of Routes in That Country," *Journal of the Royal Geographical Society* 14, pp. 2-76.

Brandt, S. A. 1997: "The Evolution of Ensete Farming," K. Fukui, E. Kurimoto, & M. Shigeta (eds.), *Ethiopia in Broader Perspective* (*Papers of the XIIIth International Conference of Ethiopian Studies, Kyoto, 12-17 December 1997*), 3 vols., Kyoto: Shokado Book Sellers, vol. 3, pp. 843-852.

Bruce, J. 1790: *Travels to Discover the Source of the Nile in the Years 1769, 1770, 1771, 1772, and 1773*, 5 vols., London.

Conti Rossini, C. (ed. & tr.) 1961-1962: *Historia regis Sarsa Dengel* (*Malak Sagad*), 2 vols., Louvain: Secrétariat du Corpus SCO (1st ed. Paris, 1907).

Doresse, J. 1972: *La vie quotidienne des Éthiopiens chrétiens aux XVIIe et XVIIIe siècles*, Paris: Hachette.

Guyer, J. I. (ed.) 1987: *Feeding African Cities: Studies in Regional Social History*, Manchester: Manchester University Press.

Ikpe, E. B. 1994: *Food and Society in Nigeria: A History of Food Customs, Food Economy and Cultural Change 1900-1989*, Stuttgart: Franz Steiner Verlag.

Kitching, G. 1980: *Class and Economic Change in Kenya: The Making of an African Petit Bourgeoisie 1905-1970*, New Haven & London: Yale University Press.

Lobo, J. 1971: *Itinerário e outros escritos inéditos*, ed. by Manuel Gonçalves da Costa, Minho: Livraria civilização.

McCann, J. C. 1995: *People of the Plow: An Agricultural History of Ethiopia, 1800-1990*, Madison: The University of Wisconsin Press.

Moore, H. L. & M. Vaughan 1994: *Cutting Down Trees: Gender, Nutrition and Agricultural Change in the Northern Province of Zambia, 1890-1990*, Portsmouth: Heinemann.

Pankhurst, R. 1961: *An Introduction to the Economic History of Ethiopia from Early Times to 1800*, London: Lalibela House.

Pankhurst, R. 1996: "Enset as Seen in Early Ethiopian Literature: History and Diffusion," Tsedeke Abate, Clifton Hiebsch, Steven A. Brandt, & Seifu Gebremariam (eds.), *Enset-based Sustainable Agriculture in Ethiopia*, Addis Abeba: Institute of Agricultural Research, pp. 47-52.

第6章 エチオピアの雑穀テフ栽培の拡大
食文化との関わりから

藤本　武

はじめに

毎年一一月頃の収穫時期が近づくと、頭を垂れた穂が光を浴びて輝き、その畑が風にそよぐ様はまぶしいばかりである。北東アフリカのエチオピアとエリトリアという限られた地域でほとんど栽培されるテフという雑穀は、しかしその両国では極めて重要な穀物である。エチオピアの首都アディスアベバを一歩外に出れば、そこには一面のテフ畑が広がる。エチオピアを訪れる者は必ずや食すであろう、クレープ状のパンケーキ・インジェラの主原料である。

かつてロシアの植物遺伝学者ヴァヴィロフが「驚くべき多様な変異の存在する作物の地」(Vavilov 1951: 39) と記したエチオピアには、地域で栽培化され、現在に至るまでほとんどその地域でのみ栽培されてきた作物がいくつかある。マイナークロップ (minor crop) あるいはエンデミッククロップ (endemic crop) と呼ばれるものだが、テフ (*Eragrostis tef*) もその一つである。世界的に見た場合、こうしたマイナークロップの多くは、世界のメジャーな作物——穀物でいえば、トウモロコシやイネ、コムギなど——に重要性が奪われつつあるのが趨勢である (National Research Council 1996)。しかし、テフは、アフリカ第二の人口規模のエチオピアで最も広い面積で栽培される作物であり、同国では主要な作物であり続けている。世界的にはマイナークロップに違いないテフは、なぜその地において異例ともいえる重要性を持ち続けているのだろうか。

本章では、同国西南部のマロ（Malo）社会の事例からこの問題を考えてみたい。マロでは現在、低地部でテフが広く栽培されているが、こうしたテフ栽培への集中は古くからあったわけではない。では、テフ栽培は貨幣経済の浸透とともに換金作物として近年導入されたものかというと、おそらくそうではない。在来・外来の技術が組み合わされて今日テフは栽培されており、テフの寡占ともいうべき低地の状況は、生態・社会・経済の複合的な要因が関係して実現している。何よりインジェラという独特な食文化が人々に高い人気を博すことで達成されている。

はじめにテフという穀物の特性を述べ、ついでマロにおけるテフ栽培について見ていく。最後にマロにおいてテフの重要性が高まってきた要因について考察する。

1　テフという雑穀

本書の総説第二章でも述べているが、テフには顕著な特性がいくつもある。

まず、穀粒が極めて小さいことである。コムギの一五〇分の一という小ささである（Jones 1988）。西アフリカの一部地域で栽培されるフォニオなどとともに、世界で最も小さな穀粒をつける雑穀の一つである。

つぎに分布である。テフの栽培がいつ始まったか定かでないが、紀元前一千年紀にセム系言語を話す人々がアラビア半島南部から紅海を渡ってきたときには、地元のクシ[1]系言語を話す人々の間で、シコクビエとともにこの穀物がすでに栽培されていたと推定されている（Simoons 1965）。歴史的に交流のあった紅海対岸のイエメンにその後伝わったが、それ以外の地域にはほとんど広がっていない。テフはエチオピア（と一九九三年に分離独立したエリトリア）に分布がほぼ限られる典型的なマイナークロップである。

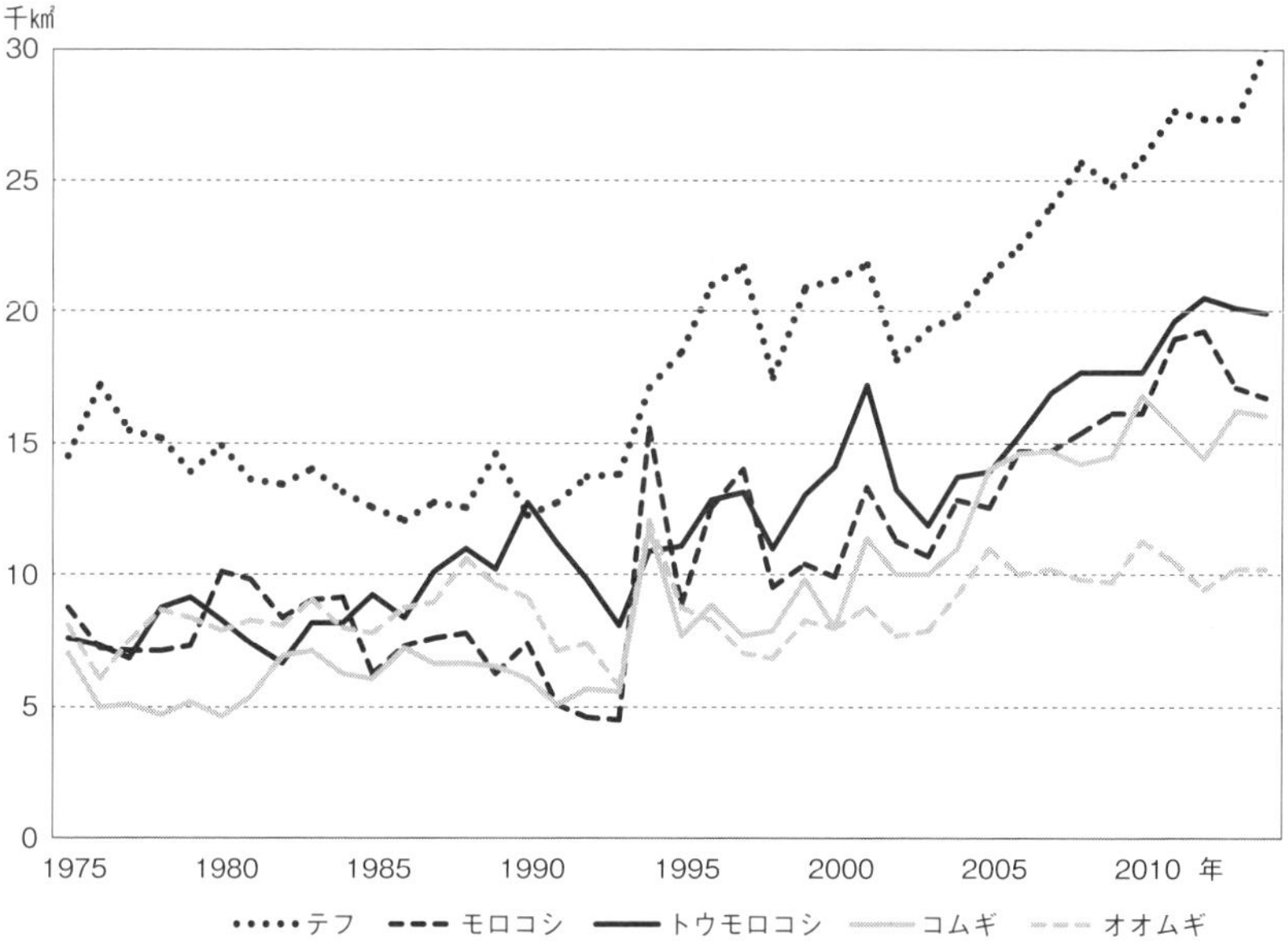

図1　エチオピアにおける主要穀物栽培面積の推移

出所）エチオピア中央統計局の農業データより筆者作成。

その栽培に関する特徴は、穀粒の小ささからも窺われるように、栽培期間が三ヶ月程度と短いことである。また、乾燥に強いことも挙げられる。旱魃など異常な乾燥に見舞われ、他の穀物が全滅したときも、テフは枯れることがないといわれる（Jones 1988）。アフリカ在来の雑穀はモロコシにせよ、シコクビエにせよ、コムギやトウモロコシなど主要な穀物より収量は低いが、耐乾性があるものが多い。そのなかでテフの耐乾性は注目に値する。その反面、収量（土地あたりの生産量）は、エチオピアで栽培される主要な穀物のなかでつねに最低水準で推移している[2]。つまり、テフは穀粒が小さく、耐乾性に優れているものの、収量は低いという、アフリカ起源の雑穀の典型的な特性を示している。

しかしながら雑穀としては例外的な状況も見られる。それは栽培面積に関してである。じつはテフは、エチオピアで最も広い面積で栽培されるエチオピアの主要作物である[3]（図1）。しかもこの二〇年あまりでその面積は倍増している。食料増産こそ何より重要という立場からすれば、テフは効率的でないため、収量の大きい主要穀物に転換すべきとなるのかもしれない。しかし実際にはエチオピアのテフはまったくそのようになっていないのである。

2 テフの栽培地域

テフ栽培の伝統的な中心地域は長くエチオピア北部およびエリトリアで、そこでは犂を用いた耕作が主要な耕作方法であった（Simoons 1960）。今日のアディスアベバ周辺のエチオピア中央部は、一九世紀末の帝国拡張でエチオピア領となる前はオロモの人々の領域であり、犂耕作やテフ栽培は多少知られていたと見られるが、犂耕作によって栽培が活発に行われるようになるのは、エチオピアの首都がアディスアベバにおかれた二〇世紀初頭からである（McCann 1996）。しかし今日その地域がテフ栽培のさかんな地域となっている。

ではエチオピア南部はどうか。とりわけ少数民族が集中する西南部ではどうだろうか。一九世紀末にエチオピアに編入されてからテフが持ち込まれたとされるところもある一方（Abbink 1988, Pauli 1959a, 1959b）、テフ栽培はその前から行われていたとされる社会もある[4]（Haberland 1959, 1984, Straube 1963, Orent 1979）。西南部のカファ社会では、一七世紀以来のオロモの侵略に対抗するため政治の中央集権化が進み、その過程で、エンセーテなどイモ類を主体とした手鍬による耕作から、テフなど穀物の犂による耕作へ転換してきたとされる（Orent 1979）。ただ、南部は一九世紀末の帝国編入後にテフと犂を採り入れたという、北部を中心にすえる伝統的な主張も根強く繰り返されている（Dejene 1996: 38）。

一口に西南部地域といっても、その農耕民社会だけ見ても、政治構造や民族の規模には大きな違いが見られる。テフ栽培の開始と犂の導入過程についても、西南部で一律に論じられるものでは恐らくないのだろう。以下では、西南部の一社会であるマロの事例に基づいて、その栽培利用を見ていく。

3　マロのテフ栽培

マロはエチオピア西南部の急峻な山地に暮らす農耕民である（図２）。資料により人口数にはばらつきがあるが、およそ五万人と推測される。

六〇〇〜三四〇〇メートルの幅広い高度域を持つマロの領域で、テフ栽培はおよそ一千〜二千メートルの高度帯で行われる。とりわけ高度一二〇〇〜一四〇〇メートルの低地一帯で最もさかんに栽培され、マロの人々にとってテフは典型的な低地の作物である。エチオピア北部や中央部では二千メートル前後で多く栽培されるのに比べるとマロでははるかに低い高度分布である。これはこの地の降水量の多さの問題がまず考えられるが、それだけではない。

マロは同心円的な土地利用パターンが発達し、庭畑と外畑の区別が顕著である。テフはその外畑で栽培される。特に集落の下方に広がる外畑

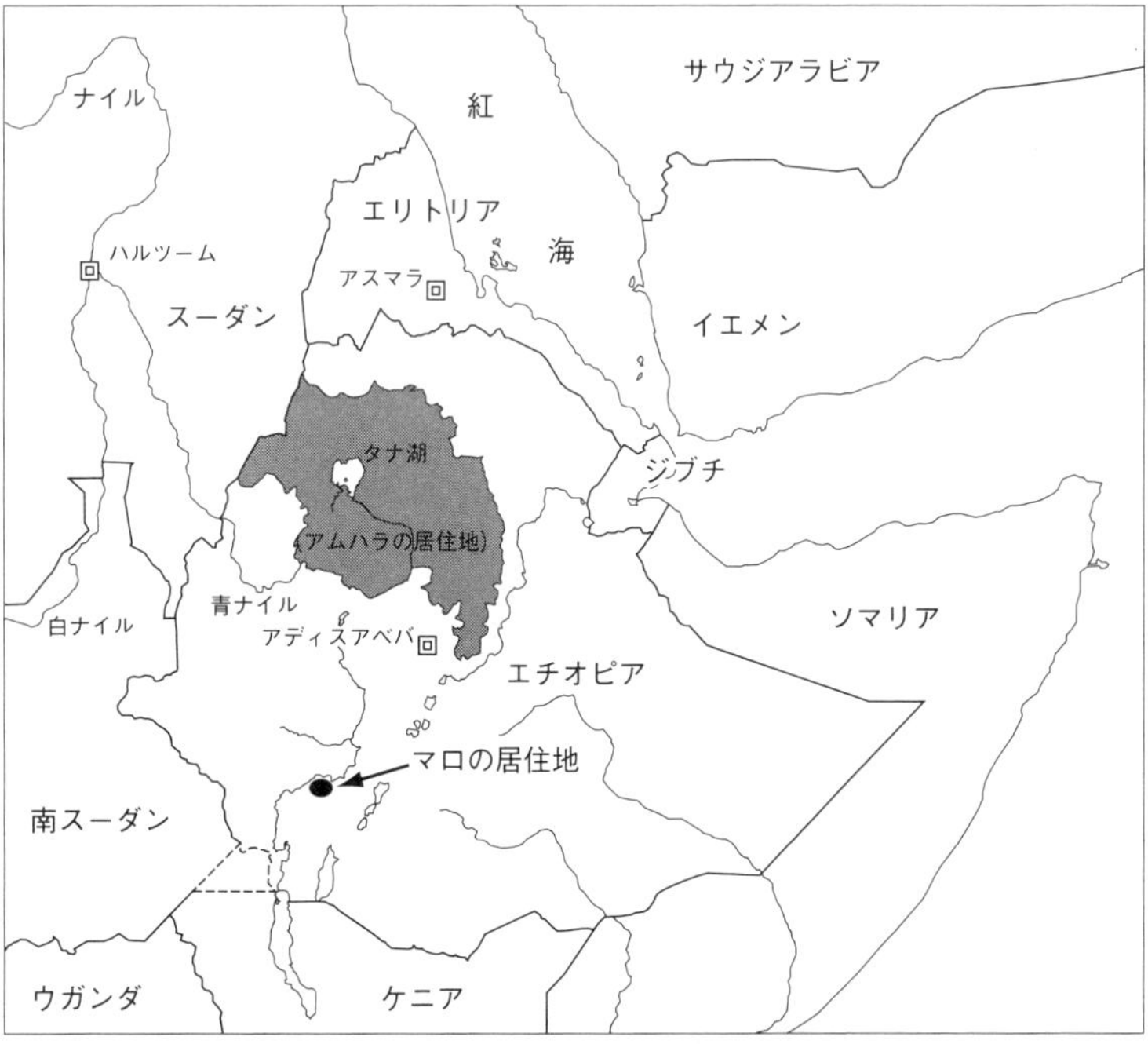

図２　マロの居住地

出所）筆者作成。

で栽培される。外畑でも集落に近いところではモロコシやトウモロコシが栽培されるのに対して、その下ははるか先までテフ畑が一面広がる。集落から一時間以上かかる遠い場所で耕作されることもまれではない。概してテフの畑は長期休閑地と接する最も外縁部に位置している。マロの作物のなかで集落から最も遠くそして最も広い面積で栽培されているのである。この配置はテフがほかの穀物に比べてレイヨウ類など野生動物の食害にあいにくいことや、収穫前でも植物の丈が低いため、少人数で遠くまで見張ることができ、また生育が早いためにその見張りの期間も短くてすむといった諸特性にもよっている。

テフはマロ低地の外畑で今日ほとんど単一栽培されているが、その個々の畑で見ると、栽培は一年限りのことも多く、二、三年、最長でも五年程度であり概して短い。そのあと再び畑を開くまで休閑させる期間は四年から一〇年ほどとその二倍程度あるのがふつうである。つまり、この地域でテフは、長期休閑型の土地利用で栽培されている。エチオピア北部や中央部ではテフが短期休閑型の土地利用で栽培されるのとは大きく異なっている。

マロのテフ栽培は、耕地準備に始まり、播種、除草、収穫、貯蔵など、多くの作業は土地によらず一定の方法で行われ、そのなかにはテフ固有の技術もある。ただ、耕地準備の中核をなす耕起の作業は、用いる農具により、犂、掘棒、手鍬の三つの方法があり、そのいずれが用いられるかは、土地条件などから判断して決められる。犂耕作、掘棒耕作、手鍬耕作に分かれるだけでなく、手鍬耕作は現地で二種類区別されており、四つの耕作方法がある。耕起以外のテフの栽培方法および四つの耕作技術を説明する。

マロのテフ栽培は、一二月から二月の乾季に長期休閑地に火を放つことから始まる。樹木の灰で土地を肥沃にするためというより、枯れている草本類や灌木類の地上部を乾季のうちに焼いておくことで、雨季の耕地準備時に刈り払いやすい新鮮な植生へ更新を促すのが主なねらいである。

五、六月になると、褶曲した特徴的な形の柄をつけた山刀を用いて植生を刈り払う。協同労働を動員して行うことが多い。刈った下草が一週間ほどして乾いたら、畑の数ヶ所に集めて燃やす。乾季の野焼きのように大きな火がたちのぼることはなく、白い煙を出しながら細々と燃えるだけである。

ついで耕起作業を行うが、マロのテフ栽培では農具の違いにより犂耕作、手鍬耕作、掘棒耕作の三つがあるだけでなく、手鍬耕作は地元の人により二つに区別されている。二頭の去勢牛にひかせた犂で耕起する犂耕作は、傾斜がゆるく、樹木や切り株が残っていない、家から比較的近い畑でなされる。マロにいつ犂が伝わったか不明だが、犂に関する語彙の大半がアムハラ語であることから外来の技術であることはたしかである。

それに対して手鍬耕作は最も急傾斜の、家から最も遠い畑で行われ、用語はすべて地域で話されることばの語彙である。そのうちクルチェと呼ばれる手鍬耕作は、イネ科 *Hyparrhenia* 属の優占する明るい草原サバンナで用いられる。草の根株を手鍬により掘り返す耕作方法である。それに対してガルペというもう一つの手鍬耕作は木本の多く茂るウッドランド・サバンナの環境で行われる。こちらは先に手斧で木本の枝打ちをしたたあとに、手鍬で土の表面を掻くようにして浅く耕していく。協同労働により五～一〇人ほどの人が横に並んで行う。

掘棒耕作はマロの二千メートル台の高地でさかんな耕作方法で、二本の掘棒を一本ずつ手で持ち、数十センチ四方の土のかたまりを反転させることで耕していく。二人一組で並んで耕すもので、マロで最も深く耕す方法である。ただし、他の穀物より畑を深く耕す必要のないテフの栽培では限定的に用いられるのみである。

いずれかの方法で耕起が終わると今度は畑ごとに一斉に播種する。いずれも畑に直接まいていくやり方（散播）で、片手に種子を入れたヒョウタンの容器をかかえ、もう一方の手で少量種子をつかみ、軽くふる要領で一定量ずつ地上に落としていく。播種後、覆土（土をかけて種子を覆う作業）はしない。他の穀物より種子が小さく、土に埋まると芽が出ないからとされるが、これはテフ固有である。播種後一ヶ月たったころ除草を行う。生育の早いテフではこの一度のみである。手で引き抜くのが基本だが、手鍬や手斧で地表を軽く耕すようにして、雑草を横倒しにしていく場合もある。これも協同労働で行う。

穂が下垂し乾燥して色が変わり始めると見張りを行う。畑を見下ろせる高台に建てた簡素な小屋から日中見張る。

子どもか老人が行うことが多い。

マロで穀物の収穫は成熟した稈を手で引き抜いて行うのが基本で（藤本二〇〇五）、テフも例外ではない（写真1）。片手で稈を引き抜き、土をはらいながら他方の手に束で受け、その手がいっぱいになったら、束をしばることなく、畑に並べ、数日おいておく（写真2）。生育状態で乾燥が進むと収穫時に粒がこぼれ落ちてしまうためで、他の穀物ほど乾燥していないうちに抜き、後述するように、貯蔵まで順を追って入念に乾燥させていくのも特徴的である。

ついで根切りを行う。三叉に枝わかれした木で作った台（高さ七〇～八〇センチ）を畑に持ち込み、両刃ナイフをその上部に横から突きさして固定する（写真3）。そして干してあったテフの束を両手で水平に握り、水平に固定したナイフの刃に上から押しあてるようにして、根元を切り落としていく（写真4）。根を切り落とした束はそろえてそばに積み上げる。積み上げた束が直径五〇～六〇センチに達したら、テフの稈をこすって作ったひもでぐるりと回して結び、畑においてさらに乾燥させる（写真5）。なお、三叉状の木の台は、テフの根を切り落とす際のみ用いる固有の道具であり、その技術もテフ固有のものである。

束を一週間ほど畑で乾燥させたら、家に運ぶ。そこでも丸太の上にのせるなどしてさらに一ヶ月ほどおいて乾燥させる（写真6）。他の穀物より脱粒性が高いため、乾燥していない段階で収穫する一方、貯蔵時は十分乾燥していることが必要なため、収穫から貯蔵に至る過程で念入りに乾燥させる。これらの入念な乾燥技術もテフに固有のものである。そして脱穀することなく、その束の状態で穀倉に貯蔵する。

テフを世帯で消費する場合はもちろん、人と交換したり、あるいは市場で売却する場合、直前に脱穀する。木製の専用の棒でたたく方法、脚を地面にこするようにして上から踏みつけて行う方法、手でこすって行う方法などがある。エチオピア北部・中央部で一般的な家畜に踏ませることで脱穀することはマロに見られない。またエチオピア北部・中央部では脱穀後の穀粒を穀倉に保存しており、この点もマロと異なっている。最後に箕を用いて風選作業を行う。

マロにおけるテフ栽培を見ると、北部からもたらされた犂耕作以外にもテフ栽培独特の複数の手鍬耕作の技術が見

写真１　手で引き抜いてテフを収穫する

写真２　抜いたテフを畑で乾かす

写真３　両刃ナイフを刺した三足の台ペデ

写真４　両刃ナイフに押しあてて根切りする

写真５　根切りしたテフを縛った束ミルケ

写真６　穀倉に入れる前に庭で乾燥させるミルケ（いずれも筆者撮影）

られたり、独特の根切りの道具があったり、段階を追って入念に乾燥させた後、束のまま貯蔵し、脱穀も家畜を用いないなど、北部・中央部で行われているテフ栽培の技術とはさまざまな点で違いが見られる。こうしたことから、一九世紀末にエチオピアに編入されてからテフが伝わったと考えるのは難しく、むしろそれ以前からテフ栽培が行われていた可能性が高いだろう。

4　テフ栽培の拡大

マロの低地で老人たちが共通して語るのは、テフは昔から今のように広い面積で栽培されてきたわけではないということである。テフ栽培が近年まで多くなかったことは、西南部の多くの社会でいわれていることでマロに固有の現象ではない。西南部でテフは古くから栽培されていたと見られるが、おそらく近年まで重要ではなかったのである。

マロで何が近年まで最も栽培されていたのかというと、それはモロコシである。古老たちにモロコシが減った理由をたずねると、昔はもっと低地に人が多く、収穫前にモロコシを見張る人が確保できたが、今はそうでなくなったからといわれる。なるほどテフはすでに述べたように丈が低いため一人で広く見張ることができ、そもそも狙ってやってくる野生動物も限られるため、遠隔地での栽培に適している。他方、モロコシは品種にもよるが、生育期間が半年前後かかるものが多く、除草も二回しなければならず、収穫前の見張りも一ヶ月以上にわたってしっかり行わなければならない。端的にいって、モロコシはテフより栽培に手間がかかり、人手が必要なのである。つまりテフ栽培は二〇世紀前半からマロ低地で進行してきた人口の減少という社会的状況に合致していた（藤本二〇一二）。

じっさいはよりマクロな政治経済的要因も関係する。かつて王国だったマロは一九世紀末にエチオピア帝国に編入されると、アムハラなど北部・中央部出身者が入植し、穀物と家畜の貢納を求められるようになった。イタリア占領期（一九三六〜四一）後に行われた土地測量後は、金納が課された。そうしたなかで、マロ低地の穀物栽培は王国期までのモロコシを中心とした自給自足的なものから、その余剰生産を伴うものへ、さらに二〇世紀半ばからは換金性の高いテフを主体とするものへと変化してきた。テフは他の穀物より穀粒は軽くて運搬性も優れており、その点でも外部に売却するのに適していた。今日マロ低地の人たちは半分近くを市場などで売却するために栽培している。

とはいえ、残りの半分は人々自身に消費されている。単なる換金作物としてテフ栽培が拡大してきたわけではないのである。マロの人たちは「テフは空腹を満たしてくれる作物ではないが、それを少し食べただけで強くなる（元気が出る）」といい、テフを原料にした料理は他の穀物を原料とした同じ料理よりもおいしいとされる。つまり、人々はテフに強いこだわりをもって栽培している。ただ、テフ栽培の拡大には他の要因も関係する。

現在でもマロ低地の人々がテフを食する機会は週に数回ほどで、畑の面積では大半を占めているにもかかわらず、日常の主食を提供する作物として重要なわけではない。後述のパンケーキにしたり、無発酵パンに焼いたり、蒸し団子や固粥にしたり、あるいはビール原料にしたりと、テフはさまざまな食用利用が行われる。ただしこれらの料理の大半はテフ以外でも作られるものでもある。ふだんの食事では何が中心かというと、キャッサバ、サツマイモ、タロイモ、エンセーテなどのイモ類と、季節にもよるがトウモロコシである。じつはこれらのうち、エンセーテとタロイモをのぞけば、いずれも二〇世紀に栽培が本格化したものである。特にキャッサバは老人が幼い時代にはなかったものである。つまり主要な作物が二〇世紀に大きく変化してきた。以前はモロコシとヤムイモ、そしてタロイモがずっと多かった。タロイモはまだ主食の一つであるが、モロコシとヤムイモはめったに食べることのないものとなった。ただ新しい作物の到来と一部作物の栽培の本格化によって、全体的には食料は増えてきたのでないかと推定される。少なくとも人々が記憶するかぎり、食料に困ったことはないとされる。このように食物体系にゆとりが生まれるなかで、味覚は優れていながら収量が低いため栽培がおさえられていたテフを以前より自家消費用に増やしていくことができるようになった可能性がある。つまり、地域の食物体系の変化も、テフ栽培の拡大にプラスに作用してきたと見られるのである。

5　食文化との関わり

もう一つ述べる必要があるのは、テフ栽培のない高度二千メートル台のマロの高地でも今日テフは広く消費されていることである。そしてその食べ方はアムハラ語でインジェラと呼ばれるパンケーキにもっぱら集中しているのである。じつはここにテフ栽培拡大の最大の鍵があるのではないかと思われる。

インジェラはテフの粉を水でといてブクブクと気泡が出るようになるまで一日ほどおいて発酵させた液状の生地を、平らな円形の土器（焙烙）の上に垂らしてうすくのばし、クレープ状に数分間で焼くパンケーキである。乳酸発酵の適度な酸味があり、またスポンジ質のふわふわした食感が特徴的な食べ物である。それを円卓に広げ、アムハラ語でワットと呼ばれるマメや肉のソースを真ん中にかける。そのまわりにみな卓をかこむようにすわり、端から手でインジェラをちぎってワットをつけながらめいめい食べる。祝いの席で必ず供され、また町で外食するといえば、この料理をおいて他にない。エチオピア北部ではこのインジェラが日常食だが、マロでは日常食ではなく、週に一、二回ちょっとしたぜいたくを味わうものとして親しまれている。しかし意外なことに、エチオピア編入前からテフが栽培されてきたと見られるマロで、このインジェラが食べられるようになったのはたかだかこの数十年のことにすぎない。

この料理は、エチオピア北部の主要民族アムハラなど一部の人々に食べられていたが、一九世紀末、彼らが南部を併合し、入植者として移住したのを機に各地に持ち込まれた。彼らが移住先で築いたカタマと呼ばれる今日の町ではアムハラ流のインジェラが最も主要な食事となっている。ただしそれだけなら、影響は限られていたことだろう。

マロの人々によると、アムハラなどの入植者がいた時代、彼らがインジェラを食べているのを日頃見ていたが、自分たちが食べることはほとんどなかったという。マロに元々なくなじみがなかったこともあるが、インジェラを焼くには他の料理にない繊細さが必要なため、人々が自ら食べるために作ることはなかった。人々を搾取する憎い入植者の食べ物として反発していた可能性もある。しかし、一九七〇年代半ばの社会主義革命により北部出身者がマロから一掃されると、入植者の食べ物だったインジェラを、不思議なことに今度は自分たちでも作って食べるようになったという。入植者のいた時期にその調理は知られていたこともちろん大きいが、入植者が革命で追放され、人々には自分たちの土地を取り戻したことを祝う意味あいもあったのかもしれない。

いずれにせよ、インジェラはその後、マロの人々が好んで食べる料理となってきた[5]。マロでインジェラが人気を博したのは、乳酸発酵の酸っぱい食物を好む人々の嗜好性があったことが大きい。酸乳などの乳製品だけでなく、エンセーテというイモ類のデンプンを乳酸発酵させたものを人々はパンなどにして日常的に食べており、乳酸発酵の酸っぱさに対する嗜好性は顕著なのである（藤本二〇一三）。

マロでインジェラが知られる以前、テフはマロにおいては低地で少量栽培され、ビールや粥などさまざまに加工・調理されて食べられる自給作物にすぎず、マロの高地の人たちにはほとんど無縁の穀物だった。しかし、インジェラの高い人気によりマロ全域でインジェラが普及すると、低地より人口の多い高地にもテフは広く流通し、消費されるようになった。おそらくこの需要の増大がマロのテフ栽培の拡大をもたらした最も大きな要因であろう。

おわりに

冒頭に見たように、テフはエチオピアおよびエリトリアという限られた地域で栽培される穀物であるが、その地域では今日に至るまで広い面積で栽培され、大きな重要性を持っている。これは作物栽培という観点からだけでは理解することのできないことである。その地域の自然環境が特異であるといったことでは決してないはずである。

本章ではマロという一民族社会においてテフ栽培が拡大してきた要因を検討することを通してこの問題を考察した。生態・社会・経済などさまざまな要因が関係することはまちがいないが、インジェラという独特の食文化が人々に高い人気を博してきたことが最も大きいと見られた。またそこには人々の酸っぱい食べ物を好む食の嗜好性が関係していた。

グローバル化の進展などによって大きく移り変わりつつあるアフリカの農業のなかで、ローカルな重要性を維持している作物には、テフとインジェラのように地域の食文化と密接に結びついて存続しているものが多いのではないかと思われる。反対に在来の作物が外来の作物に重要性を奪われている場合には、在来作物の食文化が新しい作物に用いられている可能性がある。いずれにせよ、アフリカの農業を考える際には、単に作物栽培のことだけでなく、地域の食文化のことも考慮される必要があるはずである。

注

1 かつてハム系（Hamitic）と呼ばれていたものである。

2 例えば、二〇一四年のテフの収量は一平方キロメートルあたり一四・七キログラムであり、これは同年のトウモロコシの収量（三二・五キログラム）の四五％にすぎない。なお、この収量および図1の作付面積のデータは、いずれもエチオピア中央統計局の資料に基づく。

3 アフリカ起源の作物が今日のアフリカ諸国で主要作物となっていることは多くない。総説第二章の表3の一二ヶ国でアフリカ起源の作物が生産量の上位五位以内に入っているのは、セネガルとナミビアのミレット（トウジンビエ）およびエチオピアのテフとエンセーテだけである。

4 福井（一九七一）はエチオピア全域のテフの呼称を検討し、西南部とそれ以外の地域で呼称が分かれていることを明らかにし、二つの地域で独立してテフの栽培化が起こってきた可能性を指摘した。

5 ただし、インジェラを食べる際に上にかけるワットと呼ばれるソースはアムハラ流のものとは異なり、ソラマメやエンドウの粉を主原料にしたよりシンプルなものである。

参考文献

福井勝義　一九七一「エチオピアの栽培植物の呼称の分類とその史的考察——雑穀類をめぐって」『季刊人類学』第二巻第一号、三—八六頁。

藤本武　二〇〇五「作物資源をめぐる多様な営み——山地農耕民マロにおけるムギ類の栽培利用」福井勝義編『社会化される生態資源——エチオピア絶え間なき再生』京都大学学術出版会、九九—一四八頁。

藤本武　二〇一二「フロンティアの変容——エチオピア西南部の山地農耕民マロの集落放棄に関する考察」『アフリカ研究』第八〇号、一五—二六頁。

藤本武　二〇一三「なぜ発酵させるのか?——エチオピアの作物エンセーテをめぐる謎」『FIELD+（フィールドプラス）』第一〇号、四—五頁。

Abbink, J. 1988: "Me'en Means of Subsistence: Notes on Crops, Tools, and Ethnic Change," *Anthropos* 83, pp. 187-192.

Dejene A. 1996: "Population Density, Cultivation Systems and Intensification in Pre-Industrial Agriculture," Mulat Demeke (ed.), *Sustainable Intensification of Agriculture in Ethiopia*, Addis Ababa: Agricultural Economics Society of Ethiopia, pp. 12-48.

Haberland, E. 1959: "Die Dime," A. E. Jensen（hrsg.）, *Altvölker Süd-Äthiopiens*, Stuttgart: W. Kohlhammer Verlag, pp. 227-262.

Haberland, E. 1984: "Nutzpflanzen der Dizi（Südwest-Äthiopien）," *Paideuma* 30, pp. 59-68.

Jones, G. 1988: "Endemic Crops Plants of Ethiopia I: t'ef（*Eragrostis tef*）," *Walia* 11, pp. 37-43.

McCann, J. C. 1995: *People of the Plow: An Agricultural History of Ethiopia, 1800-1990*, Madison: University of Wisconsin Press.

National Research Council 1996: *Lost Crops of Africa. Volume I: Grains*, Washington D. C.: National Academy Press.

Orent, A. 1979: "From the Hoe to the Plow: A Study in Ecological Adaptation," R. L. Hess（ed.）, *Proceedings of the Fifth International Conference on Ethiopian Studies: Session B, April 13-16, 1978*, Chicago: Office of Publications Services, University of Illinois at Chicago Circle, pp. 187-194.

Pauli, E. 1959a: "Materielle Kultur der Baka und der anderen Arsi-Stämme," A. E. Jensen（hrsg.）, *Altvölker Süd-Äthiopiens*, Stuttgart: W. Kohlhammer Verlag, pp. 87-105.

Pauli, E. 1959b: "Materielle Kultur der Male," A. E. Jensen（hrsg.）, *Altvölker Süd-Äthiopiens*, Stuttgart: W. Kohlhammer Verlag, pp. 303-311.

Simoons, F. J. 1960: *Northwest Ethiopia: Peoples and Economy*, Madison: University of Wisconsin Press.

Straube, H. 1963: *Westkuschitische Völker Süd-Äthiopiens*, Stuttgart: W. Kohlhammer Verlag.

Vavilov, N. I. (K. Starr Chester trans.) 1951: "The Origin, Variation, Immunity, and Breeding of Cultivated Plants," *Chronica Botanica* 13 (1/6), pp. 1-364.

第III部 グローバリゼーションのなかで

第7章 世界商品クローヴがもたらしたもの

一九世紀ザンジバル島の商業・食料・人口移動

鈴木英明

はじめに

本章は、世界商品クローヴの移植・栽培が、ザンジバル島にいかなる生活誌的な変化――とりわけ食生活における変化――をもたらしたのかについて考察するものである。いうなれば、世界商品の生産というマクロな文脈に強く連動する現象が、いかにして食生活というミクロな文脈に変化をもたらしたのかを明らかにしようとするのである。この問題について食料ネットワーク論を用いて取り組む。

1 クローヴとザンジバル島

一八三〇年代から四〇年代にかけて、アフリカ大陸東部沿岸沖に浮かぶザンジバル島は「クローヴ熱狂」と呼ばれる時代を迎えた（Sheriff 1987: 51）。一八二〇年前後にこの島に移植されたクローヴの苗は、その後、順調に成長し、三〇年代から四〇年代にかけてクローヴはこの島の一大輸出品となり、その後の経済成長にこのうえない貢献をしたのである。一八七二年のサイクロンによってザンジバル島のクローヴ農園は大打撃を受けたものの、その後、隣島ペンバ島を中心に復興し、この二島での生産は一時、世界最大規模を誇った。現在でも、両島を擁するタンザニア共和国のクローヴ生産は世界第四位を誇り、また、ザンジバル島では農園の一部がスパイス・ツアーの舞台として貴重な観光資源になっている。

クローヴとは、フトモモ科のチョウジノキ(*Syzygium aromaticum*)の開花前の花蕾を乾燥させたものを指し、香辛料・香料として、そのまま、ないしはそこから抽出した精油が用いられる。ザンジバル島では炊き込みご飯(ピラウ)には欠かせない香辛料であり、また、インド亜大陸では料理に幅広く用いられ、また、チャイを作る際に茶葉や他の香辛料とともに煮出されたりする。ヨーロッパでは肉のにおい消しとして広く知られている。香気成分に含まれるオイゲノールはゴキブリ除けに効果があるとされる。漢方においては「丁香」「丁字」として広く知られ、一般には胃痛や歯痛などに対して鎮痛効果があるとされ、タイガーバームなどの軟膏の成分にも用いられる。このようにクローヴは多様な利用方法が世界の各地で確認できる一種の「世界商品」である一方で、長らく、その収集作業は、一〇メートルにも達する木に登り、枝を落とし、そこから手作業で花蕾を収集し、さらに、それを乾燥させるという非常に危険、かつ骨の折れる作業であったために、高価でもあった。

2　食料ネットワーク論

リヴィングストン捜索で広く知られるスタンレイは、一九世紀半ばにザンジバル島の都ストーン・タウンを訪れた際、そこを「世界の半分」と称されたサファヴィー朝の都イスファハーン、また、オスマン朝の都として知らぬ者はいないであろうイスタンブルと同列の都として評価している(Stanley 1895: 11)。アフリカ大陸東部沿岸の沖合に浮かぶ小さな島の都がこのような評価を与えられるに際して、クローヴのもたらした経済的な効果を無視することはで

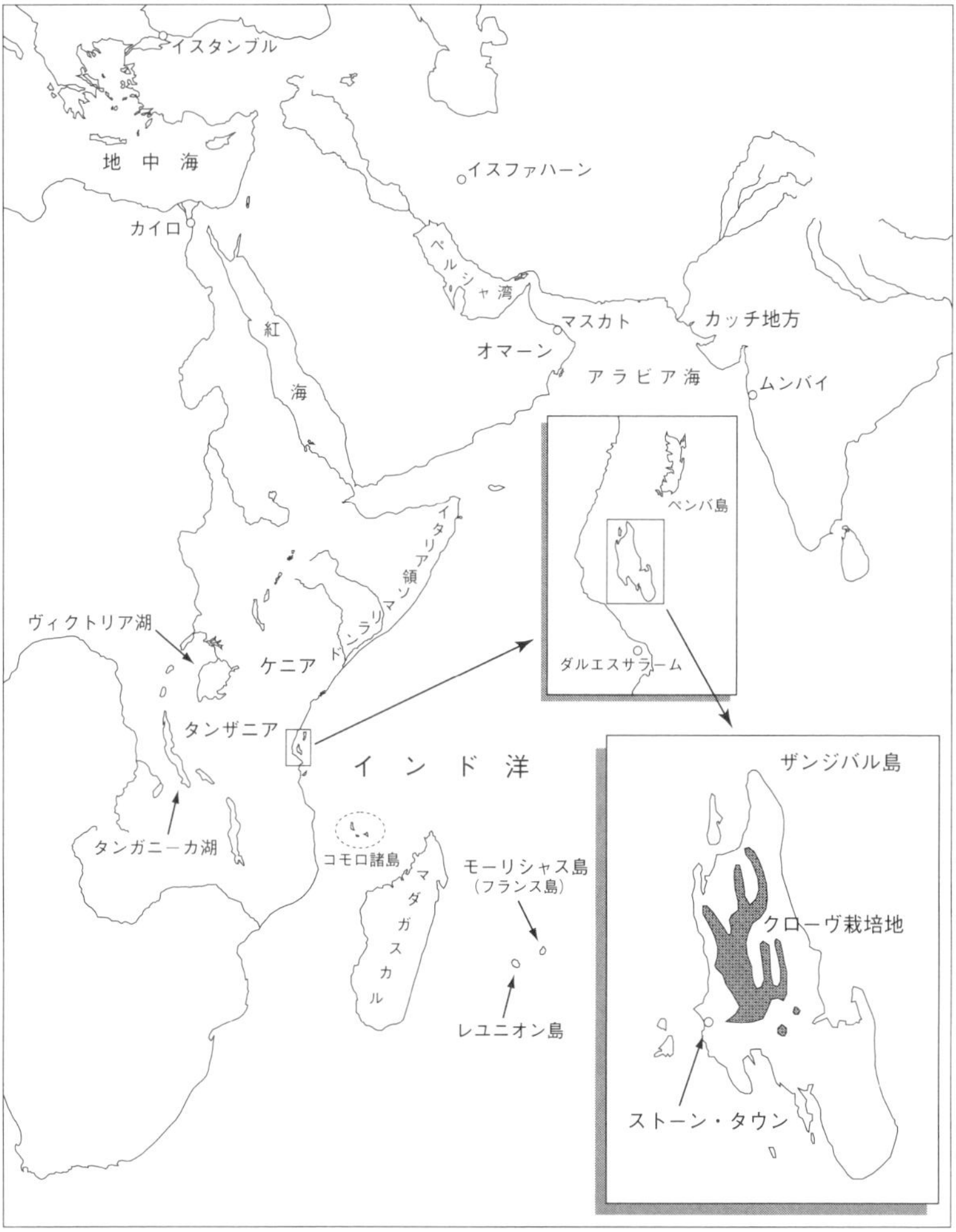

図１　ザンジバル島

出所）筆者作成。

写真１　摘んだばかりのクローヴの花蕾
（ザンジバル島、2009年12月23日、筆者撮影）

きない。それゆえに、この島のクローヴについては、これまでに一定程度の研究蓄積が存在する。しかし、その多くは貿易量などの経済的な側面や奴隷利用との関連に焦点を合わせている（Cooper 1997: 47-79 Sheriff 1987: 48-67）。既往研究のなかには、冒頭で述べたようなクローヴがもたらした生活誌的な変化を明らかにする試みはない。

そこで参照したいのが、アメリカの歴史学者エドワード・オルパーズによって提唱された食料ネットワーク論である（Alpers 2009）。歴史学では一九八〇年代以降、広域を対象とするネットワーク論がいくつも提唱されてきた。ネットワークの基本的構成は、ノード（結節点）とノードを結ぶライン、そのうえを移動するフローである。この概念を用いることで、例えば、政治権力による領域的な支配と、都市と都市あるいは村落とを結ぶ産物などの流通とを併存的に捉えられるようになった。遠隔地の商人コミュニティ間の交易活動、布や銀の流通などは地図を塗り潰すように領域的に捉えるよりも、ノードとノードとが結ばれるネットワークとして理解した方が、より実態に近い理解となるだろう。通常、こうした研究では、ヒト、モノ、カネ、情報、信仰や思想といった対象をフローとして見なし、そのネットワークが論じられる。食料も広くいえばモノの範疇に含まれるだろう。しかし、オルパーズのこの論で興味深いのは、ヒトの移動に際して、そのヒトの食における嗜好や信仰などに由来する制約もまた移動するのであり、それが食料の流通を生み出したり、変容させたりすることを示唆した点にある。通常、広域ネットワーク論が語られる際には、ヒト、モノ、情報などが複合した単一的なネットワークを提示するか、あるいは、特定の人間集団であればそれに、または、インド産綿布であればそれそのものに焦点を当てて、ほかのネットワークとの関係性をあまり意識しないままにそのネットワークを提示するか、どちらかの場合が多い。これに対して、この食料ネットワーク論の可能性は、ある特定の人々のネットワーク形成が食料の流通という別のネットワーク形成を促し、結果的に、質の異なるネットワーク同士が連関し、それらが重層をなしている実態を提示できるところにある。

以下では、ザンジバル島をネットワークのノードとして注目し、クローヴがこの島に商業的な成功をもたらす過程を概観したうえで、それがそこにいかなる変化をもたらしたのか、そして、その変化がさらに何をもたらしたのかというように重層的に記述し、そのなかに食生活の変化を組み込む。これによって、世界商品の生産・輸出というグローバルなレヴェルでの活動が、どのように食という日常生活のレヴェルに影響を及ぼすのかを考察する。

3 クローヴの到来

原産地をモルッカ諸島に持つクローヴの栽培は一八世紀後半から各地で試みられたものの、土壌や気候条件からその多くが失敗に終わり、成功したとしてもその生産量はモルッカ諸島のそれには遠く及ばなかった。クローヴ栽培を各地で試みた主体とは、主として当時、インド洋海域において領域的な拡張を進めていたイギリスとフランスであった。特にザンジバル島への移植については、フランスの動向を注視する必要がある。つまり、一七七〇年代にフランス島（モーリシャス島）の領事であったポアヴルがフランス植民地でのクローヴ栽培を画策し、モルッカ諸島の過疎地域に遠征隊を送り、苗木を収奪したとされている（Ruschenberger 1838: 51, Tidbury 1949: 4）。しかし、肝心のフランス島では、クローヴの大規模栽培は軌道に乗らず、その後、詳細な経緯は諸説あるが、クローヴの苗木が一九世紀初頭にこの島を訪れたサイード・ビン・スルターン（ザンジバル島を中心にして、アフリカ大陸東部沿岸一帯の支配を確立しつつあったブー・サイード朝の統治者）の使者によってザンジバル島に持ち帰られたとするのが最も有力な説である（al-Mughayrī 1979: 181, Reda Bhacker 1992: 126-127, Ruschenberger 1838: 51, Sheriff 1987: 49-50, Tidbury 1949: 4-5）。

クローヴの大規模栽培がなぜ、ザンジバル島で成功したのかについては幾つかの自然環境的要因を考える必要がある。まず思い浮かぶのが雨量であるが、実はザンジバル島の雨量はクローヴ原産地であるモルッカ諸島のアンボイナに比べて約四四％も少ない（Tidbury 1949: 23）。ザンジバル島のクローヴについて総合的な書物をまとめたティドゥベリーは、この島の雨量はクローヴ栽培に必要な最低限度の域だろうと考えている（Tidbury 1949: 23）。また、クローヴの場合、それを香料や香辛料として利用するためには、乾燥する過程が不可欠である。したがって、一定の雨量とともに、一定の乾季が必要になる。ザンジバル島ではムワカと呼ばれる三月から五月の雨がクローヴの花蕾の成長を促し、七月から一〇月の降雨量・日数ともに少ない乾季に摘蕾・乾燥が行われる（Tidbury 1949: 24-26, Weiss 2002: 116）。この時期を逃すと、一一月から翌月のヴリと呼ばれる小雨季が過ぎ去るのを待って一二月から一月にかけても摘蕾・乾燥が行われる（Tidbury 1949: 24-26, 116）。ただし、この時期は雨季の後も降雨日数が多いために、摘蕾後は比較的雨量の少ない東・南海岸にクローヴを運び、そこで乾燥させる必要があった[1]。次に土壌にも着目すると、クローヴ農園は島の北西側を中心に開かれた。この地方は赤土のローム層が地中九メートル程度まで到達している。クローヴ樹の場合、その成長と生存には垂下根（主根から直下に伸びる根）の十分な成長が重要な役割を果たすとされ、それは五メートル以上に成長する。それゆえに、一定の深さの透排水性の高い土壌が求められる。北西部の赤土ローム層はその条件を満たしていたのである。

クローヴの木は苗が成木に達し、摘蕾できるようになるまで、通常、約一〇年を要するとされる。ザンジバル島からクローヴが本格的に輸出されるのは、一八三〇年代に入ってからである。その後、瞬く間にクローヴ輸出額は増加していく。例えば、一八三九年の時点では、この島からの輸出量（隣島のペンバ島で収穫されたものも含まれていると考えられる）は九千フラセラであったが[2]、その一〇年後には一三万五千フラセラに増加し、そして、一八六四〜六五年の在ザンジバル・イギリス領事館年次報告書によれば四一万五三九八フラセラに跳ね上がっている（Sheriff 1987: 62-63）。このように、一九世紀前半以降、象牙やコーパルと並び、クローヴはこの島の一大輸出品に成長していくのである。

4 クローヴがザンジバル島にもたらしたもの

クローヴはザンジバル島に何をもたらしたのだろうか。もちろん、プランテーションの所有者たち――多くはアラブ人やインド系移民であった――に巨万の富をもたらしたことはいうまでもない。では、その富の行方はどうなったのであろうか。現在では散逸されたとされる現地の書簡など多様な情報源に基づいて二〇世紀前半にザンジバル史を著述したアル＝ムガイリーは、クローヴ需要が高まり、価格が上昇すると、ザンジバル島とペンバ島は「栄光と歓喜と、そして熱狂の頂点に達した」（al-Mughayrī 1979: 189）と記している。そして、人々は豪邸を建てたり、大盤振舞いをしたり、享楽的にもなり、さらには、アラブ人とアフリカ系の人々との混血が進んだとも記している。ここでのアフリカ系の人々とはおそらく、アフリカ大陸出身の女性奴隷を指すのだろう。一方で、富の別の一部は農園の拡大を促した。先述のように、この島の北西部はクローヴ栽培に適していたが、実はこの地域は海岸部の一部を除いて歴史的にほとんど未開拓であった。それゆえに、まず、農園を開くには開墾から始めなくてはならない。そこで必要なのが労働力であった。開園後もクローヴ樹の成長から摘蕾、乾燥に至るまでにも大量の労働力を必要とした。例えば、シェリフは一九世紀末のイギリス人植民地官僚の言及に基づき、クローヴ生産はクローヴ樹一〇〇本当たり一〇人程度の労働力を利用するのが適当と見なしている（Sheriff 1987: 64-65）。こうした労働力は、奴隷としてこの島に輸入されるアフリカ大陸出身者のそれに依存された。

奴隷人口の急激な増加はさまざまな記述資料から理解することができる。例えば、在ザンジバル・イギリス領事の一八四四年の書簡では、「人々は裕福になりつつあり、今や主要耕作物なったクローヴの栽培のために更なる奴隷を購入できるようになっております」[3]と述べている。しかし、注意したいのは、奴隷購入に投資する行為は、必ずしも富の再生産の追求だけにその理由がゆだねられない側面である。アメリカ・マサチューセッツ州セイラム出身の商人エマートンは、一八四九年にこの島を訪れた際に、「ここで奴隷が所有されるのは、それが有益だからではなく、流行だからである」と記し、実際に現在、自らが奴隷身分の者であっても他の奴隷を所有し、そのなかには複数の奴隷を所有している者すらいる実情も伝えている。[4]イギリス領事の言葉を借りれば、「マスカトのイマームの領内（ブー・サイード朝のアフリカ大陸東部領内を示す。筆者注）でのある人物の富と尊敬は、その人物が口にする自らの所有するアフリカ人奴隷の数で常に推し量られる」[5]ようになった。ザンジバル社会では、このように自らの威信や社会的地位を誇示する道具としての側面も奴隷は有しており、そのような目的での奴隷購入もクローヴ栽培・輸出で獲得された富は可能にせしめた。かくしてザンジバル島を中心としてアフリカ大陸東部沿岸に勃興した農園やその近郊では奴隷の需要が爆発的に増大したのである。

ザンジバル島の奴隷人口について詳細な数値を通時的に追うことは、資料的な制約からできない。しかし、例えば、ラヴジョイは、一九世紀にアフリカ大陸東部の内陸から輸出された奴隷の総数を一六一万八千人と見積もったうえで、そのうちの四七・五%に相当する七六万九千人がアフリカ大陸東部沿岸に供給されたと推定しているし（Lovejoy 2000: 156）、シェリフの一八六〇年代に関する推計によれば、ザンジバル島に運ばれてくる年間一万九八〇〇人のうち、一万二千人が同島に留まったとする（Sheriff 1987: 226-231）。さらに、ストーン・タウン港税関からイギリス領事館に提供された一八六六年五月から一二月までの奴隷輸送船の出入港記録によれば、約五九・五%の奴隷がこの島に留まっている。[6]

奴隷に加えて、商人たちもまたこの島の人口増加に寄与した。セイラム出身者や、イギリス、あるいはハンブルクの商人など多様な商人がザンジバルに拠点を築いたが、一番多かったのがインド亜大陸北西部のカッチ地方を中心とするインド系商人である。バートンによる一八五〇年代の観察では、カッチー・バティヤーやムスリムのボフラやメモン、イスマーイール派ホージャなどを中心として一千人強の人々がこの島で商業活動に勤しんでいた（Burton 1872: Vol.1, 328-339）。その後、一八七〇年の在ザンジバル・イギリス領事館報告によれば、二九〇〇人程度と三倍弱にその数は増えている。もっとも、この増加は単純に商業活動に従事する人間の増加ではなく、むしろ、ムスリム系コミュニティが家族単位で移住してきたことによる。例えば、イスマーイール派ホージャは、一八四〇年頃には既婚女性成員が二六人だったのに対して、七〇年には七〇〇人を数えるまでになっていた。[7]

もちろん、クローヴのみにこうした人口動態の要因をゆだねることはできない。ココヤシなど他の商品作物も農園栽培されていたし、これらに加えてアフリカ大陸から運ばれてくる象牙やコーパルといった魅力的な商品の集積地としてザンジバル島が機能していたのはいうまでもない。しかし、ザンジバル島（及びその隣島ペンバ島）が数十年のうちに世界でも有数のクローヴ生産地に発展した事実、また、実際に、ザンジバル産クローヴの有力な市場がインド亜大陸にあったこと[8]、これらを念頭におけば、クローヴのみを指摘することは過ちであるが、しかし、一九世紀のザンジバル島に吸い寄せられるアフリカ大陸出身者やインド亜大陸出身者の流れを考える際、クローヴの果たした役割を軽視することは決してできないだろう。

5　食料ネットワークの変化

このように、クローヴがザンジバル経済に貢献する過程は、新たな人口がこの島へ流入する過程と不可分であった。人口増加によって食料需要が増加するのは当然である。サイード・ビン・スルターンの後継者マージド・ビン・サイード（在位一八五六～七〇）の時代にはマリンディ近郊に大規模な穀物農園が開かれ、膨大化する食料需要に対応していく（Cooper 1997: 81-97, Martin 1973: 56-68）。

これとともに見落としてはならないのが、食料需要の多様化である。インド亜大陸出身者たちのなかには食に関して禁忌を含む厳しい戒律を有する集団も存在した。これに加えて、新たな住民たちの食の嗜好が特定の食品の需要をザンジバル島に創出・増加させた点も考慮する必要がある。例えば、バートンは、インド系住民たちについて、アラブ人がパンなどに好んで用いるモロコシを避け、茹でた米、野菜、ギー、あるいは小麦のパン、アサフェティアやウコン、「暖かい香辛料（warm spice ガラム・マサラのことか）」などで味つけした緑豆などの豆類を食すと記している[9]（Burton 1872: Vol.I, 332）。ここで着目したいのが、ギー（バターオイルの一種）である。インド系住民がギーの主要な消費者であることを指摘する同時代記録はバートン以外にも枚挙にいとまがない[10]。つまり、ギーはヒトの流入と食料ネットワークの出現・強化との連関に関する好例だといえる。一八五九年のイギリス領事館報告によれば、ギーは英領インドとカッチ地方から合計で五千フラセラ、価格にして三万五千マリア・テレージア・ターレル（以下、MT＄）がこの島に輸入されている[11]。この報告では、アフリカ大陸や近隣島嶼からの輸入品目も挙げられているが、そこにギーはない[12]。それより時代が下ったなかで直近の一八六二年八月から翌七月の輸入額もほぼ同額の三万七一〇〇MT＄である[13]。ただし、注目すべきは、インド亜大陸からの輸入額の二三倍強が大陸部と近隣島嶼から輸入されている点である。ギーと似たバターオイルはソマリなどのアフリカ大陸の牧畜民も製造しており、それらは輸送コストなどの観点からより安価に供給された。一八六七年から翌年にかけての一二ヶ月では二万六千MT＄相当のギーが島嶼部も含めたアフリカ大陸東部沿岸のブー・サイード朝領内からザンジバル島に輸入されている[14]。時代を下り、二〇世紀に入った一九二四年の報告では、ザンジバル島のギーのほとんどが大陸部のタンガニイカ、ケニア、そしてイタリア領ソマリランドからの輸入によって賄われているとしている（The Local Committee of the British Empire Exhibition 1924: 24）。このように、ヒトのネットワークと食料ネットワークとは必ずしも地理的に重なり合うのではない。消費者が許容できる範囲内の品質であれば、より廉価だったり、容易に獲得できたりする代替品がネットワークを形成する点もここから指摘できるだろう。

食料ネットワークについてもう一つ考慮すべきは、新たにザンジバル社会の住民となる人々が一様に出身地における食の嗜好をこの社会に持ち込んだとはいえない点である。なぜならば、社会的な階層や貨幣へのアクセスの程度によって、出身地における食の嗜好を新天地において実現できるとは必ずしも限らないからである。その最たる事例が、農園で労働する奴隷たちである。農園経営が拡張するにつれて、新たな奴隷はアフリカ大陸のより内陸部から連れてこられた[15]。彼らの重要な動物性タンパク源として機能したと考えられるのが、塩干し魚である。奴隷の常食として言及される塩干し魚[16]は、主としてオマーン湾・ペルシア湾からの船舶が運んでくる商品であった[17]。ザンジバル島では特にサメの塩干し肉はンゴンダと呼ばれ、今日でも一般的な食材である。一九世紀の時点でザンジバル島に持ち込まれた塩干し魚が大陸部でも受容されていたことは史料的に確認できるが、ザンジバル島と同程度に消費されていたとは流通量の観点から考えにくい。むしろ、肉体労働を余儀なくされる農園労働に従事する奴隷たちは、この安価な動物性タンパク源をザンジバル島にやってきてからより日常的に消費するようになったと考えられる。

クローヴ栽培が定着・拡大し、それによってザンジバル島が世界商品の生産・輸出地になることで、この島は新たな人口を迎えた。それは同時に、食料需要の増加のみならず、需要の多様化ももたらした。食料ネットワークはそれを需要するヒトのネットワークと必ずしも空間的に重なり合うものではなく、新たな流通経路が形成されることもあった。クローヴ栽培の興隆は、この島を結ぶ新たな食料ネットワークの成立・展開を促してもいたのである。

おわりに

現在のザンジバル島における食文化のなかではクローヴは一定の位置を占めているが、例えば、本章で対象とした一九世紀については歴史文献からそれを確証することはできない。むしろ明らかなのは、クローヴがこの島の不可欠な輸出品となる過程で、クローヴがこの島の食生活に加わったことではなく、複数の食料ネットワークがこの島とリンクするようになっていったことである。この二つの事象の間にヒトの移動が存在することも忘れてはならない。そして、あるヒトの移動に付随する食料需要は、そのヒトの出身地からの供給によって満たされるわけでは必ずしもない。また、別のあるヒトの新天地での生存の必要から、そのヒトが出身地で頻繁に口にしなかったと思われるような食料に需要が生まれ、食の流通が新たに生起したり、あるいは既存の流通が強化されることもあった。

一次産品の生産拠点化を抜きにアフリカ大陸の多くの場所の近代史を語ることはできない。この文脈では労働集約的な生産体制の構築を無視することはできず、このことは、労働力の大規模な移動への注目を私たちに促す。西アフリカの落花生やパームヤシ、南部アフリカの鉱物、あるいは、元来、無人島だったのが諸東インド会社の寄港地となり、やがて砂糖の一大生産地へと変貌を遂げたマスカレーニュ諸島など事例は枚挙にいとまがない。一般的に世界商品と聞けば、それそのものの流通やそれがある場所にもたらした経済的なインパクトに注目が集まりがちである。しかし、それが生産地の経済において重要な位置を占めるようになることで生じる変化の層を掘り起こし、そこに食という人間の生存に不可欠な、しかし、極めて文化的な活動を加味することによって、世界商品の栽培と輸出というグローバルなレヴェルの現象は、よりローカルで日常的なレヴェルの営みと深く交差するようになるのである。また、こうした重層性が各地で今日の食文化を構成する一つの要素になっていることも心にとどめておきたい。本章で論じた食料ネットワーク論は、アフリカの食と農をめぐる問題がより緊密に世界とアフリカ大陸に生きる人々の生活を結び付け、同時に過去と現在とを切り結ぶ一つの方法なのである。

注

1 この時期のクローヴはホケルと呼ばれ、一般には低品質としての評価しか与えられなかった(Tidbury 1949: 27)。
2 同時代のザンジバル島では、一フラセラ frasela は三五重量パウンド(一五・八八キログラム)に相当する(Sheriff 1987: xix)。
3 NAUK(The National Archives, Kew, the United Kingdom)FO84/540/177 [Hamerton to the Earl of Aberdeen, 2 January 1844]. *BPP*(British Parliamentary Papers, Slave Trade, Irish University Press), Vol. 27, Class D, 143 にも同一文書が収録。
4 Bennett & Brooks (eds.) 1965: 427 [A Visit to Eastern Africa, 1849].
5 ZZBA(Zanzibar National Archives, Zanzibar, Tanzania)AA12/29/43 [Hamerton to SBG, Zanzibar, 2 January 1842].
6 NAUK FO84/1279/43-46 [Tables settling forth the legitimate slave trade at the port of Zanzibar].
7 NAUK FO84/1344/129 [Annex No.1 in Kirk to Secretary for Foreign Affairs, Zanzibar, 14 January 1870].
8 一八五九年にはザンジバル島のクローヴ輸出額の一三・五%がインド亜大陸に向けられた(MAHA PD/1860/159/12/316-319 [Return of the Imports at the Port of Zanzibar in the Year 1859])。
9 また、Burton 1872: Vol.1, 245, Ruschenberger 1838: 35 も参照せよ。

10 HCPP (House of Commons Parliamentary Papers): Correspondence with British Representatives and Agents Abroad, and Reports from Naval Officers, relating to the Slave Trade, 1876 [C. 1588] LXX. 401, 410.

11 MAHA PD/1860/159/12/308 [Return of the Imports at the Port of Zanzibar in the Year 1859].

12 MAHA PD/1860/159/12/310-311 [Return of the Imports at the Port of Zanzibar in the Year 1859]. ただし、まったく大陸部からの輸入がなかったと考えるのは誤りだろう。すでに一八四〇年代半ばのフランス海軍によるアフリカ大陸沿岸部の商業調査記録からは、具体的な規模は不明だが、大陸部や近隣島嶼からザンジバル島へのギーの輸入をすでに確認することができる（CAOM（Centre des Archives de l'Outre Mer, Aix-en-Provence, France）OIND 5/23, Guillain 1856-1857: Part 2, Vol. 2, 308-309）。

13 MAHA PD/1864/54/942/20 [Administration Report for the Years 1862 and 1863].

14 HCPP 1876 [C.1588] LXX. 416.

15 鈴木二〇〇七。ザンジバル島の奴隷の出身地別の構成についてはSuzuki 2012を参照。

16 ZZBA AA12/29/15 [Hamerton to SBG, Zanzibar, 2 January 1842], HCPP: Class B. East coast of Africa. Correspondence respecting the slave trade and other matters, 1872 [C.657] LIV. 829; HCPP: Correspondence respecting Sir Bartle Frere's mission to the East Coast of Africa, 1873 [C.820] LXI. 805.

17 塩干し魚のインド洋西海域における流通、アフリカ大陸での需要については鈴木二〇一〇：一〇〇、一〇九—一一三。

参考文献

鈴木英明　二〇〇七「奴隷流通構造における一九世紀沿岸部スワヒリ社会の被収奪地化」『スワヒリ&アフリカ研究』第一八号、二一—三六頁。

鈴木英明　二〇一〇『インド洋西海域世界と近代』東京大学大学院人文社会系研究科（博士論文）。

Alpers, E. A. 2009. "The Western Indian Ocean as a Regional Food Network in the Nineteenth Cenutury," E. A. Alpers (ed.), *East Africa and the Indian Ocean*. Princeton: Markus Wiener, pp. 23-38.

Bennett, N. R. & G. E. Brooks, jr. (eds.) 1965: *New England Merchants in Africa: A History through Documents 1802 to 1865*, Boston: Boston University Press.

Burton, R. F. 1872: *Zanzibar: City, Island and Coast*, 2 vols., London: Tinsley Brothers.

Cooper, F. 1997: *Plantation Slavery on the East Coast of Africa*, Portsmouth: Heinemann (1st. New Haven: Pearson Education, 1977).

Guillain, C. 1856-1857: *Documents sur l'histoire, la géographie et le commerce de l'Afrique Orientale*, 2 parts, Paris: Arthur Bertrand.

The Local Committee of the British Empire Exhibition 1924: *Zanzibar: An Account of its People, Industries and History*, Zanzibar: Local Committee of the British Empire Exhibition.

Lovejoy, P. E. 2000: *Transformations in Slavery, 2nd. ed.*, Cambridge: Cambridge University Press.

Martin, E. B. 1973: *The History of Malindi: A Geographical Analysis of an East African Coastal Town from the Portuguese Period to the Present*, Nairobi: East African Literature Bureau.

al-Mughayrī, Sa' īd b. 'Alī 1979: *Juhayna al-akhbār fī tārīkh al-Zanjbār*, Masqaṭ: Wizāra al-tarāth wa al-thaqāfa.

Reda Bhacker, M. 1992: *Trade and Empire in Muscat and Zanzibar: Roots of British Domination*, London and New York: Routledge.

Ruschenberger, W. S. W. 1838: *A Voyage round the World: Including an Embassy to Muscat and Siam, in 1835, 1836, and 1837*, Philadelphia: Carey, Lea and Blanchard.

Sheriff, A. 1987: *Slaves, Spices and Ivory in Zanzibar*, Oxford: James Currey.

Stanley, H. M. 1895: *How I found Livingstone: Travels, Adventures, and Discoveries in Central Africa, Including Four Months' Residence with Dr. Livingstone*, London: Sampson Low, Marston and Co..

Suzuki, H. 2012: "Enslaved Population and Indian Owners along the East African Coast: Exploring the Rigby Manumission List, 1860-1861," *History in Africa: A Journal of Method* 39(1), pp. 209-239.

Tidbury, G. E. 1949: *The Clove Tree*, London: C. Lockwood.

Weiss, E. A. 2002: *Spice Crops*, New York: CABI.

第8章 大陸の果ての葡萄酒
アルジェリアと南アフリカ

工藤晶人

はじめに

題名にある葡萄酒ということばから、読者の多くは南アフリカを思い浮かべるだろう。醸造用ブドウの栽培に適した気候をしめす二本のワインベルト（図1）を眺めてみれば、カリフォルニア、アルゼンチン、チリ、オーストラリア、そして国別の生産量で世界七位となる南アフリカと、いわゆる新世界ワイン産地がそのなかにおさまっていることが確認できる（OIV 2015）。

ところでこの地図からは、一つの疑問も生じる。大陸のもう一方の果て、北端の地中海沿岸に目を転じてみよう。そこにはブドウ栽培の適地が広がっているはずだが、今日、北アフリカはワインの主要産地に数えられていない。生産量からみても、国際的な流通に占める割合からみても、存在感に乏しい。しかし歴史をふりかえると、アフリカ北部の地中海沿岸もまた、世界有数のワイン産地となった時期があった。なかでもフランス植民地支配下のアルジェリアは、両大戦間期に世界で三番目の生産地、世界最大の「輸出国」となった。今からおよそ一世紀前、ワイン生産から見たアフリカ大陸のイメージは、南北の比重がまったく逆転していたのである。大陸の南端と北端で、どのようにしてブドウ栽培とワイン生産が対照的な展開をとげたのか。ブドウ栽培がアフリカへと広がった過程を、蘭領から英領となったケープ植民地と、仏領アルジェリアを例として比較してみたい。

ケープとアルジェリアのように地理的に遠く離れ、着目すべき時期もずれている二つの事例を比較することは、いささか牽強付会と思われるかもしれない。しかし両地域の歴史は、ヨーロッパ人による定住植民地の建設、類似の気候条件のもとでのアルコール飲料生産、輸出市場とのかかわりという、共通の構造によって規定されてきた。それらを並行して記述することで、新たな見取り図が見えてくるはずである。

1 コーカサスから地中海へ

ユーラシア各地に分布していたブドウ属植物のなかから、ワイン用ブドウの原種となったのが、ヨーロッパブドウ（ヴィニフェラ種）である。栽培の始まりについては諸説あるが、紀元前六〇〇〇年から四〇〇〇年頃、コーカサスとザグロス山脈一帯に起源を求めるのが、古典的な見方となってきた。前三〇〇〇年紀には栽培の範囲がメソポタミアに南下

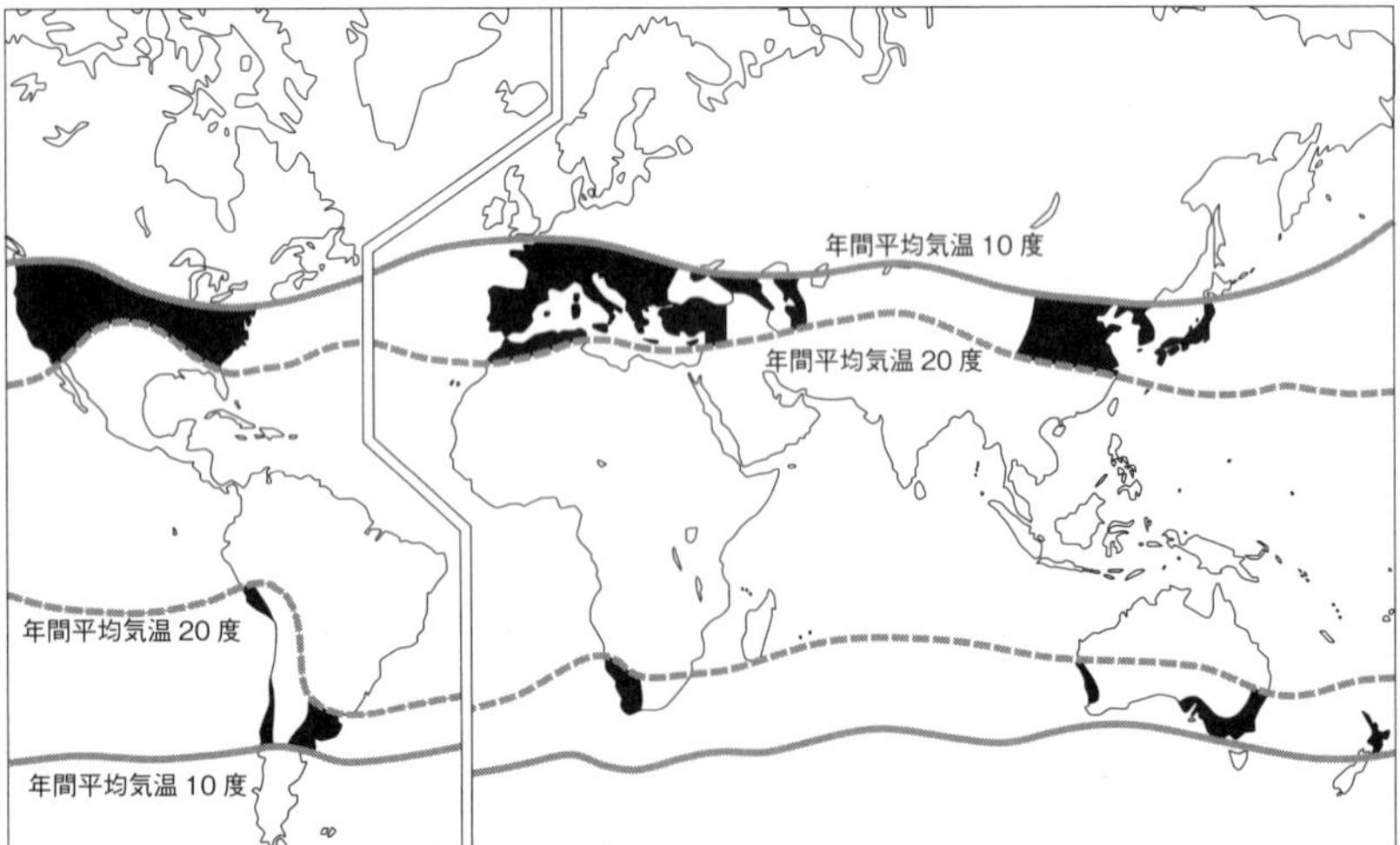

図１　ワインベルト

出所）Unwin（1996: 35）より筆者作成。

し、シュメール人の諸都市でブドウ園の痕跡が見つかる。さらにブドウ栽培は、シナイ半島を越えてアフリカ大陸の一部に広がった。エジプトのブドウ栽培は前三〇〇〇年紀に始まり、今日の栽培南限に近い内陸部メンフィスにまで達したと考えられる（Unwin 1996: 68）。

ブドウ栽培は、メソポタミアから西進してアナトリア、ヨーロッパ方面にも広がった。古代地中海世界におけるブドウ栽培のエピソードを、『オデュッセイア』の一場面に見てみよう。怪物キュクロプスは、自らの国では「肥沃な土地から酒を造る見事な葡萄がとれ、天神の降らす雨に養われる」と自慢してみせるのだが、オデュッセウスの持参した酒はそれ以上に格別だといって泥酔してしまう（『オデュッセイア』第九歌、松平千明訳）。このエピソードについて、ワイン史の泰斗ロジェ・ディオンは次のような解説を与えている。ブドウ栽培の繊細さを知るオデュッセウスには、巨人の育て方が粗野なものに映った。古代ギリシアにおいてはすでに、収量の少ない高貴なブドウと、多収量の低品質なブドウとを区別する品種選別が始まっており、上質なブドウを愛でる人々は、野卑なブドウを口にする人々を軽蔑した。『オデュッセイア』は、そうした価値観を共有する聴衆にむけて吟じられた、というのである（Dion 1977: 77-78）。

つまり古代の地中海東部ではすでに、ワインの品質を高め、栽培に工夫をこらす文化が発達しはじめていた。そのために、品種の選別だけでなく、ブドウの質を高めるための剪定や、土地造成の技術が進歩した。こうしたブドウの栽培技術は、北方では黒海沿岸に沿ってアゾフ海に達し、西方ではイタリア半島、なかでもカンパニア地方に伝わった。こうした事情は、ストラボンの『地誌』に詳しい。ストラボンは西方のイベリア半島、南方についてはリビア、エジプトのブドウ栽培に言及している（Unwin 1996: 110-111）。とはいえさらに西側のアフリカ大陸沿岸、今日のマグリブ（チュニジア、アルジェリア、モロッコ）方面では、ローマ時代にはむしろ穀倉地帯としての役割が大きく、大規模なブドウ栽培は発展しなかったとみられる。

再び北に目を転じると、イタリア半島のワインはガリアにもたらされ、現在のフランス南部にあたるローマ属州で栽培がはじまる。ブドウ栽培の範囲はローヌ川とガロンヌ川にそって北限を更新し、ガロ・ロマン期にはボルドー、ブルゴーニュに、カロリング朝の時代にはライン川流域に達した。こうして、イベリア半島、イタリア半島からアルプス以北に至る広い範囲で、今日につながるブドウ栽培の伝統が形成されていった。

2　オランダからケープへ、フランスからアルジェリアへ

中世ヨーロッパにおけるブドウ栽培の発展については他の書物にゆずり、いわゆる大航海時代以降の出来事に目を転じてみよう。一六世紀から一七世紀にかけての歴史は、ヨーロッパ人の海外進出に伴う遠隔地への伝播によって特徴づけられる。ブローデルの表現を借りれば、「ワインはヨーロッパ人のあとを追った」(Braudel 1979: 263)。消費の側面にかぎってみれば、葡萄酒はオランダ東インド会社によって江戸時代の日本までもたらされていた(Nozawa 2012)。遠隔地での栽培は、一六世紀にスペイン領カナリア諸島とポルトガル領マデイラ諸島、そしてラテン・アメリカ各地で始まる。南アフリカへの導入も、そうした流れのなかにある出来事だった。

南アフリカのケープ植民地の歴史は、一六五二年にオランダ東インド会社の拠点が建設されたことから説き起こされるが、ワインの歴史もほぼそれと同時に始まる。早くも一六五九年には、居留地に持ち込まれたブドウから最初のワインが作られたという記録がある(James 2012: 23)。栽培が本格化するのは、一七世紀末から一八世紀のはじめにかけて、ファン＝デル＝ステルが総督となった時期以降である。この頃の最も有名な出来事は、現在までその名が残るワイナリー、コンスタンシアの設立だろう。近世のケープ植民地にはヨーロッパの各地からさまざまな品種が導入されたが、その起源については不明な点が多い。技術の伝播という面では、フランスのユグノー(カルヴァン派プロテスタント)がオランダ経由で入植したことを重視する見方がある一方で、ユグノーの貢献という説に懐疑的な立場もある(James 2012: 23)。ともあれ、ほぼ唯一の例外であるコンスタンシアを除いて、ケープのワインは一般に低品質な酒

と見なされた。生産の一部はオランダ東インド会社の関連拠点と船舶のために輸出されて人員に供されたが、その割合は生産高の一割程度であった（James 2012: 28）。ケープ産のワインは、大部分が域内で消費されたと考えられる。

一八世紀末に、状況は大きく変化する。一七九五年にイギリス軍に占領されたケープ植民地は、一八〇三〜〇六年の中断をはさんでイギリスの支配下におかれた。この時期に、植民地当局と入植者たちの協力のもとでブドウ栽培は急速に拡大し、とくに、イギリス本国への輸出関税が低く維持された一八一三年から一八二五年までの時期が成長期となった。一八世紀末から比べてブドウの数はおおよそ三倍に増え、ワインは南アフリカの主要輸出品となった。しかし、一八二五年に関税の優遇が廃止されると、絶頂期には生産高の四分の三を占めたイギリス向け輸出が減少する。それ以降、ヨーロッパの不作に対応した一時的な増加はあっても、安定した輸出拡大はなかった。一九世紀半ば以降、ケープ植民地におけるブドウ栽培は、輸出よりも主に域内市場むけに続けられることになった（James 2012: 31）。

このようにしてケープ植民地からイギリスへのワイン輸出ブームが終わろうとする頃、大陸の反対側で新たな征服が始まっていた。一八三〇年から一九六二年まで続く、フランスによるアルジェリア植民地化である。アルジェリアではヨーロッパ人の入植が勧奨され、さまざまな農産物の導入が試みられた。とはいえ、そこが先に述べたような世界有数のワイン生産地となるまでには、一世紀近い時間が費やされた（図2）。

はじめに前史をふりかえっておこう。イスラームは酒を禁じたという通念からするとやや意外に思われるかもしれないが、イスラーム化以後のマグリブにおいても、ブドウ栽培とワイン生産の記録は少なくない。一例として、レオ・アフリカヌスが一六世紀に著した『アフリカ誌』には、フェズやトレムセンの近くでブドウがさかんに栽培され、果物としてだけでなく、ユダヤ教徒によってワイン醸造に用いられたと記されている（Leon Africanus 2010: 530, 652, 663）。やや後の時代の証言を挙げれば、一八世紀末のアルジェに在留したフランス領事ヴァンチュール・ドゥ・パラディが、「アルジェリアの農村部ではブドウがさかんに栽培され、それを購入してワインを作ることが許されている」と記している（Venture de Paradis 1983: 129）。この時代のブドウ園は総じて、都市部周辺に散在する小規模な

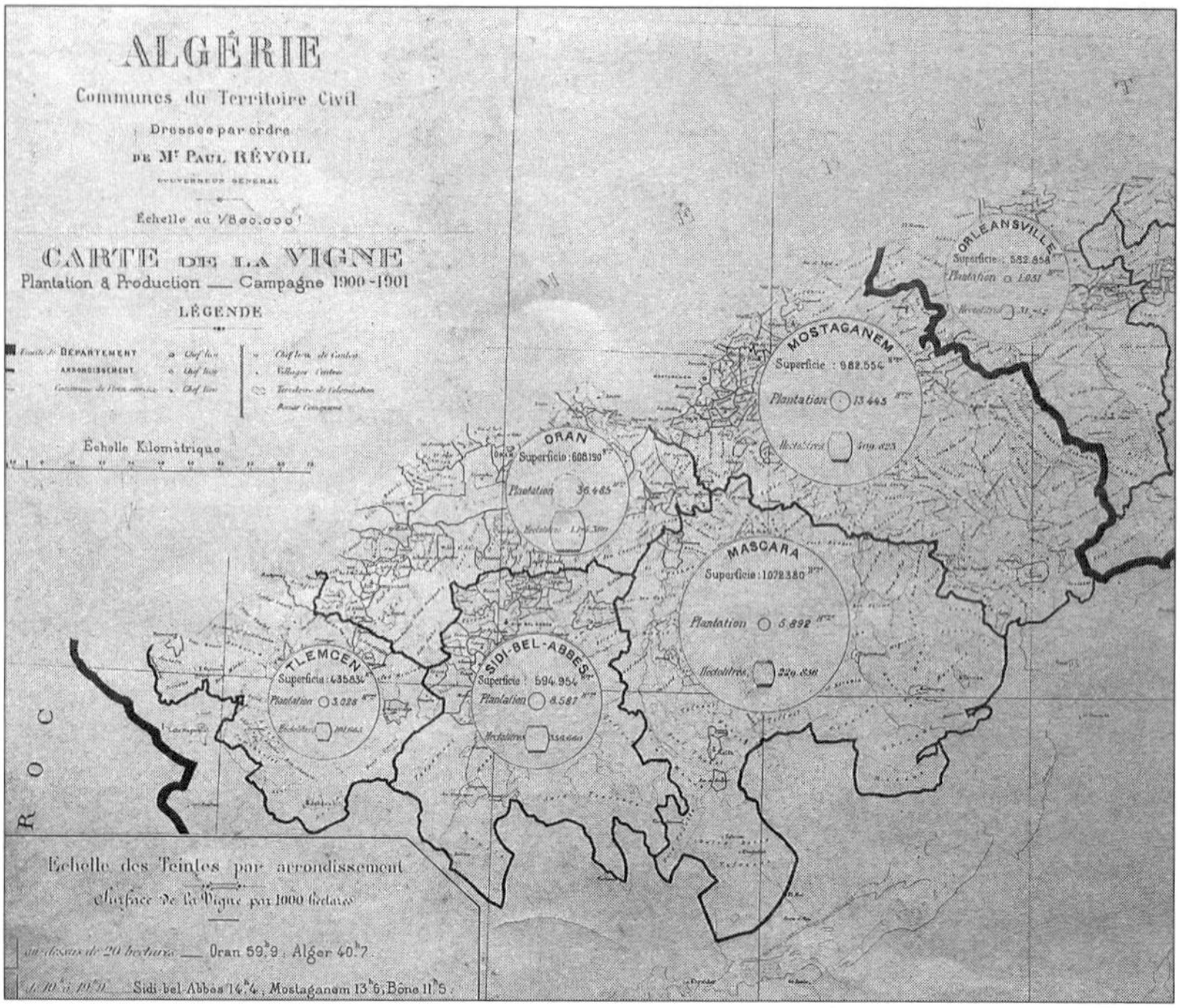

図２　アルジェリアのワイン生産地図（1901 年）

出所）Centre des Archives Nationales, Algérie, CA1-IV-13.

ものて、栽培されていたブドウにはイベリア半島からもたらされた品種と、オスマン朝の支配が北アフリカに及んで以降トルコ方面からもたらされた品種とがあったと考えられる(Bessaoud 2012: 426)。

植民地時代になっても、ただちにヨーロッパ人によるブドウ栽培が拡大したわけではない。フランスによる初期の植民地政策は、駐留軍と入植者の食料となる小麦、商品作物としてのタバコ、綿、麻の栽培を重視した。とくにタバコは一八五〇年代にかけて発展し、一八五九年には生産量が六〇〇万キログラムに達した。一方でブドウ栽培については、本国との競合を避けるために、植民地化の初期から抑制的な政策がとられた。関税政策の面でも、一八五一年までアルジェリアのワインはフランスへの輸出について外国と同様に関税の対象とされた。変化が始まるのは、一八五〇年代から一八六〇年代にかけてである。本国におけるうどんこ病の流行、英仏通商条約（一八六〇年）による自由貿易の拡大、一八六七年法による本国と植民地の貿易の自由化といった要因が、まずはアルジェリア域内の需要をまかなうためのブドウ増産へと政策転換をうながした。

一八六〇年代から一八七〇年代にかけて、アルジェリアのブドウ栽培は最初の拡大期をむかえる。この時期の第一の特徴として、ヨーロッパ人によるブドウ栽培面積の拡大と、先住ムスリムによる伝統的な栽培の後退が挙げられる。ヨーロッパ系入植者の所有するブドウ畑の面積は、一八六八年から一八七八年にかけて、八五四九ヘクタールから一万五四〇〇ヘクタールとほぼ二倍になった。それに対して、先住ムスリムの所有する面積は同じ期間に四六一七ヘクタールから二二一四ヘクタールに後退した。こうした変化の背景には、入植の進展と土地制度改革によって、先住民の所有地売却が加速したことが挙げられる（Isnard 1954: 45-47）。この時期にヨーロッパ系入植者の経営していたブドウ園は多くが小規模なもので、品種の選定、栽培、醸造のすべての面で模索が続いた。アルジェリアには、フランスだけでなくスペインやイタリアなど地中海沿岸のさまざまな地域から入植者が到来した。そうした由来に応じてさまざまな品種と栽培技術が持ち込まれ、多くが挫折した。模索のなかから主流となっていったのが、フランス南西部とイベリア半島に由来するアラモン、カリニャン、アリカンテ、ピクプルといった多収量の品種であり、またこの時期には、高温に適した定植、剪定、収穫と醸造の技術もしだいに蓄積されていった（Isnard 1954: 64-84）。

3　フィロクセラとアフリカ

一八六〇年代、世界のワイン史に大きな断絶をもたらすフィロクセラ危機が始まる。アメリカから輸入された苗木から広がった害虫フィロクセラ（ブドウネアブラムシ）は、ブドウの木を衰弱させ、やがて枯死させる。その被害は一八六三年に南フランスで初めて確認され、一八七〇年代にはフランス全土に、そしてヨーロッパ諸国へと広がっていった。多くのブドウ園が壊滅的な損害を受け、フランスのワイン生産量は、一八七五年の八四五〇万ヘクトリットトルから一八八九年の二三四〇万ヘクトリットルへと激減した（Lachiver 1988: 412-416, Unwin 1996: 287）。アメリカ産の台木を接ぎ木をするという対策が一八八一年に公表され、有効性が実証されたが、この方策がフランス全土に行き渡るまでには、一九二〇年代までの長い時間が費やされた。

フィロクセラ危機によってフランス国内のワイン生産は激減し、当時の国内需要（約四五〇〇万ヘクトリットル）を大きく下回ることになった。この不足を補ったのが、当初はイタリアやスペインからの輸入であり、それに続いたのがアルジェリアにおける生産拡大であった。アルジェリアのブドウ栽培面積は、一九〇三年には一七万ヘクタール以上に達し、一八七〇年代の約一〇倍となった。拡大はアルジェリア西部のオラン地方でめざましく、中部のアルジェ地方がそれに続いた。新たなブドウ園のほとんどは、入植村の建設とともに拡大したものであった。二〇世紀初頭のアルジェリアでは、ブドウ園の九八％はヨーロッパ人の所有下にあった（Isnard 1954: 117, 140）。

アルジェリアがフィロクセラの損害を逃れたわけではない。アルジェリアで最初のフィロクセラは一八八五年に確認され、被害は一九〇〇年代にかけてゆっくりと拡大した。本国における危機との時間差と、すでに本国で確立しつつあった対策を利用できたことが、アルジェリアのワイン生産者に有利な状況を作り出した。アルコール度数が高いアルジェリア産のワインは、生産不足を支える低価格ワインとして、また、ブレンド用の原酒として、本国市場むけの主要な輸出商品となった（Demontès 1930, Roudié 1988）。

しかし、一八九〇年代以降にフランスにおける生産が回復するにつれて、過剰生産によるフランス産製品との競合という問題が生じる。そこから生じた一つのエピソードを紹介しておこう。競合のなかで本国側のワイン生産者が求めたのが、産地保護政策であった。そのための産地証明の制度が、今日さまざまな農産物に適用されている原産地呼称保護制度（AOC）の発展にも影響を与えた（Stanziani 2004, Meloni & Swinnen 2014: 14）。一説によれば、こうした政策がとられたきっかけは、アルジェリア産のワインを「フランスワイン」としてイギリスに売り込もうとした業者への対策であったといわれる（Birenbent 2007）。当時のフランス政府の公式見解にしたがえば、アルジェリアは単なる植民地ではなく、「県」としてフランスの一部をなしていたので、そうした宣伝にも根拠がないではなかったのである。

一方、南アフリカでは、ヨーロッパのフィロクセラ危機以降の展開は大きく異なっていた。ケープ植民地でも一八八六年に初めてフィロクセラが確認され、一八九〇年代にはブドウ畑のおおよそ四分の一が失われた。それにもかかわらず、南アフリカのワイン産業は過剰生産に悩まされ続けた。南アフリカ戦争（一八九九〜一九〇二年）から南アフリカ連邦の成立（一九一〇年）前後の時代、この地域のワイン産業は長期的な不況を経験した。そうした構造的問題への対策として設立されたのが、KWV（南アフリカワイン生産者有限責任協同組合）であった。一九一八年に設立されたこの組織は、域内のワイン販売を独占して価格規制と生産調整を行い、技術指導にもかかわった。アフリカーナーの資本と結びついたKWV体制のもとで、南アフリカのワイン産業は国内市場に集中し、度重なる困難を経験しつつ技術の蓄積を進めていった。それはやがて、一九九〇年代に輸出市場に躍り出る基盤となる（James 2012: 35-47）。

4　ブドウ栽培と労働力

ケープとアルジェリアにおけるブドウ栽培の発展を比較するときに、現地社会への影響として無視できないのが労働力の問題である。一九世紀初頭のケープ植民地におけるワイン増産を支えたのは、奴隷たちの労働であった。一九世紀前半のイギリス支配は、一方では奴隷の使役から得られるワインの増産を推し進め、他方では奴隷貿易の禁止と奴隷の待遇改善を試みるという二面性があった。奴隷貿易の廃止（一八〇八年）以降、南アフリカにおける奴隷の価格は上昇する。その間、奴隷の総数はほとんど増加していないが、奴隷一人当たりのワイン生産量は一八一四年から一八二三年にかけて約四倍に上昇したとされる。同時期の生産技術に大きな変化がなかったことを考えれば、増産はもっぱら奴隷に対する搾取の強化によって支えられていたことになる（Rayner 1986: 66-67）。

一八三三年に、イギリス帝国内の大部分で奴隷制の廃止が決定され、南アフリカでは四年の移行期間をへて一八三八年までに奴隷制が廃止されることになった。この時期は、一八二五年の優遇関税の廃止後の輸出停滞期と重なる。そうした状況下で、イギリス政府も入植者も、海外からの年季契約労働者の導入に消極的であった（Rayner 1986: 317）。ケープ植民地では、解放された奴隷の多くが隷属的な賃労働者として農村部にとどまった。こうした経営形態の移行は、奴隷解放の補償金を農場経営者が手にすることで可能になったのだった（Keegan 1996: Ross 1993: 144-145）。

労働力供給の事情は、地中海に面したアルジェリアでは大きく異なっている。一九世紀後半に始まるワインブームを支えたのは、第一に、本国からの移住者であった。フィロクセラの被害が最初に広がった南フランスから多くの農民が移住し、開拓に従事しただけでなく、さまざまな技術を持ち込んだ（Isnard 1954: 105）。第二にあげられるのは、スペインやイタリアなどからの季節労働者である。アルジェリアでは一九世紀以来、フランス出身者とスペイン、イタリアなど近隣諸国からの入植者の数がほぼ拮抗していたが、ブドウ栽培の急拡大はあらためて多数の非フランス系移住者をひきつけるきっかけになった。

ところが、一八九〇年代にアルジェリア産ワインの過剰生産と価格低下の傾向が明らかになると、経営の大規模化が進み、低賃金の労働力として先住ムスリムの人々を雇用する慣行が広がっていく。入植者の経営する農場でムスリムが労働者となること自体は、一九世紀半ば頃から珍しいことではなくなっていた。それは先住民小作人層の副業であり、伝統的土地制度の解体によって生活基盤を失った人々の生活手段であった（Chenntouf 1981: 94）。しかし、そうした現象がブドウ栽培に及ぶのは他の分野よりも遅く、一八九〇年代以降のこととされる。当初は開墾、収穫など単純作業に用いられていたムスリムたちは、一八九〇年代にワイン価格が低下すると、しだいにそのほかの栽培過程でも雇用されるようになり、一部では剪定を任せるブドウ園もあらわれた。こうした雇用をつうじて、入植村内に居住する日雇い労働、あるいはアルジェリア域内のカビリー山地、域外ではモロッコなどから移動してくる季節労働といった労働形態が確立していった（Isnard 1954: 218-223）。アルジェリアのワインブームは、土地を失った先住民を賃労働者へと転化していく歯車として、植民地体制のなかで機能したのだった（Ageron 1968: 846-847）。

おわりに

アフリカ各地の植民地経験をめぐる議論は、列強の統治と現地の政治社会のかかわりを軸として蓄積されてきた。そうした文脈に農業の視点をとりいれることによって、あらたに射程の長い比較の可能性がひらかれる。素描にとどまる本稿から、いくつかの論点を確認しておこう。植民地におけるワイン用ブドウ栽培の歴史は、宗主国側の経済政策に左右され、その過程では本国からの技術移転と、労働力としての先住民の組み込みがくりかえされてきた。ブドウの栽培は、一九世紀のフィロクセラ危機におけるアルジェリアのように、本国における生産不振を埋め合わせ、ときには、技術と人材を一時待避させる場としても機能してきた。しかし関連は一方向に限られていたわけではない。同じくフィロクセラ危機の対応にみられたように、植民地との関係のなかから形作られてきた品質規制が本国における制度に影響を及ぼした例もある。ブドウ栽培もまた、帝国に織り込まれた循環的なネットワークの一部をなしていた。

最後に、第一次世界大戦以降の展開を簡潔にたどっておく。南アフリカでは、KWVの規制のもとで最低価格の維持と生産量制限によって安定を重視する制度が構築された。それに対して、アルジェリアではワイン生産が旺盛に拡大し、植民地経済の支柱となった。第一次世界大戦後から一九三五年までの期間に、栽培面積は二倍以上に拡大し、アルジェリアのワイン輸出量は世界第一位となり、一九三〇年代後半には生産量でスペインを抜いて世界第三位となった（表1、2）。これほどの急成長をとげた産業は、当然ながら投機的性格を持つ。一九三四〜三五年の大豊作は再び過剰生産による危機をもたらし、一九世紀末と同じく、多数の業者が破綻の危機に瀕した。救済のためにさまざまな金融政策が実施された経緯は、ワイン産業の発展と維持がフランス政府にとって重要な課題であったことを証言する。一九三三年の時点で、アルジェリアからの総輸出額にワインが占める比率は実に六六％に達し、独立直前の

表１　1875～1938年のワイン生産量（百万ヘクトリットル）

地域	1875〜1884	1885〜1894	1905〜1909	1915〜1919	1925〜1929	1935〜1938
フランス	48.8	31.9	58.3	39	56.8	58.8
スペイン	21.6	21.9	14.9	17.8	21.2	14.9
アルジェリア	0.5	3.1	7.7	6.9	11.1	16.8

出所）Pinilla/Ayuda 2002: 57.
注）年平均。

表２　1909～1938年のワイン輸出量（百万ヘクトリットル）

地域	1909 ~ 1913	1924 ~ 1928	1934 ~ 1938
スペイン	3.1	4.1	0.6
イタリア	1.6	1.4	1.3
アルジェリア	6.8	7.9	12.9
世界合計	16.5	18.1	19.2

出所）Pinilla/Ayuda 2002: 58.
注）年平均。

一九六一年になっても五三％を維持した（Isnard 1975: 4)。

しかし、輸出の大部分が本国フランスむけという構造には脆さがあった。アルジェリアが一九六二年に独立する前後に、ワイン製造業の各部門を所有していた入植者のほとんどがこの国を離れた。所有者不在の「無主物財産」と見なされたブドウ園は、アルジェリア政府によって国有化され、多くが自主管理農場に転換されていった（Launay 2007: 411-418)。独立後もフランスとの間で一定量のワインを輸出する協定が結ばれたが、協定は空文化し、かつてのように「フランス産」ワインとして混合用原酒に使用できなくなったアルジェリア産ワインは市場を失う。社会主義諸国をはじめとする他国への輸出も広がらず、栽培技術の低下はさらなる収量の減少をまねいた。一九六〇年代末以降、ブドウはつぎつぎと伐採され、一九九〇年代初頭の栽培面積は一八七〇年代の水準にまで落ち込んだ。ブドウ畑から転換された農地においても、穀物の生産増が目標に達することはなかった。農業革命の蹉跌を証言するかのように、今日でもアルジェリアには植民地時代のワイナリーの建物が点在する。過ぎ去ろうとしない過去の重みを伝える、葡萄酒が作り出した景観である。

参考文献

Ageron, Ch.-R. 1968: *Les Algériens musulmans et la France*, Paris: PUF.

Bessaoud, O. 2012: "La viticulture oranaise, au cœur de l'économie coloniale," A. Bouchène, et al. (dir.), *Histoire de l'Algérie à la période coloniale* (*1830-1962*), Paris: La Découverte, pp. 425-427.

Birenbent, P. 2007: *Hommes, vignes et vins de l'Algérie Française: 1830-1962*, Nice: Jacques Gandini.

Braudel, F. 1979: *Civilisation matérielle, économie et capitalisme, XVe-XVIIIe siècle. tome 1, Les structures du quotidien, le possible et l'impossible*, Paris: A. Colin.（邦訳：フェルナン・ブローデル、村上光彦訳『日常性の構造――物質文明・経済・資本主義一五～一八世紀』みすず書房、一九八五）

Chenntouf, T. 1981: "L'évolution du travail en Algérie au XIXe siècle," *Revue de l'Occident musulman et de la Méditerranée* 31, pp. 85-103.

Demontès, V. 1930: *L'Algérie économique*, 5 vols., Alger: G.G.A.

Dion, R. 1977: *Histoire de la vigne et du vin en France*, Paris: Flammarion（邦訳：ロジェ・ディオン、福田育弘・三宅京子・小倉博行訳『フランスワイン文化史全書――ぶどう畑とワインの歴史』国書刊行会、二〇〇一）

Isnard, H. 1951-1954: *La vigne en Algérie. Étude géographique*, 2 vols., Gap: Ophrys.

Isnard, H. 1975: "La viticulture algérienne, colonisation et décolonisation," *Méditerranée, deuxième série* 23, pp. 3-10.

James, T. 2012: *Wines of the New South Africa*, Berkeley: University of California Press.

Keegan, T. 1996: *Colonial South Africa and the Origins of the Racial Order*, Charlottesville: University of Virginia Press.

Lachiver, M. 1988: *Vins, vignes et vignerons: Histoire du vignoble français*, Paris: Fayard.

Launay, M. 2007: *Paysans algériens 1960-2006*, 3e éd., Paris: Karthala.

Leon Africanus 2010: *The History and Description of Africa and of the Notable Things therein Contained*, vol. 2, translated by J. Pory, Cambridge: Cambridge University Press.

L'Organization international de la Vigne et du Vin（OIV）2015: *World Vitiviniculture Situation*.（http://www.oiv.int/oiv/info/enpublicationsstatistiques/ 二〇一五年七月二五日閲覧）

Meloni, G. & J. Swinnen 2014: "The Rise and Fall of the World's Largest Wine Exporter: And its Institutional Legacy," *Journal of Wine Economics* 9(1), pp. 3-33.

Nozawa, J. 2012: *Les vins européens à la conquête de l'Asie extrême: Le rôle de la VOC dans l'expansion orientale du vin aux Temps modernes*, Thèse de doctorat, Université Paris-Sorbonne.

Pinilla, V. & M.-I. Ayuda 2002: "The Political Economy of the Wine Trade: Spanish Exports and the International Market, 1890-1935," *European Review of Economic History* 6(1), pp. 51-85.

Rayner, M. I. 1986: *Wine and Slaves: The Failure of an Export Economy and the Ending of Slavery in the Cape Colony, South Africa 1806-1834*, PhD thesis, Duke University.

Ross, R. 1993: "Emancipations and the Economy of the Cape Colony," M. Twaddle (ed.), *The Wage of Slavery: From Chattel Slavery to Wage Labour in Africa, the Caribbean and England*, London: Frank Cass.

Roudié, Ph. 1988: *Vignobles et vignerons du Bordelais, 1850-1980*, Paris: CNRS.

Stanziani, A. 2004: "Wine Reputation and Quality Controls: The Origin of the AOCs in 19th Century France," *European Journal of Law and Economics* 18, pp. 149-167.

Unwin, T. 1996: *Wine and the Vine: An Historical Geography of Viticulture and the Wine Trade*, London: Routledge.

Venture de Paradis, J.-M. 1983: *Tunis et Alger au XVIIIe siècle*, Paris: Sindbad.

第9章 緑の革命とアフリカ
トウモロコシを中心に

鶴田 格

はじめに

アフリカの現代史は、植民地支配をはじめとする外部からの抗しがたい政治経済的な圧力によって形成されてきた。その歴史を食と農という観点から考察するにあたって、トウモロコシほど重要な作物は他にないだろう。それは単にトウモロコシが現在アフリカの多くの地域で主食となっているからだけではない。トウモロコシがこれだけ広範に普及したのは、たかだかここ数十年ほどのことに過ぎないのだが、その普及の過程が、二〇世紀前半における植民地経済の形成と、独立後の国家レベルでの食料生産・流通システムの統制と密接に連動してきたからである。つまりトウモロコシが庶民の日常食となったのは、アフリカ人の自発的な選択の結果だったというよりは、むしろ上からの強い政治経済的な力が働いたからだといってよい。

また栽培技術の面においても、アフリカのトウモロコシ生産は常に外部からの影響に直接さらされてきた。早くも一九三〇年代のアメリカで完成されたハイブリッドという画期的な育種技術や、大型機械を使った大規模畑作の技術はアフリカにもほぼ同時代的に到来した。しかし、こうした技術を使ってアジアのコメやコムギにおけるような画期的な農業生産性の向上すなわち「緑の革命」がアフリカにおいても目指されたものの、それは今までのところ成功していない。本章では、こうした世界農業の共時的構造のなかでのアフリカのトウモロコシ生産の歴史について、南部アフリカを中心に、特に緑の革命という観点から検討したい。

1 アフリカにおけるトウモロコシ導入の歴史と現在

(1) 野菜から主食穀物へ

イネ科作物でありアフリカをはじめ多くの地域で主食となっているトウモロコシは「穀物」と呼ぶにふさわしい。しかし日本人のイメージではトウモロコシはむしろ「野菜」の一種として捉えられているだろうし、栄養学的に見ても（ビタミンA、C、Eが多いなど）穀物というより野菜に近い側面がある。じつはアフリカにおいても、当初トウモロコシが新大陸からもたらされたあとしばらくは、それは副食的な野菜として、もしくはモロコシなど主食の端境期に食べられる補完的な作物として位置づけられていた。

トウモロコシはいつどういう経緯で新大陸からアフリカに到来したのだろうか。さまざまなルートが考えられるが、一般には、主としてポルトガル人が一六世紀以降西アフリカ、南部アフリカ、東アフリカなど各地の沿岸部に、おそらく軍隊や奴隷運搬船で供する食料用としてもたらしたといわれている。各地のアフリカ人農民は、当初はそれを主食としてではなく野菜として、移動耕作、混作など既存の農法に適応した形で徐々に受け入れていったと考えられる。アフリカで広まったトウモロコシには早熟なフリント種と呼ばれる種類が多かったが、それがアフリカ人に好まれた理由の一つは、主食のモロコシなどが熟する前に、さほど労力を使わなくてもその未熟な果実が端境期を生き延びるための食料を提供してくれたことにある。モロコシなど穀粒の小さな雑穀類に比べると鳥害に強く、貯蔵や調理が容易だという利点もあった。一部地域では一九世紀までにトウモロコシが主要な食料となっていたが、そうした例外を

表1　アフリカにおけるトウモロコシの生産と消費（北アフリカを除く）

国民のカロリー消費量に占めるトウモロコシの割合	2002年	人口1人あたりのトウモロコシ生産量	1961～70年の平均	2004～13年の平均
45～59%	レソト、マラウィ、ザンビア、ジンバブウェ	200kg以上	南アフリカ、マラウィ、ジンバブウェ	南アフリカ、マラウィ
32～38%	南アフリカ、ケニア	140～200kg	ザンビア	ザンビア
18～29%	エチオピア、タンザニア、モザンビーク、スワジランド、ボツワナ、ナミビア、カメルーン、トーゴ、ベナン	90～140kg	ケニア、レソト、スワジランド	ベナン、トーゴ、タンザニア
		50～90kg	ベナン、アンゴラ、タンザニア、カメルーン、トーゴ、カーボヴェルデ	ジンバブウェ、マリ、ケニア、カメルーン、ブルキナファソ、モザンビーク、ガーナ、ウガンダ、スワジランド、ギニア、エチオピア
10～16%	アンゴラ、マリ、ナイジェリア、ブルキナファソ、ガーナ、コートジボワール			

出所）消費量に関してはMaCann（2005: 10）、生産量に関してはFAOSTATより算出。

除けば、多くの場合トウモロコシは他の作物と混在する形で少量が植えられていたにすぎなかった（McCann 2005: 23-38 and passim）。

こうして一〇〇年前まではマイナーな作物でしかなかった外来のトウモロコシが、驚くべきことに今ではアフリカで最も重要な穀物となり、特に南部アフリカや東アフリカでは主食の代表のような存在になっている。世界で食料としてのトウモロコシへの依存度が高い二二の国のうち一六はアフリカにある。そのトップの三国（レソト、マラウィ、ザンビア）では、トウモロコシの起源地であるメキシコなど中米よりも依存度が高い（表1）。さまざまな穀物の起源地エチオピアでも、トウモロコシの生産量はほかのどの穀物よりも大きくなっている。イモ類の消費が多い西アフリカでも、現在ではトウモロコシの重要性は高い。こうしてトウモロコシが主食穀物として登場し、野菜として粒のまま食されるのではなく乾燥させたものを製粉して練り粥に加工したものが大量消費されるようになり、また菜園のなかの脇役からそれだけが単一的に植えられる「畑作物」に変貌したのは二〇世紀に入ってからのことで、それがアフリカ人の食事と農法を根本的に変えてしまった（McCann 2005: 26-27）。

(2) 二〇世紀におけるトウモロコシ生産の急拡大

当初は野菜、あるいは補完的作物としてアフリカ人農民に受け入れられたトウモロコシが、どのようにして極めて短期間に各国の国民食といえるまでに変貌したのだろうか。そうした動きの先がけとなったのが、現在アフリカ大陸で最大のトウモロコシ生産国である南アフリカ共和国における初期のトウモロコシ生産の発展である。

いま南アフリカの穀倉地帯となっているオレンジ自由州からトランスヴァール、レソトにかけての高原地帯（「トウモロコシ三角地帯」と呼ばれる）では、一九世紀半ばにはすでに地元のソト人によってトウモロコシが、主食のモロコシの成熟以前に収穫でき、野菜としてすぐ食べられる補完的な作物として受け入れられていた。一九世紀後半に近隣のキンバリー（ダイヤモンド）やウィットワーテルスラント（金）で鉱山の操業が開始され、そこで働く労働者に供される主要な食料としてトウモロコシの需要が増えると、ソト人農民は即座に反応して換金用のトウモロコシ栽培を始めた。同時期に進展したのが白人入植者による大規模トウモロコシ作である。二〇世紀始めにかけて鉱山だけでなく都市部一般の食料としてトウモロコシ粉が普及し、ローラーミルという大型の製粉機を用いた大規模な製粉業も営まれるようになった。その過程で、収量が多く機械化製粉に適した品種として、従来のフリント種にかわって、アメリカから持ち込まれたデント種（デンプン部分がやわらかい種類のもの）が生産されるようになった。またトウモロコシはイギリスなどの工業的なデンプン産業用に輸出もされていたが、そこで好まれたのも白いデント種のトウモロコシであった。同じ頃、黒人農家の間では牛耕によるトウモロコシ作が普及し、また資金力のある白人大規模農家はアメリカで発展したトラクターなど最新技術を導入した。一九三〇年代までには、それまで白人の商品作物の中心だったコムギと、黒人の主たる自給作物だったモロコシを、トウモロコシが凌駕するまでになる（McCann 2005: 102-111）。

こうして一九世紀末から二〇世紀初頭にかけての南アフリカでは、鉱山や都市の発展という植民地経済の成長を支える食料として商業的トウモロコシ生産が進展し、それはアメリカにおけるトウモロコシ生産技術の進展と密接に連動していた。同時に起こったのは、それまで自給用に多様な品種がさまざまな形態で生産されていたトウモロコシが市場向けに規格化されたことであり、それを象徴するのが、画一的な白い改良デント種がさまざまな色の在来のフリント種を駆逐していく過程であった。アフリカ人は世界的に主流の黄色いトウモロコシではなく、白いトウモロコシを圧倒的に好むのだが、そうした白に対するアフリカ人の執着もここに生まれたと考えられる。以上のような市場向けトウモロコシ生産の進展は、南アフリカ以外の南部アフリカ諸国でも少し遅れて進行した。そうした経緯を、以下ジンバブウェ、ザンビア、マラウィの事例を中心に検討してみよう。

2 南部アフリカ諸国におけるトウモロコシ生産の進展――植民地期

現在のジンバブウェ（南ローデシア）、ザンビア（北ローデシア）、マラウィ（ニャサランド）はいずれももともとイギリスの統治下にあり、一九五三年から一九六三年にかけて政治的な統一体（ローデシア・ニャサランド連邦）を一時的に形成したほど互いに関係が深かった。南ローデシアはその白人入植者の数の多さが突出しており、一九八〇年に黒人支配が確立されるまで長く白人の政権が続いた。南アフリカに近いこともあり、三国のなかではトウモロコシ生産技術が一番進んでいた。北ローデシアにもかなりの白人入植者がいて商業的トウモロコシ生産を主導し、中部に急成長した銅鉱山への食料供給を支えた。ニャサランドは最も白人が少なく、商業的トウモロコシ生産という点では後れをとっていたが、それは黒人の自給作物として深く浸透した。これら三国は、二〇世紀を通して在来の食物が徐々にトウモロコシにおきかえられたことによって、今ではアフリカでも最もトウモロコシへの依存度が高い地域となっている（表1）。

南ローデシアでは、隣接する南アフリカと同様に二〇世紀の初頭から白人入植者によってトウモロコシが重要な換金作物として作られていた。一九一〇年代から一九二〇年代にかけて、トウモロコシはイギリスのデンプン産業向け

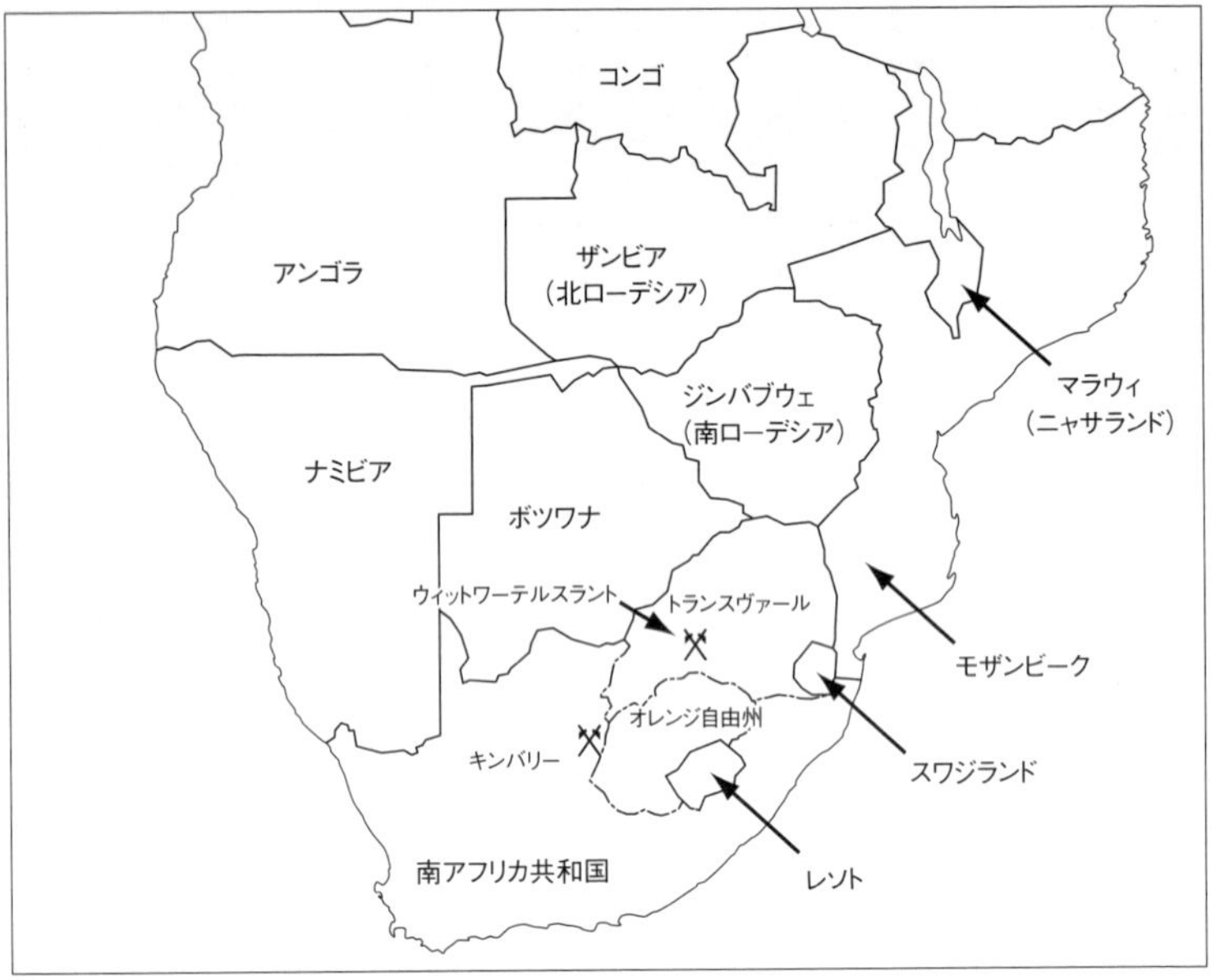

図１　南部アフリカ諸国

出所）筆者作成。

に輸出されると同時に、北ローデシアや隣接するコンゴで発展しつつあった銅鉱山の労働者に提供される穀物としてその生産が進んだ。一方、一九三〇年代には、国内の黒人都市民の間でもトウモロコシ粉が主食として広まり、その背景には効率的な機械製粉の普及があったと見られる。その頃白人農家はトウモロコシからタバコ生産に徐々にシフトする一方で、アフリカ人農民によるトウモロコシ生産が、おそらく牛耕の普及とあいまって進展した。アフリカ人が作る安いトウモロコシが市場に出回って白人農家を圧迫することを恐れた政府は、一九三〇年代初頭にトウモロコシ監督庁を設立し、価格保証などで白人農家を優遇する措置を講じた（Miracle 1966: 160-166, McCann 2005: 140-148）。しかしそれにもかかわらず、アフリカ人農民のトウモロコシ生産量は、都市部における消費量とともに一九五〇年代にかけて伸びていった。

北ローデシア（ザンビア）でも同様に、域内外の鉱山都市の進展に引きずられる形で白人入植者などによるトウモロコシ生産が進展した。一九三五年には南ローデシアと同じく白人農家を優先するためのトウモロコシ流通統制に乗り出すが、それにもかかわらず一部地域ではアフリカ人農民によるトウモロコシ生産が進展した。トウモロコシが（モロコシなどと違って）市場で売れるということが、当時すでに現金を必要とするようになっていたアフリカ人農民にとって重要だった。その後大規模白人農家、アフリカ人農家ともに生産を伸ばし、一九五〇年代初期には北ローデシアで市場に出回るトウモロコシのおよそ半分がアフリカ人によって作られるまでになった。ニャサランド（マラウィ）においても、一九世紀後半から二〇世紀初頭にかけて徐々にトウモロコシが浸透していく。一九一〇年代には、イギリスへ輸出されるとともに、国内の軍隊向けの需要が急増した。一九一八年に軍隊用に仕向けられた約六千トンのうち半分は白人農家が供給し、半分はアフリカ人農家に生産を奨励して調達した。第一次大戦後は軍隊向けの需要は落ち込むが、政府の役人やプランテーション労働者向けの需要が存在した。第二次世界大戦中は価格支持政策により生産が拡大し、一九五〇年代にはアフリカ人のトウモロコシ市場供給量が白人農家のそれを大きく上回るまでになった（Miracle 1966: 155-160, 223, McCann 2005: 159-162）。

以上のように当初は植民地経済（鉱山、宗主国への輸出、プランテーション、軍隊）と都市化の進展につれて、白人入植者を中心に始まった南部アフリカのトウモロコシ生産は、しだいにアフリカ人都市民の食事として、また植民地時代後期にはアフリカ人農民にとっての貴重な現金収入源としてその生産が浸透していった。鉄道輸送網の発達などの交通事情の改善は、そうした傾向を一段と強めた。こうして一九五〇年代までにトウモロコシはアフリカ人農家の主要な経済作物となり、それは独立前夜のアフリカ人市民の政治的な力の増大とおそらく無縁ではなかった。

3　トウモロコシによる「緑の革命」の紆余曲折

(1)　独立後の農業近代化の試み

南ローデシアを除き一九六〇年代に独立した東南部アフリカの国々は、わずか半世紀の植民地経済のなかで重要な

表２　改良品種の生産面積割合（%）

	1990年		2006年		
	ハイブリッド	ハイブリッド+OPV	ハイブリッド	ハイブリッド+OPV	自家採種分を含めた調整後
ジンバブウェ	96	96	74	80	93
ザンビア	72	77	69	73	81
マラウィ	11	14	7	22	50

出所）Smale et al. 2011: 30.
注）全トウモロコシ生産面積に対する比率。

主食に変貌したトウモロコシのアフリカ人農民による増産を目指した。それまで白人農家が独占的に、もしくは優先的に使用していた近代的技術、すなわちトラクターなどの農業機械、改良種子、化学肥料などをアフリカ人にも入手可能にしようとしたのである。具体的には、生産者価格を保障したり、補助金によって農家に化学肥料や改良種子を低価格で配布したり、融資によって農民がそうした投入財を入手しやすくしたりすることで収量増加を達成するという戦略をとった。

東南部アフリカを対象とした論文（Smale & Jayne 2010）のなかで、スメイルとジェーンは、独立以降のトウモロコシ生産の歴史を一九九〇年以前と以後で二つの時期に分けている。一九八〇年代までは、独立後の希望に満ちた雰囲気のなかで、品種改良や、政府の小農優遇策（補助金による化学肥料の提供など）により、アフリカ人小農の間でトウモロコシ生産が進展した時代である。なかでもトウモロコシの改良品種は、アフリカ人農民の間でも広く普及した（表２）。改良品種にはハイブリッドとＯＰＶ（自然受粉品種）の二種類がある。ハイブリッドは、収穫した種子を再度植えて育った第二世代は一般に形質がバラつき収量が相当落ちるため、毎年新しい種子を購入する必要がある。しかしアフリカでは一般の小規模農家は種子を購入する資金にすら事欠くことが多いため、ハイブリッド種子を複数回自家更新（「リサイクル」）して使うケースがよく見られる。これに対してＯＰＶは、一般にハイブリッドより収量は落ちるが、自家採種して種子をリサイクルすることがある程度の年数可能である。またハイブリッドは適切な量の化学肥料を併せて使用しないとその能力を十分に発揮することができないが、アフリカ諸国では化学肥料のほとんどを輸入に頼っているため高価で、一般の農家は政府の補助金がなければ化学肥料を購入することは難しい。以下、この改良品種の開発と普及を中心に、南部アフリカの「緑の革命」について見てみたい。

(2) 改良品種の普及による「トウモロコシ革命」

右の表2から、南部アフリカ三カ国のなかではジンバブウェがハイブリッドを中心とした改良品種を先頭に立って受け入れてきたことが分かる。一九九〇年代の終わりに農業経済学者たちが著した『アフリカの来るべきトウモロコシ革命』という本（Byerlee & Eicher 1997）のなかでも、ジンバブウェの事例が模範的な成功事例として描かれている。その本では、ジンバブウェ（南ローデシア）の「トウモロコシ革命」を黒人政権成立（一九八〇年）の前後で二期に分けている。第一期のトウモロコシ革命の源流は、上述のような白人支配体制のなかで白人農業に資するために品種改良の努力が続けられてきたことにある。南ローデシアにおけるトウモロコシのハイブリッド育種は早くも一九三二年に始まり、一九四九年には最初のハイブリッド品種ＳＲ１が完成する。一九六〇年には画期的に収量が高いハイブリッド品種ＳＲ52の配布が開始された。アジアの緑の革命に先立つこと五年ほど前のことである。当時すでに白人が作った「種子トウモロコシ協会」により種子の再生産体制ができあがっていたこともあり、ＳＲ52はまたたくま間に白人農家の間で広がり、その後八年のうちに商業的農家のトウモロコシ作付面積の三分の二で栽培されるまでになった。

こうしてジンバブウェの最初のトウモロコシ革命は政治的に強力な白人入植者によって推進され、その成功の象徴となったのがＳＲ52であった。ところが一九六五年に南ローデシアの白人政府が一方的に独立を宣言すると、ハイブリッド品種の開発は新たな展開をみせた。反発した宗主国イギリスの主導で経済制裁が実施されたため主要な商品作物であったタバコが輸出できなくなり、砂質の乾燥地にいる白人タバコ農家がトウモロコシ作に転換できるように、（降雨期間が短くても収穫できる）短期間で成熟する早生品種の開発が急がれたのである。こうして一九七〇年前後から早生のハイブリッドＲ２００、Ｒ２０１、Ｒ２１５が導入されたが、それは予想外の効果をもたらした。乾燥地向けに開発されたＲ２０１は、降水量の少ない条件不利地域に住むアフリカ人農家の間にも浸透していったのである。こうしてジンバブウェに多様な環境に適応したハイブリッド品種があったことが、次のアフリカ人中心の第二のトウモロコシ革命（一九八〇年代）の下地となった。新生黒人政権下では、降水量の多い地域の白人の商業的農場と条件不利地域のアフリカ人の小規模農業という従来の二重構造は温存されたものの、一九八〇〜八六年の間にアフリカ人小農のトウモロコシ生産量は倍増した。その背景には、新政権の明白なアフリカ人小農優先政策があった。アフリカ人小農が金融にアクセスできるようになって化学肥料の使用が伸び、またハイブリッド種子の普及も進んだのである。一九九〇年頃にはジンバブウェのトウモロコシ畑の九〇％以上でハイブリッド品種が作付けされるまでになった（Byerlee & Eicher 1997: 25-42, McCann 2005: 140-157）。

独立後のザンビアでは、一九六〇年代初頭から一九八〇年代末にかけてトウモロコシ生産量が三倍以上にも増加した。一九六〇年代の増加の背景にはＳＲ52を全面的に受け入れ機械化されたトウモロコシ生産を行う白人農家がいた。他方でアフリカ人の小規模農家の間では、ＳＲ52（とその後継品種）はトウモロコシの作付面積の三〇％に普及したに過ぎなかった。なぜならアフリカ人農家はＳＲ52の十分な生育に必要な灌漑や入念な除草や窒素肥料の投入ができるだけの資本を持っていなかったからである。しかし、明白なアフリカ人優先の方針を持っていた独立後の新政府は、既存の農業試験場を再興して一九八四年にはＳＲ52の新しいヴァージョンであるＭＭ７５２を開発したのち、一九九〇年代初頭までにザンビアの環境に適合した九つの白いデント種のハイブリッドと、小農用の二つの早生フリント種を開発した。これらの改良品種はアフリカ人農家の間に普及し、一九八〇年代半ばから一九九〇年代初頭にかけて小規模農家のハイブリッド作付面積は、トウモロコシ作付面積の三〇％から六〇％に急上昇した。化学肥料に対する補助金や生産者価格支持政策もあり、それまでトウモロコシがあまり作られていなかった遠隔地においても生産が伸びていった（Byerlee & Eicher 1997: 45-60, McCann 2005: 159-166）。

表２にあるように、上記の国々と比べるとマラウィにおける改良品種普及率は一九九〇年代までかなり低かった。

マラウィは世界で最も食料におけるトウモロコシ依存率の高い国の一つであるが、そのトウモロコシは（大規模農家中心の南アフリカやジンバブウェと違い）主として小規模農民の混作畑で生産されてきた。一九八〇年代の報告によればトウモロコシは多くの場合豆類などと一緒に植えられており、その品種はほとんどが在来のフリント種であった。在来品種にこだわる理由は、その方が貯蔵がきき調製が容易で味もよいし、また新品種の種子を買う資金がないからである。一九九〇年代のマラウィではこうした小農の好みにも合うように、フリント種とデント種の両方の性質を持つセミ・フリント種のハイブリッド種子（無肥料でも在来種より収量が高い）が開発され、農民にも受け入れられた（Byerlee & Eicher 1997: 63-79, McCann 2005: 166-170）。

(3) 緑の革命の後退？——不確実性の時代

このように一九八〇年代まで改良品種の受け入れを中心に進展したアフリカ人農家によるトウモロコシ生産は、しかし、一九九〇年代以降は逆戻りするかのごとく、政治的不安定や干ばつ、その他の要因によって後退していった。この一九九〇年代以降の時期を、スメイルとジェーンはトウモロコシ生産の「不確実性の時代」と呼んでいる（Smale & Jayne 2010）。

なかでもトウモロコシ生産の後退が著しいのは、ムガベ政権が白人農家から農地を取り上げてアフリカ人に再分配するという強硬的な政策をとったジンバブウェである。上記のようにジンバブウェにおけるトウモロコシ農業は、アフリカ人層にまでハイブリッド品種が普及したことで、一九九〇年代の時点ではアフリカにおける農業近代化の稀に見るサクセス・ストーリーのように考えられていた。しかし現実には白人を中心とした大規模商業農業とアフリカ人小農民の二重構造は温存されたままであったし、両者のトウモロコシの単位面積当収量には依然として四倍前後の格差があった。一九八〇年代の技術革新や収量増もアフリカ人農民すべてが恩恵を受けたわけではなく、条件不利地域にいる取り残された農民層の不満がつのっていた。また化学肥料購入の元手となる小規模農家向け融資は常に安定して供給されていたわけではなく、近代化政策への過度の依存はある意味でアフリカ人小農の脆弱性を増したともいえる。実際に一九八〇年代後半以降は干ばつが相次いで収量が激減した年もあり、こうした一時的成功のもろさを露呈することとなった。以上の経緯は、白人や富裕なアフリカ人農民に新しい技術を普及させるのはやさしいが、その恩恵を条件不利地の小規模農民にまで行き渡らせることがいかに難しいかを示している（Byerlee & Eicher 1997: 34, McCann 2005: 158-159）。独立後の農業改革の恩恵を受けていない層の不満を吸収する形で断行された白人農場の強制収用など、農地をめぐる政治的な混乱も、近年のトウモロコシ減産に拍車をかけていると考えられる。

しかしこうした生産の後退はジンバブウェだけに特有の現象ではない。政府の役割縮小と経済自由化を目指した一九九〇年代以降の構造調整政策によって、アフリカ諸政府がそれまで提供してきた農業補助金は削減されるか中止され、化学肥料を農民に安価で提供することはできなくなった。結果として南部アフリカでのトウモロコシの単位面積あたり収量は、一時期よりむしろ低下していったと見られる。ザンビアは一九八〇年代末にはアフリカでも有数のトウモロコシへの化学肥料投入率を誇っており、また政府の提供する流通サービスによってトウモロコシの商品化率も高かった。しかしこうした小農支援策が国家財政を圧迫し、一九九〇年代半ばには構造調整政策のもとで遠隔地農民の支援策が終了した。補助金が切れて肥料や改良種子を入手できなくなった一部の農民たちは、結局もとの焼畑によるトウモロコシ以外の自給作物生産に回帰するか、綿花などの他の商品作物の生産に転換した。ザンビア北部のベンバ人の農村を調査した大山（二〇〇二）は、補助金に依存した常畑でのトウモロコシ作を断念した農民たちが、もとの焼畑でのシコクビエ（食用・酒の醸造用として自家消費されるだけでなく販売もされる）生産に戻っていくさまを詳細に描いている。こうして主にトウモロコシ栽培面積が縮小したことが原因で、一九九五年までにザンビアの総耕作面積は一九八〇年代後半の水準から一五％も後退した（Byerlee & Eicher 1997: 57-58）。

マラウィでは一九九〇年代半ばに改良種子や化学肥料への補助金が廃止されたあとも、一九九八年から二〇〇四年にかけて再び改良種子と肥料の大規模な無償配布が行われたが、こうした政策は一時的には効果があるものの、結局生産者の大多数を占める小農民は化学肥料やハイブリッド種子を継続的に購入するだけの資金がなく、また二〇〇〇年代前半には干ばつが頻発したこともあって、マラウィはトウモロコシの安定的な自給をなかなか達成できなかった（高根二〇一二）。ところが二〇〇〇年代半ば以降は、マラウィ、ザンビアともにトウモロコシ生産量と単収を着実に伸ばし、二〇一〇年代に入ると国内需要を大きく上回る量を安定して生産できるようになった。この背景には、マラウィの場合は化学肥料を安価に購入できるクーポンの配布などの農家支援策、ザンビアの場合も同様の投入財購入支援策と生産者価格支持政策があると見られる。またザンビアの場合は、隣国ジンバブウェの政治的混乱を逃れてきた白人農家の一部がザンビア政府の支援を得て定着したことも大きい。しかしこのような大規模な財政支出を必要とする小農支援策を今後も続けていくことは難しく、また支援の公平性に対する懸念も高まっていることから、近い将来見直しを迫られることは必至であると考えられる。

おわりに

トウモロコシは二〇世紀に入ってわずか半世紀の間に南部アフリカで主食の座に躍り出た。その背景には、植民地経済の発展のなかで市場流通に適した作物としてトウモロコシが、しかも数ある品種のなかで白色デント種のみが推進されたという事情があった。初期においてその生産を担ったのは白人入植者である。農業機械やハイブリッド品種、化学肥料の使用といった二〇世紀の近代技術も、同時代のアフリカにいち早く到来し、大規模白人農家を中心に受容されていった。当初は兵士や、鉱山やプランテーションの労働者の間で広まったトウモロコシは、それが優良な食料であり換金作物でもあったという理由で農村部でも広く受け入れられ、アフリカ人農家による生産が増えていった。

独立後の各国政府は主食となったトウモロコシに重点をおいた農業政策を展開し、品種改良、価格統制、化学肥料への補助金などのおかげで、アフリカ人農家によるトウモロコシ生産が進展した。なかでも受け入れの容易な改良品種は、特に乾燥地でも作れる早熟の品種が小農の間でも広く普及した。しかし高価な化学肥料は、補助金により一時的には使用されることはあっても、必ずしも永続的に使用されるわけではなかった。こうしてトウモロコシによる緑の革命が成功したように見えたのはほんの一時期（一九七〇～八〇年代）のことで、その後は政策的支援の打ち切りと度重なる干ばつとが相まって、生産量と単収がむしろ後退していった。独立後は解消に向かうかに見えた大規模農家と小農民の格差も、今はむしろ拡大傾向にある。

こうした一九九〇年代以降のトウモロコシ生産の停滞の一端を各国政府の政策的失敗に帰するかのような議論も多いが、はたしてそれだけが原因なのだろうか。本章で見たように、アフリカのトウモロコシ生産の歴史はまだ浅く、特にそれがアフリカ人の大規模単作農業によって生産されるようになったのは、ほんの最近のことである。トウモロコシという作物が、また機械と化学肥料を多用する近代農業が、アフリカという地域で今後どれだけ持続的に展開していけるものなのかは、まだ誰にもわからない。モロコシやトウジンビエなどの在来の穀物より干ばつに弱いトウモロコシが増えることは、特に半乾燥地での食料供給をかえって不安定にしている側面がある。また栄養学の観点から見ても、トウモロコシ食への過度の依存は、ある種のビタミン不足に起因するペラグラや、タンパク質の欠乏から起こるクワシオルコルなどの重度の栄養障害を引き起こすことにつながると指摘されている（McCann 2005: 7, 119）。

近年では干ばつに強い遺伝子組み換えトウモロコシ種子の必要性がさかんに議論されているが、そういった画一的な最新技術の導入を検討する前に、アフリカの長い歴史のなかで培われてきた地域ごとに異なる農耕文化という見地からトウモロコシ栽培の在り方を再検討する必要があるのではないだろうか。例えば（焼畑や混作などの）多様な在来農法のなかでのトウモロコシの位置づけや、トウモロコシ導入によってあっという間に衰退していったモロコシやシコクビエなどの在来作物の可能性をあらためて吟味する必要がある。乾燥に強いこれらの在来穀物は、現在では食用というよりむしろ酒の醸造用として少量のみ作付けされている場合が多いが、少しでも残っていることによって干ばつなど緊急時には食料として（あるいは翌シーズンの作付用の種子として）果たす役割が小さくないと考えられるからである。
本章でトウモロコシにおいて検討してきたように、アフリカでの「緑の革命」すなわち上からの急速な農業近代化の実験は、何度となく挫折の憂き目にあってきた。また近代農業は長期的に見ると生態系や地域社会にマイナスの影響を与えるという指摘もされている。こうした事実を踏まえて今後私たちが注目し研究を進めていかなければならないのは、地域の自然環境や社会体制に適合する形で養われてきた「アフリカ在来農業の潜在力」（重田二〇〇二：一六五）についてである。在来農業というと遅れた停滞的なものに聞こえるかもしれないが、実はそれは常にダイナミックに変化してきたものだった。例えば地理学者のポール・リチャーズは、アフリカ農民が草の根レベルで自発的に実践してきた環境適応的な農耕技術の不断の革新（新農法や新品種の開発、新作物の受容など）に着目し、アフリカの「在来農業革命」の可能性を論じている（Richards 1985）。こうした重田やリチャーズの視点は、外来の技術や資源に依存する緑の革命とは異なる、農民自身による主体的な技術革新に基づくアフリカ独自の農業革命の方向性を示唆するものといえるだろう。

参考文献

大山修一　二〇〇二「市場経済化と焼畑農耕社会の変容――ザンビア北部ベンバ社会の事例」掛谷誠編『アフリカ農耕民の世界――その在来性と変容』京都大学学術出版会、三―四九頁。
重田眞義　二〇〇二「アフリカにおける持続的な集約農業の可能性――エンセーテを基盤とするエチオピア西南部の在来農業を事例として」掛谷誠編『アフリカ農耕民の世界――その在来性と変容』京都大学学術出版会、一六三―一九五頁。
高根務　二〇一一「東南部アフリカのトウモロコシ生産と貿易――マラウイの事例を中心に」清水達也編『変容する途上国のトウモロコシ需給』アジア経済研究所、二三七―二六八頁。
Byerlee, D. & C. K. Eicher（eds.）1997: *Africa's Emerging Maize Revolution*, Boulder: Lynne Rienner Publishers.
McCann, J. C. 2005: *Maize and Grace: Africa's Encounter with a New World Crop 1500-2000*, Cambridge & London: Harvard

University Press.

Miracle, M. P. 1966: *Maize in Tropical Africa*, Madison, Milwaukee, & London: The University of Wisconsin Press.

Richards, P. 1985. *Indigenous Agricultural Revolution: Ecology and Food Production in West Africa*, London: Unwin Hyman.

Smale, M., D. Beyerlee, & T. Jayne 2011: *Maize Revolution in Sub-Saharan Africa*, The World Bank, Policy Research Working Paper, pp. 56-59.

Smale, M. & T. Jayne 2010: "Seeds of Success in Retrospect: Hybrid Maize in Eastern and Southern Africa," S. Haggblade & P. B. R. Hazell (eds.), *Successes in African Agriculture: Lessons for the Future*, Baltimore: Johns Hopkins University Press, pp. 71-112.

第Ⅳ部

農村から見る

第10章 気候変動とアフリカの農業

ナミビア農牧民の食料確保に注目して

藤岡悠一郎

はじめに

グローバル／ローカル・スケールで進行する気候変動は、諸地域の農業や生業に対して多大なる影響を及ぼし、地域住民のフードセキュリティを脅かす一因となっている（Lotze-Campen 2011, Boko et al. 2007）。この章では、アフリカで農耕を営む人々が、干ばつや大雨洪水などの極端気象にどのように対応し、生計を維持してきたのかについて、ナミビア共和国北中部のオヴァンボ社会を事例に、歴史的な変化に注目しつつ現代の状況を報告する。

1　気候変動とアフリカ

気候変動には、東アフリカの大地溝帯形成に伴う大気大循環の変化のような数百万年オーダーの変動や極域氷床変動に起因する数万～数千年オーダーの氷期―間氷期サイクル、エルニーニョ南方振動（ＥＮＳＯ）と関連する経年変化など、変動の多様な要因や変化の時間オーダーが存在する（門村二〇〇五）。アフリカの農業との関連では、サハラ砂漠が緑で覆われた八千年前頃の湿潤期、七五〇〇年前頃の一時的な寒冷化とその後の高温湿潤期に至る数千年オーダーの気候変動が、農耕や牧畜の発生および拡散と強く結びついていたと考えられている（ベルウッド二〇〇八）。近年の短期的な変動に目を向けると、乾燥・半乾燥地域における降水量の経年変化が顕著である。こうした地域では、降雨の不確実性が高いことが知られ、多くの地域で洪水や干ばつなどの極端気象が常態的に発生している。一九六〇年代〜八〇年代には、アフリカの広範囲で二〇年にわたって記録的な少雨年が続き（門村・勝俣一九九二）、東アフリカやサヘル地域を中心に深刻な干ばつが発生したことは日本でも頻繁に報道された。また、二〇〇〇年代半ば以降には、局地的な豪雨による大雨洪水被害の発生が目立ち、降水量の年較差が増大する傾向が指摘されている（Bhattacharjee et al. 2011, Low 2005）。なかでも、二〇〇〇年代後半におけるアフリカの乾燥地域の降雨は平年よりも極端に多く、記録的な大雨となった。南部アフリカに位置するナミビア共和国北部からアンゴラ共和国南部の半乾燥地域では、二〇〇七／〇八年、二〇〇八／〇九年、二〇一〇／一一年に大規模な大雨洪水災害が発生している。また、ＩＰＣＣ（気候変動に関する政府間パネル）の報告によると、近年では雨季の間に発生する乾燥期間「ドライスペル」が長期化する傾向にあるという。

アフリカは気候変動に対し、世界のなかでも極めて脆弱な地域であるといわれている（Dinar et al. 2008）。農業に対する気候変動の影響予測に関しては、近年の温暖化との関係性についてさまざまな条件下によるシミュレーションが行われているが、使用する予測モデルや地域により、ネガティブ／ポジティブ両面が指摘されている。例えば、サルタンらは（Sultan et al. 2013）、サヘル地域を対象とした気候変動予測と収量の関係について、ソルガムやトウジンビエの収量が四一％から二〇％の減少になるとし、ネガティブなインパクトを強調している。

現代のアフリカが気候変動に対して脆弱であるとする要因として、人口増加や社会的な状況が指摘されている（Bhattacharjee et al. 2011）。そもそも、乾燥・半乾燥地域に暮らす人々は、気象条件の不確実性に対処するための在来知を有している。例えば、食料を販売せずに数年間備蓄する、晩生と早生の品種を組み合わせる、混作を行う、播種時期をずらすなど、災害が発生する事前の段階から、降雨の不確実性を見越した対処行動を実践している。また、アフリカの社会では豊かな社会的ネットワークが形成されていることが知られ（例えば Hyden 1980, 1983, Sugimura 2008）、複雑に発達する相互扶助の関係が災害後における世帯や個人の食料安全保障に寄与するといわれている。しかし、近年のアフリカ脆弱性論においては、市場経済が浸透し、生活様式が大きく変化することにより、相互扶助関係のあり方や経済様式もまた変化し、災害に対する脆弱性が増大していると主張されている。

本章では、南部アフリカのナミビア共和国北中部地域を事例に、極端気象が発生した際の人々の対応と、その歴史的な変遷について報告する。対象とするのは、この地域に暮らすオヴァンボ農牧民の人々である。主なデータは、本地域に位置するU村の三〇世帯を対象としたフィールドワークを通して得られた情報であり、筆者も現地で経験した二〇〇七〜一一年の間に断続的に発生した大雨洪水イベント発生時における人々の対応を中心とする。

2　気候変動に対する農牧民の対応——ナミビアの事例

(1)　ナミビアの農業と食

ナミビアはアフリカ大陸の南西部、南回帰線付近に位置する乾燥国である（図1）。人口は約二三〇万人と少ないが、ウランやダイヤモンドを産出し、経済成長を続けている国である。砂漠の広がる海岸部や国の中部・南部には牧畜民が暮らし、降水量が三〇〇ミリを超える北部では牧畜とともに農耕を営む農牧民が暮らしている。国の北中部には南へと緩やかに傾斜する平原が広がり、季節河川が網目状に分布する湿地帯が形成され、雨季（一一〜三月）になると北のアンゴラから洪水が押し寄せる。この地域に暮らす農牧民、オヴァンボは中州状の微高地に住居と畑を設け、住居が点在する散村を形成している。彼らは農耕と牧畜を中心に、野草や食用昆虫の採集、漁撈、都市での出稼ぎなどを組み合わせた複合的な生業を営んでいる。近年では、都市部で就労する人々も多く、農村に近い地方都市への大型

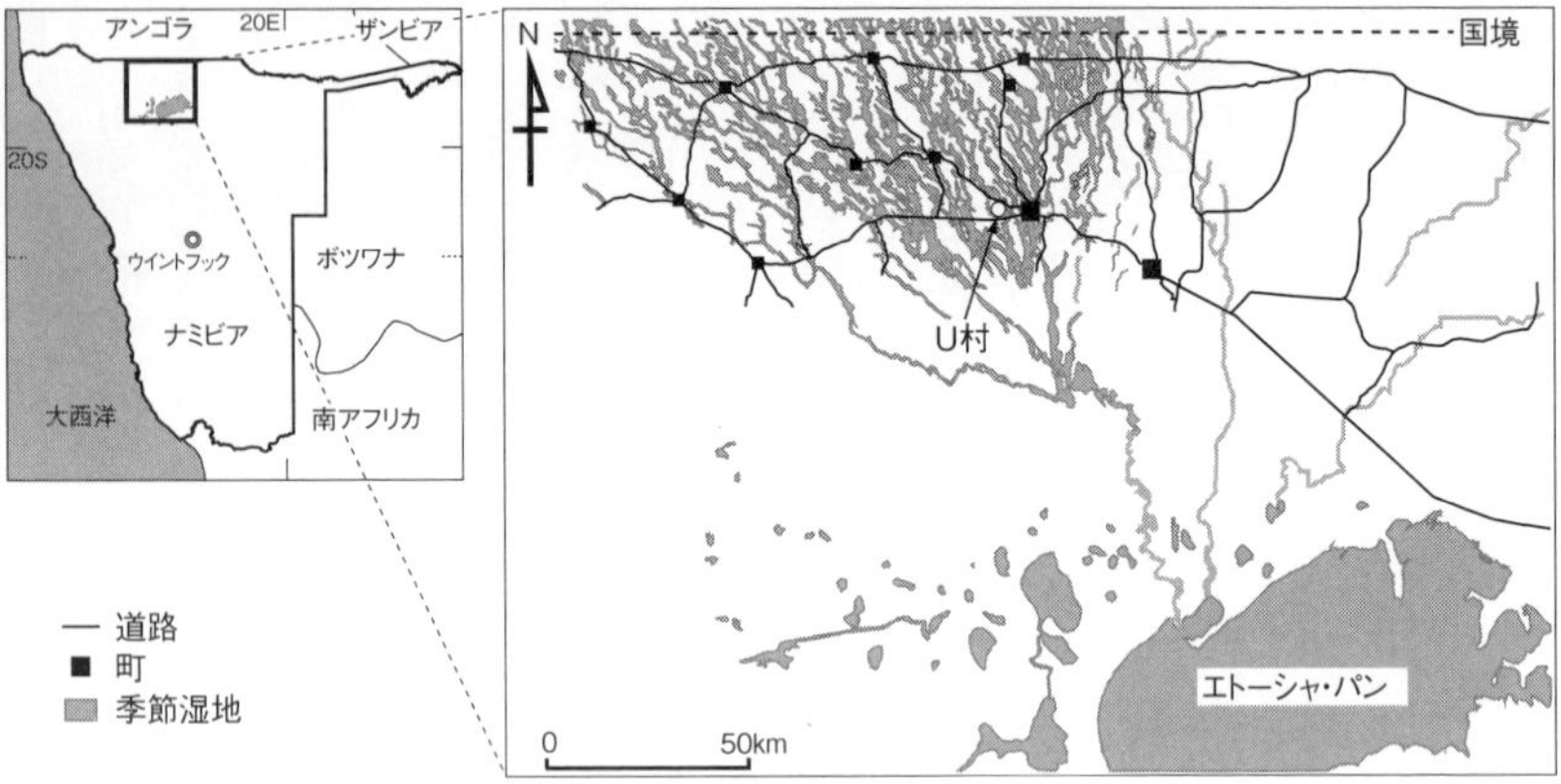

図1　ナミビア北中部

出所）筆者作成。

スーパーマーケット等の進出もめざましい。オヴァンボの食事は昼食と夕食が中心であり、一回の食事で主食と副食を一品ずつ食べるのが一般的である。主食はトウジンビエの粉を湯にといて練ったオシスィマと呼ばれる固粥であり、副食はウシのミルク（酸乳）や肉、魚、昆虫、野草などである。また、トウジンビエの粉と発芽させたモロコシの種子を混ぜ、わずかに発酵させた飲料（オシクンドゥ）が日常的に飲まれている。

オヴァンボは天水に依存した農耕を営み、洪水を作物栽培に利用することはほとんどしない。雨季が始まる一二月、ロバにひかせる犂や一九八〇年頃から導入され始めたトラクターで畑を耕起し、一家総出で播種する。栽培作物はトウジンビエが中心であり、モロコシやトウモロコシ、ササゲ、バンバラマメ、スイカなどを組み合わせる（表1）。これらの多くはアフリカ起源の作物であり、アフリカのサバンナで典型的に見られる組み合わせである。また、畑に生える三種の野草（表1）は副食食材として重要であり、雨季には頻繁に採集され、食用にされる。これらの野草は除草の際には意図的に畑に残され、半栽培的な管理が行われる。人々は畝上にトウジンビエ、畝間にササゲやスイカなどを植えるというように、一筆の畑に数種類の作物を間作あるいは混作状態で栽培する。発芽してしばらくすると雑草が増えるため、人々は毎日涼しい朝のうちに手鍬を用いて除草作業を行う。除草作業は家族内労働が基本であるが、ときには共同労働で数人から数十人が一斉に除草作業に従事

表１　ナミビア北部Ｕ村における栽培／半栽培草本植物

日本名		学名	現地語名	栽培世帯割合（n=31）	利用方法
トウジンビエ	全体	*Pennisetum glaucum*	*omahangu*	100%	主食（固粥）、微発酵飲料
	品種		*oshiwambo*	90%	
			okashana-1	42%	
			okashana-2	10%	
			その他	3%	
モロコシ		*Sorghum bicolor*	*omushokolo*	100%	微発酵飲料
トウモロコシ		*Zea mays*	*epungu*	100%	茹で
ササゲ		*Vigna unguiculata*	*ekunde*	100%	茹で
バンバラマメ		*Vigna subterranea*	*efukuwa*	97%	茹で
スイカ		*Citrullus lanatus*	*omanuwa*	90%	生食
ウリ科作物		*Cucurbita maxima*	*omaliwa, omanyanguwa*	84%	生食、茹で
野草(半栽培)		*Cleome gynandra*	*omboga*	100%	茹で
		Amaranthus thunbergii	*ekwakwa*	100%	茹で
		Sesuvium sesuvioides	*omdjulu*	100%	茹で

出所）筆者作成。

する。三月頃からササゲの収穫が始まり、乾季が始まる五月頃にトウジンビエやモロコシが収穫される。穀物は脱穀後に穀物庫で保管され、豊作年にとれた穀物は数年間にわたって貯蔵される場合もある。

オヴァンボは農耕とともに牧畜も重視し、主に男性が家畜の世話をする。飼養される主な家畜はウシと小家畜（ヤギとヒツジ）であり、役畜としてロバを飼う世帯も多い。小家畜は主に食用として利用されるが、家畜は木の柵で囲まれた家畜囲いで夜を過ごし、日中は放牧に出される。彼らの牧畜は収穫後の畑での刈り跡放牧を通じて、農耕と緩やかに組み合されている。化学肥料を用いる世帯はほとんどなく、家畜の糞尿が現在も作物の重要な栄養源となっている。また、後に述べるように、家畜は物々交換などの手段を通じて作物に交換が可能であり、不安定な降雨への対処として、長期的に食料をストックしておくという意味があると考えられる（農牧民の〈牧〉の意味について、第三章で杉村が論じている）。

(2) オヴァンボの歴史と気象災害

ナミビアは、他の乾燥地と同じく、降水量の経年変化が極めて大きい地域である（図2）。一〇年ほどの周期で多雨と少雨の時期が繰り返す傾向も見られるが、年較差が著しい。オヴァンボが主作物とするトウジンビエは、作物のなかでは最も乾燥に強い種といっても過言ではない。しかし、他方で湿害に弱く、水に浸かってしまうと生育が極端に悪化する特性があり、また生育期間の雨量が二五〇ミリを下回るような極端な乾燥も生育を悪化させる。そのため、トウジンビエ栽培においては、干ばつと大雨のどちらも穀物生産を低下させ、飢饉を導く要因となりうる。

干ばつと大雨は本地域をたびたび襲ってきた。記録のある範囲では、一八七七～七九、一九〇七／〇八、一九一五、一九二〇、一九二九～三一年に深刻な飢饉が生じたことが知られ、独立直後の一九九二／九三年にも干ばつが発生した。近年では、先述のとおり大雨洪水イベントが頻繁に発生し、二〇〇七／〇八年には、「三五年来の最大規模の洪水」と報道されるほどの大規模な洪水が押し寄せている。しかし、二〇一二／一三年には「三〇年来の大干ばつ」といわれる深刻な干ばつとなり、二〇一四／一五年もそれに匹敵する干ばつとなった。これらの年の多くは被害が甚大であったため、国家非常事態宣言が発令された。

毎年の降雨量は自然条件のなかで決まるものであるが、極端気象の発生が災害や飢饉に結びつくか否かは、社会条件にも大きく左右される。各世帯が有する、あるいは社会に内包された回復能力はレジリアンスと呼ばれ、極端気象の被害を左右する重要な要因である。植民地支配や政情不安などによって社会環境が大きく変化すると極端気象は深刻な飢饉に結びつき、災害となる。

ナミビアは一九九〇年に独立した比較的新しい国家である。一九世紀後半からドイツの植民地となり、第一次世界大戦後、南アフリカの国連委任統治領となった。しかし、委任統治終了後も南アフリカは不法統治を継続し、本国と同様にアパルトヘイトを導入し、人種隔離を推し進めた。それを顕著に反映するのが土地所有政策である。国の中部

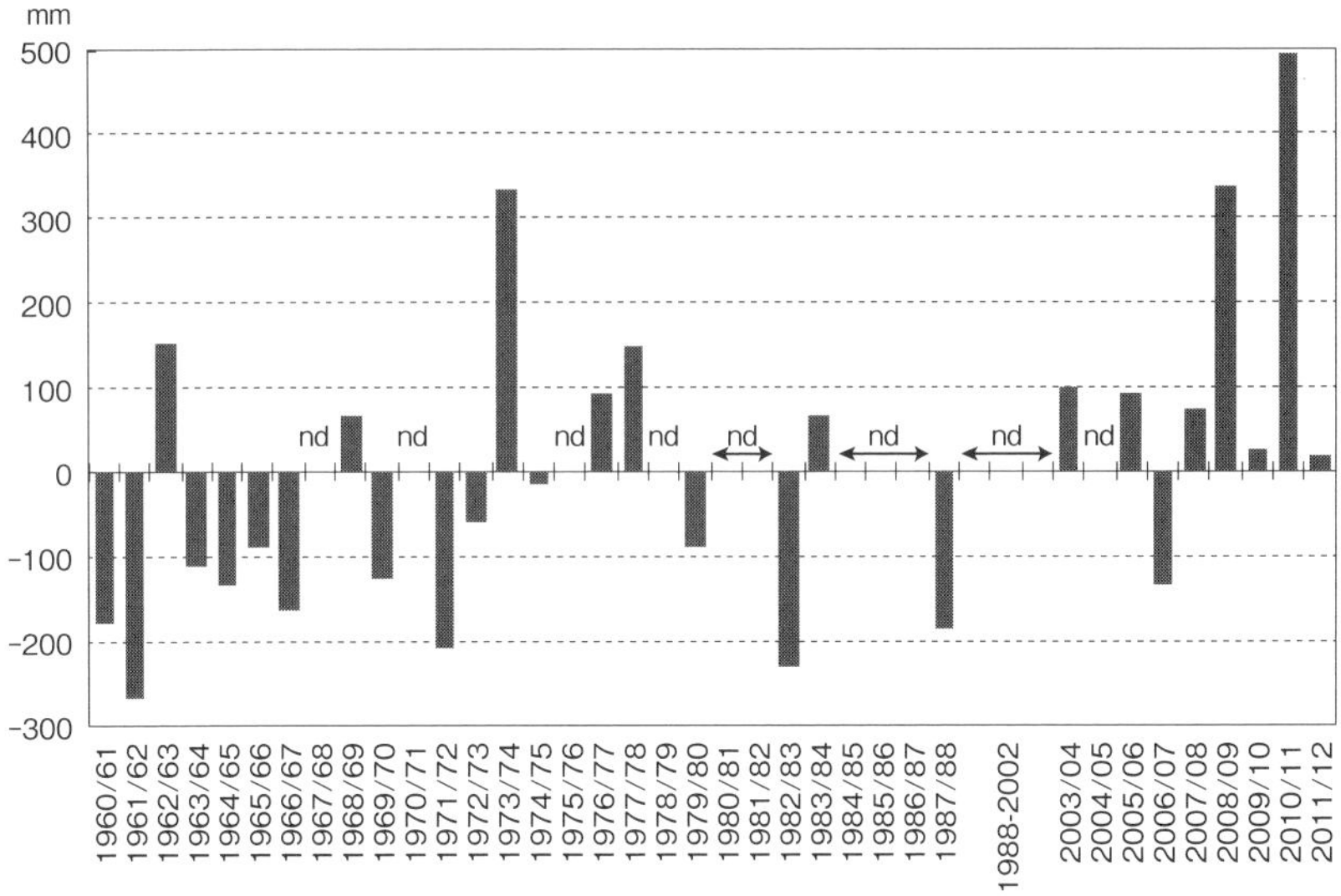

図２　ナミビア北中部地域の中心都市オンダングワ町における年降水量変動

出所）Namibia Meteorological Services 提供の月降水量データを筆者が改変。
注）データのある期間中の年平均降水量（505mm）を０とし、年ごとの偏差を示した。

から南部にかけては白人の私有地が設けられる商業農場地帯と指定される一方、牧畜民や農牧民の暮らす北部は土地の私有が認められない共有地と指定され、ホームランドと呼ばれる、民族ごとに設定された居留地が設けられた。オヴァンボが暮らす北中部地域もオヴァンボランドと呼ばれるホームランドに区分され、国の中・南部への人や物資の移動が制限された。また、ホームランドでは狭い範囲に多くの人々が押し込まれたため、現在でも国の南北で人口密度に著しい差が生じている。植民地政府は黒人男性を低賃金で雇用するための契約労働システムを導入し、男性は契約労働に従事するため長期間農村から離れるようになり、他方で労働によって得られた賃金によって購入された物資が次第に農村に流入するようになった。

　植民地支配はオヴァンボの社会組織にも多大な影響を及ぼした。オヴァンボは、複数のサブグループから構成される集団であるが、いくつかのサブグループでは王を頂点とする王国組織を形成していた。王はすべての土地の権利を有し、その用益権を人々に分け与え、緊急の場合に備えて穀物庫を管理し、交易を通じて鉄や塩などの物資を入手してきた。また、王はカルンガと呼ばれる神や祖先と交信する聖なる力を持つと信じられ、儀礼を司る役割も担っていた。王や王国組織は、植民地支配にとっては邪魔な存在であったため、宗主国によって滅ぼされるか、あるいは統治に都合よく利用され、国家による支配へと組み込まれていったのである。居留地やホームランドの統治者として、シニア・ヘッドマンやヘッドマン（村長）と呼ばれる首長（ら）が任命され、間接的な統治が行われた。

一九九〇年の独立後、地方行政システムにおいては、エスニックグループに基づいて分割されていたホームランドが解体され、地理的な境界を基にした一三の県にナミビア全土が分割された。そして各県には、その代表機関である地方評議会が制定され、評議員を選出するための選挙区、市町村自治体が設けられた。

3　極端気象発生時の対応

(1)　組織・国家による対応とその変遷

干ばつや大雨洪水などの極端気象が発生して食料不足に陥った際、人々は身の回りの多様なネットワークや資源へのアクセスチャンネルを駆使して事態の打開を図ろうとする。食料の購入や物々交換など、個人や世帯による自助努力によって賄われる部分も多くを占めるが、アフリカの多くの社会では、非常時に食料を支援する社会的な仕組みが作られてきた。年長者への聞き取りによると、一九五〇年頃までのオヴァンボ社会では、食料が尽きた際に最初に頼る場所は、王やヘッドマンの穀物庫であったという。ある女性（七八歳）は、「ヘッドマンの家には必ず一つの穀物庫があった。ヘッドマンはトウジンビエを村人から集め、それを王に持っていく。災害時には王（あるいはヘッドマン）の家に行き、そこでトウジンビエを分けてもらった」と述べている。「干ばつの際、人々は王宮に集まり、たくさんの人で混雑していた。トウジンビエがない人は王の屋敷で食事をとった。しかし、王の穀物庫はそれほど大きくないため、深刻な飢饉のときには底をついてしまう」と言う。他方で、王の穀物庫にトウジンビエを蓄えるため、各世帯には労働の義務があった。オンガンジェラというサブグループの男性（八六歳）は、「王宮の近くに住んでいる人は、王の畑に作業に行った。遠くの人は、二〜三世帯で小さな畑を設けてトウジンビエを作り、収穫後にそれを王宮に持って行った」。別のサブグループでは、各世帯で収穫したトウジンビエを現物で貢納した地域もあったようである。また、飢饉の際に溜池を掘る労働を与え、労働の対価として参加者に食料を分け与えることもあった。

食料不足の際、地域の教会も重要な役割を果たした。ある女性（六三歳）は、「毎年最初に収穫したトウジンビエを籠につめて、教会に持って行った。教会はそれを穀物庫にいれて保管し、飢饉が生じた際に、年長者を中心に教会が食料を配布した」と言う。多くの村で、教会には食料の配布により弱者を救済する制度があり、現在でもそれを実践しているところが多い。しかし、配布される量は限定的であり、年長者など、一部の人が救済の対象となった。

王やヘッドマンによる食料支援の制度は、一九五〇〜七〇年頃に機能しなくなった。王制は植民地政府によって二〇世紀前半には廃止され、さらに独立闘争が激化するなかで、ヘッドマンやシニア・ヘッドマンと人々との関係性が変わっていったためと見られる。また、この時期は多くの人々が難民として周辺国に逃れていた。当該地域に残った人々は土地の周囲に柵を設置して自分の土地の確保に努めるなど、各世帯が自発的に資源を守る傾向が見られた。そうしたなかで、各世帯の自助努力や世帯間の相互扶助によって気象災害を乗り切ったものと見られる。

現在、災害発生時の公的な支援としては、ドラウト・レリーフと呼ばれる食料支援制度が存在する。本制度は一九九二／九三年に発生した大規模な干ばつの後、災害時のフードセキュリティを保証するために設立された国家による食料支援制度である。また、必ずしも干ばつのみでなく、大雨や洪水を含めた気象災害全般に適用される。本制度は、各コミュニティの代表者（通常は村のヘッドマン）が中心となり、コミュニティごとに設置された委員会が毎年、雨季後半に家々の畑を見回り、収穫状況を調査して食料支援の対象世帯を決定する。その際、世帯の所得が考慮され、夫婦が共働きの高所得世帯は候補から外す決まりになっている。各コミュニティの委員会は、食料支援を必要とする者のリストを知事に提出し、そこで支援を受ける者が決定する。物資はトラックなどで村に届けられ、被支援者

写真１ オヴァンボの穀物庫、エシシャ（筆者撮影）

に手渡される。食料の内容は年によって異なり、二〇〇九年のU村の場合、一世帯につきトウモロコシ二五キログラム、魚缶詰二個、食用油五リットルが支給された。また、洪水の直接的な被害を受けた世帯には、テントなどを整備した避難場所を提供し、毛布や食料などが支給された。こうした支援は、国際ＮＧＯなどの関与のもとで実施される場合もあり、配給する食料に他国からの支援物資が活用されることもある。

(2) 世帯による対処

降雨の不安定な地域に暮らす農民の多くは、降雨の不確実性を見越した事前の対処、極端気象が発生した後の対処をする。オヴァンボは、収穫したトウジンビエを滅多に販売せず、数年にわたって穀物を貯蔵する。その主な理由が不確実な降雨への対処であるといわれる。写真1は二〇〇六年二月に訪れたある世帯の穀物庫であるが、収穫前にもかかわらず二年分のトウジンビエを貯蔵していた。この世帯の畑は村内において平均的な広さである。穀物の貯蔵は他の世帯でも見受けられた。彼らの穀物庫はエシシャと呼ばれ、世帯ごとに複数個のエシシャを所有するのが一般的である。エシシャには、脱穀したトウジンビエ粒が保管され、エシシャ一個で約一年分のトウジンビエを蓄えることができるといわれる。ある平均的な大きさのエシシャ一個分のトウジンビエ重量を計測したところ九四四キログラムあり、その所有世帯の一・五年分の食料に相当した。ある村で、雨季の半ばにトウジンビエの貯蔵量を調べるため、三〇世帯を対象に聞き取りを実施した。この時期は収穫

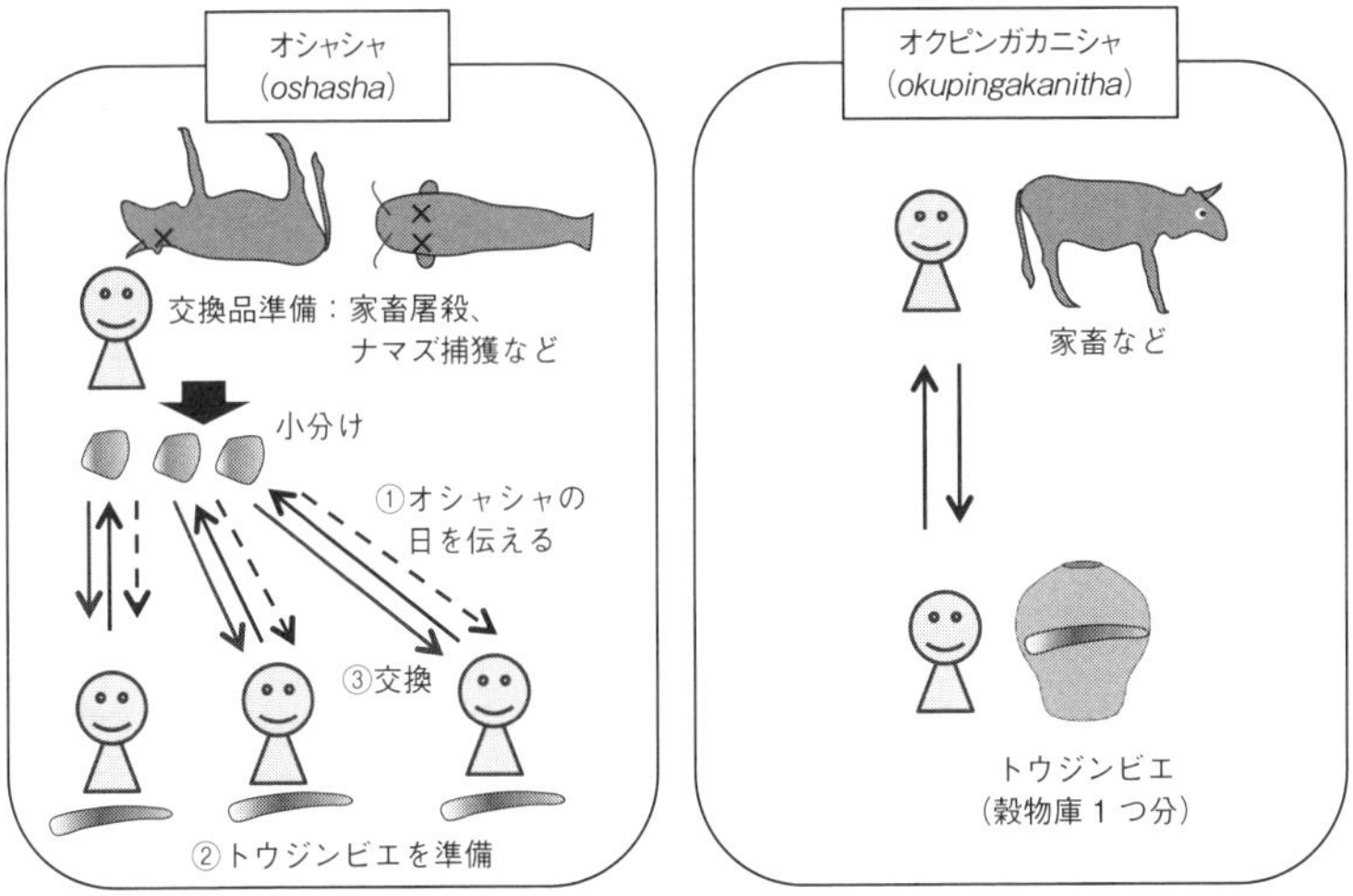

図３　オヴァンボ社会における二種類の物々交換

出所）筆者作成。

の直前であり、トウジンビエが最も枯渇する時期に相当するが、世帯の四三％は〇〜一個のエシシャ、三〇％は一〜二個、一〇％の世帯は二個以上のエシシャにトウジンビエを貯蔵していた。他方、一七％の世帯では穀物庫にトウジンビエがまったく無く、収穫までに使用するわずかなトウジンビエが住居内に残っているだけであった。すなわち、トウジンビエ貯蔵量は世帯差が大きく、一部の世帯は自給ぎりぎりの量であったのに対し、一部の世帯では数年間自給可能なトウジンビエを所有していた。

しかし、十分な畑面積や労働力を確保できない世帯にとって穀物の備蓄は困難である。彼らの社会には、不安定な降雨への対応策にもなりえる、いくつかの交換様式や相互扶助の慣習が存在する。トウジンビエを入手する手段には、現金を介した購入、他世帯からの贈与、オシャシャと呼ばれる物々交換、オクピンガカニシャと呼ばれる物々交換の四つの手段が見出された。オシャシャとオクピンガカニシャはともに物々交換の様式であり、基本的には現金を介さない手段である（図3）。オシャシャは、肉や魚、バスケットなどの交換財とトウジンビエなどを直接的に交換する物々交換であるが、個人ごとに行う交換ではなく、日を決めて一対複数で交換する点に特徴がある。一般的なオシャシャの順序としては、①トウジンビエなどの入手希望世帯が、物々交換に必要な交換財を事前に準備する、②オシャシャをする日を決め、多くの人にアナウンスを行う、③オシャシャの当日、交換財を入手したい世帯が適当な量のトウジンビエを持ち寄り、その量に応じて物々交換が行われる。一方、オクピンガカニシャは一対一の取引であり、典型的なものとして、生きた家畜（特にウシ）一頭と穀物庫一個分のトウジンビエとの交換のことを指す。

二〇〇八～二〇一二年までの五年間のうち四年間に、何らかの方法でトウジンビエを入手した世帯はのべ三七世帯であった。手段の内訳を回数別に見ると、購入が一七回（三二％）、他世帯からの贈与が六回（一一％）、オシャシャによる入手が三〇回（五七％）、オクピンガカニシャによる入手が一回（二％）であり、回数で見るとオシャシャが最も多い傾向にあった。これを重量別に見ると、購入によって得られたトウジンビエが八七八キログラム、贈与が一一一キロ、オシャシャが一八〇五キロ、オクピンガカニシャが三一八キロであった。年による変動も見られ、大雨の被害が生じた二〇〇八／〇九年は取引回数が少なかったが、その二年後に再度大雨に見舞われた二〇一〇／一一年の後はトウジンビエを入手した世帯が多く、特にオシャシャの回数が多い傾向が見られた。これは、二〇〇八／〇九年の時点では前年までのトウジンビエの貯蔵にある程度の余裕があったのに対し、二〇一〇／一一年には二年前の被害もあり、トウジンビエの貯蔵量が減少し、何らかの対処をする必要に迫られたためと見られる。

入手手段別の総回数に注目すると、オシャシャによる入手回数が最も多く、住民のトウジンビエ入手にとってオシャシャが重要なチャンネルとなっていた。一方、もう一つの物々交換の手段であるオクピンガカニシャは、近年はあまり行われていないという。ただし、調査期間中の事例は少なかったが、深刻な飢饉や洪水などの際に、最後の手段としてオクピンガカニシャを実施したという話が聞かれた。また、贈与に関してもそれほど頻繁には行われていなかった。他方、かつては干ばつや洪水などの際には無償でトウジンビエが贈与されたという話も聞かれたため、贈与が行われなくなってきたのは比較的新しい傾向である可能性もある。

オシャシャに使用された交換財に注目すると、交換回数が最も多かったものは牛肉（一七回）であり、次に淡水魚（ヒレナマズ）（七回）、ヤギ肉（四回）、購入した冷凍魚（二回）の順であった。オシャシャによって得られるトウジンビエの量は、用意した交換財の量や取引相手の数に左右される。二〇一一年のS氏（六一歳）の場合、「三月に家族総出で魚をとりに行き、段ボール箱二つ分のヒレナマズを準備した。近所の世帯に次の日にオシャシャをすることを伝え、その日に各世帯がトウジンビエを持ち寄り、量に応じて魚と交換した。最終的に二〇リットルコンテナ五個分（約八三キロ）のトウジンビエを入手した」と言う。

取引の相手に注目すると、購入では他村の世帯が総回数の七五％を占め、村内で取り引きする割合が小さい傾向が見られた。都市の市場などでトウジンビエを購入する事例は見られず、すべてが農村に住む親戚や知人との取引であった。一方、オシャシャでの取引に関しては、五回の取引におけるのべ回数を見ると、九七％が村内の他世帯との取引であり、他村の人とはほとんど交換を行っておらず、購入とは逆の傾向が見られた。購入とオシャシャによる取引との違いについては次のような説明がされた。「オシャシャでは、少量ずつ複数の人と取引をすることで、最終的に多量のトウジンビエが入手可能である。購入は相手を探すのが困難だが、オシャシャは村の人にお願いをするので、手軽にできる。また、購入では価格が高くなる。最近はオシャシャに集まる人が少なくなったが、昔はもっと人が来て、一〇人以上は集まっていた」（F氏、女性、六二歳）。

このような入手方法は、作物がとれなかった世帯が食料を入手するうえで重要な役割を果たしていた。実際には、食料の不足が起こった際、各世帯はさまざまな社会的ネットワークを駆使し、食料の確保につとめる。物々交換や購入、贈与、公的支援など、その時に可能な方法が選択されるようであり、選択肢が多いほど、多様な手段をとることが可能となっている。

おわりに

冒頭で述べたように、アフリカは気象災害に対して、世界のなかで最も脆弱な地域であるといわれるが、地域の住民は極端気象の発生時に食料を確保するための事前および事後対応の制度やネットワークを発達させてきた。オヴァンボ社会においても、数年分のトウジンビエを貯蔵する傾向が見られ、トウジンビエを入手する経路として、購入や贈与をはじめ、オシャシャやオクピンガカニシャなど、複数の食料確保の手段がとられてきた。物々交換は昔から飢饉の際の非常手段という認識が持たれ、依頼されたら断るべきではないという意識も共有されている。

物々交換においては、トウジンビエの交換財として家畜の存在が重要である。特に、オクピンガカニシャについて典型的であるが、家畜とトウジンビエが可換であるという意識が共有されている点は、本地域の生計維持における農と牧の複合様式を考えるうえで興味深い。日々の主食はトウジンビエであり、日常的な消費の観点では農の比重が大きいが、より長期的な生計の安定を来すための戦略としては、家畜という形での備蓄という点を重視している可能性がある。農牧複合は、降水量が全体的に少なく、経年変化が大きい環境における生計戦略としての意味が指摘されているが、市場との関連性などを含め、現代のアフリカ社会における農牧複合の意味を再検討していく必要があろう。

現代のアフリカ農村では、地方都市の発達や大型スーパーマーケットの地方への進出など、食料を購入する機会が増加し、現金によって食料不足を解決できる状況が整備されつつある。ナミビアでは、経済のグローバリゼーションが進むなかで、施政者やトレーダーは、人々が作物や家畜を販売しないことが発展の桎梏であると指摘する。市場への販売を指向する世帯もあり、作物を自給ではなく、市場からの購入によって賄う人の数も増加している。しかし、市場での食料価格は不安定であるため、むしろこうした対応が災害への脆弱性を高めていると指摘されることもある。他方、世帯の孤立化や核家族化が進行し、社会的なネットワークが変化していることも報告されている。このような、世帯を取り巻く社会経済状況の変化は、人々の食料確保に対する脆弱性を緩和させているのだろうか？ 本研究で見てきたような歴史に遡及して災害対処のあり方を検討する視点は、地域の脆弱性の動態を考察するうえで必要である。気象災害が各地で多発するなかで、高いフードセキュリティを有する社会を構築していく際に、歴史のなかで醸成されてきた極端気象への対処方法が地域の財産となるであろう。

気象災害に対する脆弱性が高まっているとすれば、社会経済状況の変化に起因するところが大きいのかもしれない。植民地支配や内戦による社会組織の崩壊は、オヴァンボの伝統的指導者が果たすフードセキュリティを弱体化させた。アパルトヘイトによって他地域との移動を制限され、男性を低賃金での労働に従事させる契約労働システムが導入されたことは、農家のフードセキュリティという点では脆弱性を増大させる結果を招いた可能性も高い。また、近年では家長が都市で職に就く富裕世帯が村内に存在するようになっている。彼らは広大な土地を囲い込み、農業機械の導入などを率先して実施するため、作物の収穫量も貯蔵量も多い。こうした世帯が飢饉などの際に無償で食料を供出することはないが、物々交換や食料の購入先として他世帯が頼りにする場合も多い。富裕世帯の出現は村内での格差が拡大していることを意味するが、こうした富裕世帯の災害発生時に果たす役割にも注目していく必要があるだろう。

門村（二〇一二）は、アフリカ乾燥地における対気候変動の脆弱性に関する課題として、①気象・気候・水文観測サービス、早期警戒システム、②被災時の緊急対策、③コミュニティ・レベル防災力の強化・向上、④対応行動のパラダイムシフトの四点を挙げている。①の早期警戒システムの構築については、国際機関と当該国気象局などが連携して進められている。特に、国際赤十字・新月社連盟（ＩＦＲＣ）やアフリカ開発気象利用センター（ＡＣＭＡＤ）では、季節予報に基づいて緊急支援の必要を判断し、早期に支援準備を進める体制を整えている。また、研究機関と国際援助機関が協力し、スーパーコンピューターによる気象予測モデルの空間的・時間的スケールをより小さくし、局所的な予報の精度向上を目指すプロジェクトもみられる。近年ではアフリカの農村においてもソーシャル・ネットワーク・システム（ＳＮＳ）にアクセスできる状況が整備されつつあり、ＳＮＳを介した予報状況の周知なども進められている。

他方、ナミビアの事例でも見てきたように、国家や国際支援団体による救援システムが構築され、市場が整備されつつあっても、アフリカの農村では人と人との間で築かれた相互扶助のネットワークが気象災害時のレジリアンスとして依然として重要な意味を有している。グローバル市場とも強く結びついて構築されつつある新たなネットワークが、既存の相互扶助関係と有機的に結び付き、いつ起こるとも知れない気象災害に対する人々の脆弱性が軽減される方向に進むことが理想であろう。

参考文献

門村浩　二〇〇五「環境変動からみたアフリカ」水野一晴編『アフリカ自然学』古今書院、四七―六五頁。

門村浩　二〇一一「地球変動の中の乾燥地――アフリカからの報告」『沙漠研究』第二〇巻第四号、一八一―一八八頁。

門村浩・勝俣誠　一九九二『サハラのほとり――サヘルの自然と人々』ＴＯＴＯ出版。

ベルウッド、Ｐ　二〇〇八『農耕起源の人類史』長田俊樹・佐藤洋一郎監訳、京都大学学術出版会。

Bhattacharjee, R., B. R. Ntare, E. Otoo, & P. Z. Yanda 2011: "Regional Impacts of Climate Change: Africa," S. S. Yadav, R. J. Redden, J. L. Hatfield, H. Lotze-Campen, & A. E. Hall (eds.), *Crop Adaptation to Climate Change*, Chichester, UK: John Wiley & Sons, pp. 66-77.

Boko, M. et al. 2007: "Africa." M. L. Parry et al. (eds.), *Climate Change 2007: Impacts, Adaptation and Vulnerability*, Contribution of Working Group II to the Fourth Assessment Report of the Intergovernmental Panel on Climate Change, Cambridge, UK: Cambridge University Press, pp. 433-467.

Dinar, A., R. Hassan, R. Mendelsohn, & J. Benhin 2008: *Climate Change & Agriculture in Africa: Impact Assessment & Adaptation Strategies*, London, Sterling, VA: Earthscan.

Hyden, G. 1980: *Beyond Ujamaa in Tanzania: Underdevelopment and an Uncaptured Peasantry*, Berkeley & Los Angeles: University of California Press.

Hyden, G. 1983: *No Shortcuts to Progress: African Development Management in Perspective*, London: Heinemann Educational

Publishers.

Lotze-Campen, H. 2011: "Climate Change, Population Growth, and Crop Production: An Overview," S. S. Yadav, R. J. Redden, J. L. Hatfield, H. Lotze-Campen, & A. E. Hall (eds.), *Crop Adaptation to Climate Change*, Chichester, UK: John Wiley & Sons, pp. 1-11.

Low, P. S. (ed.) 2005: *Climate Change and Africa*, Cambridge: Cambridge University Press.

Sugimura, K. 2008: "Contemporary Perspectives on African Moral Economy," I. N. Kimambo, G. Hyden, S. Magimbi, & K. Sugimura, (eds.), *Contemporary Perspectives on African Moral Economy*, Dar es Salaam: Dar es Salaam University Press, pp. 3-15.

Sultan, B., P. Roudier, P. Quirion, A. Alhassane, B. Muller, M. Dingkuhn, P. Ciais, M. Guimberteau, S. Traore, & C. Baron 2013: "Assessing Climate Change Impacts on Sorghum and Millet Yields in the Sudanian and Sahelian Savannas of West Africa," *Environmental Research Letters* 8, pp. 1-9.

第11章 限界を生きる焼畑農耕民の近現代史
ザンビア西部のキャッサバ栽培技術を中心に

村尾るみこ

はじめに

今日、アフリカ農耕民が多様な「呼称」で呼ばれることは、いうまでもない事実として理解されている。近代国家の枠組みでいえば、彼らには国民、市民、移民などのほかに、本章で注目する、難民と呼ばれる人々が含まれる。

難民研究は、難民が政治的な分類であり、保護すべき対象として問題であることを強く意識したものが多く、西欧諸国を中心とする研究者によって発展してきた（Kunz 1973 など）。やがて人類学や地域研究といった研究分野では、グローバルな変動とアフリカ社会の変化との関連に注目するなかで、アフリカで大量に発生する難民について取り上げられるようになった。その際、近現代におけるアフリカ社会の歴史的変化に注目しつつ、フィールドワークを通じた「現地の視点」に寄り添うことによって、アイデンティティ・ポリティクスや社会文化の再編を考察し、アフリカ難民が持つ可能性に言及してきた（Hansen 1979, Bakewell 2000）。そして、アフリカ社会で歴史的に醸成されてきたアフリカ難民個別の固有性を明らかにすることを通じて、アフリカ難民に対する「かわいそうな」「支援すべき」イメージを払拭するだけでなく、現代のアフリカ難民を多面的に捉える視点を提供してきたのである。

一方で、難民を対象とする地域研究や人類学の研究で看過されてきたことの一つに、アフリカの人々が多様な自然環境や、グローバルな政治経済の変化とともに、「生業としての農業」(米山一九八一など)を営むことがある。アフリカ農耕民研究は、生業としての今日の在来農業の営みが西欧近代社会のなかで発展した近代農業に比していかなる特徴を持つものなのかを追究してきた。なかでも、アフリカの焼畑農耕民について人類学的分析を行った掛谷(一九九八)は、アフリカの在来農業が、最小生計努力と富の平準化を原則としたエキステンシブ(非集約的)な生活様式に基づくものであることを提示した。そのなかで、化石燃料の投入による土地生産性の向上を目指す先進国の農業に対して、アフリカ在来農業が単位面積あたり労働投入量の少ない労働生産性の農業であることを明示している。荒木(一九九六)や大山(二〇〇二)らは農学的分析を加えながら、アフリカ焼畑農耕民が、掛谷の示したエキステンシブな焼畑農耕を合理的に営むことについて明らかにしている。

また、アフリカの在来農業については、焼畑農耕以外にも多様に営まれており、人口過密地域において集約的に営まれることが明らかにされた(例えば、重田二〇〇二、丸尾二〇〇二a)。こうした在来農業は、牛糞や植物残渣などを肥料として積極的に耕地へ投入するエネルギー多投入型の、いわばアフリカ的な集約的農業として、先進諸国で発達した土地生産性を高める単作型のインテンシブな農業と別に区分され、作物種の多様性や人々の価値観、認識との関連が明らかとされた。

では本章が対象とする、南部アフリカのザンビアとアンゴラ国境地帯では、旧来からいかなる農業が行われ、それは人々の難民化の歴史のなかでいかに再編されてきたのであろうか。以下では、ザンビアに住む、隣国アンゴラの紛争から逃れた難民である焼畑農耕民の生計活動の変化を紹介し、今後、地域研究や人類学の示す新たなアフリカ難民研究の方途を展望したい。

1　ザンビア西部の焼畑農耕民

私が二〇〇〇年以降調査を行ってきたリコロ村は、ザンビアの首都ルサカから七〇〇キロメートルにある、幹線道路沿いに設立されている（図1）。この村は、ザンベジ川の東岸にあたる、氾濫原周辺の林との境界部に位置している。

リコロ村は、二〇〇七年一月現在、七三世帯、三六九人が居住する、付近でも大規模なアンゴラ出身の焼畑農耕民（以下、アンゴラ移住民）の村である。アンゴラ移住民に含まれる民族集団の割合は、ンブンダが七七％、ルチャジ一五％、ルバレ二％、チョクエ二％、カレンガ二％である。村人口のうち、それら移住民の民族集団が九八％を占め、残り二％は、近隣の村から婚入してきたロジの女性が占める。

リコロ村人口の二五％は、アンゴラ生まれの第一世代、残り七五％がその子孫や他地域から移住してきたザンビア生まれの第二、第三世代である。第一世代の多くは、主に六〇年代から七〇年代後半のアンゴラ紛争が激化した時代に戦禍をのがれて移住している。そうした人のなかには、いつ戦禍にまきこまれ生活がたちゆかなくなるか分からない脅威や不安があり、ザン

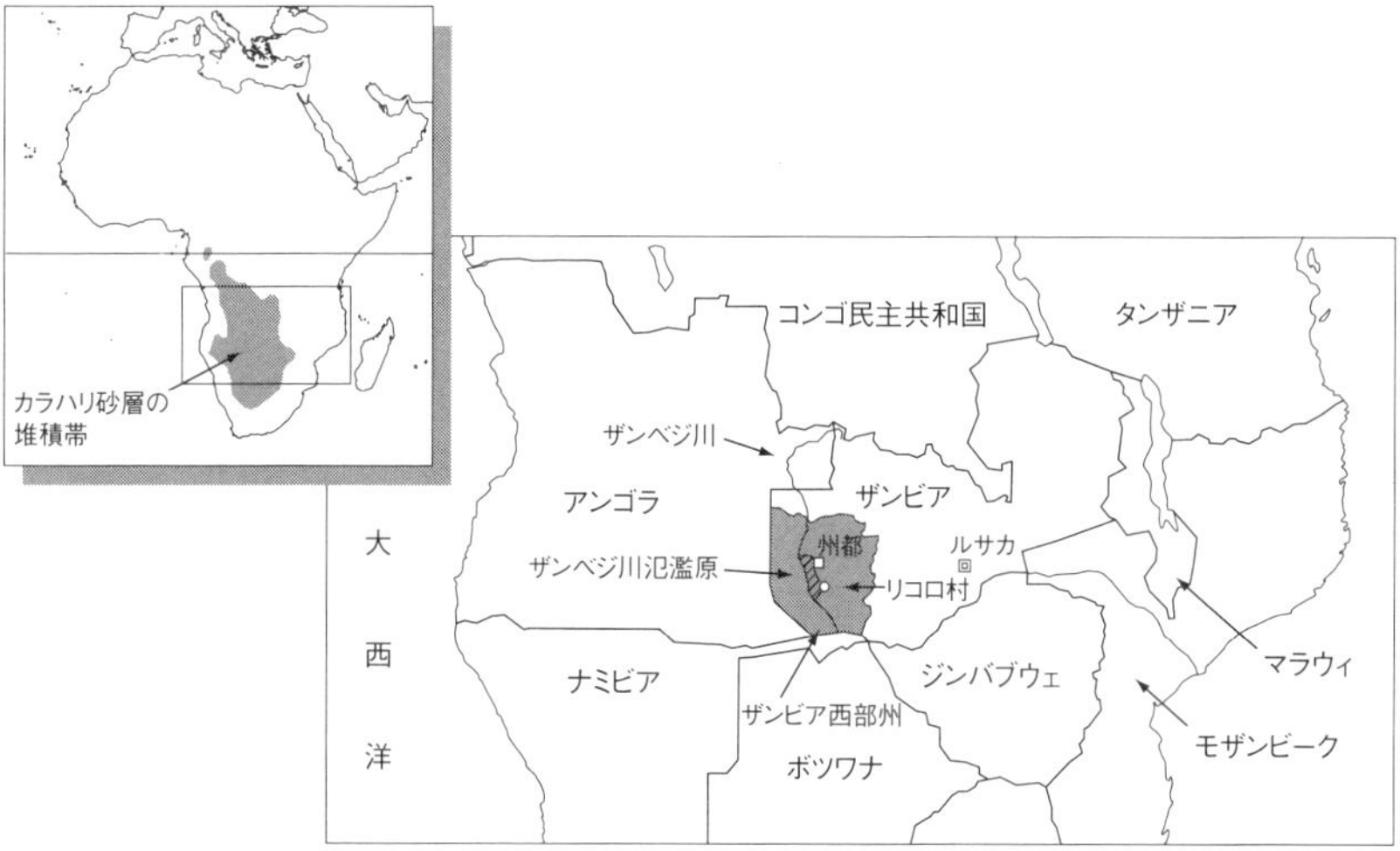

図1　ザンビアとリコロ村の位置

出所）筆者作成。

ビアへきた人々も含まれる。このため現在、村人口の約九割が、アンゴラ紛争によって何かしら影響を受けて村へ移住してきていた人々で、残りの一割が紛争開始より前から移住していた人々などである。このように、リコロ村の人々の大半は、広い意味での難民である（村尾二〇一二）。

ザンビアとアンゴラの国境地帯は、旧来より人口が希薄な地域であったが、カラハリ砂層の存在により農耕民の移動および社会文化的営みに影響を与えてきた。このカラハリ砂層とは、北緯一度から南緯二九度までの南部アフリカ一帯に広がっている、カラハリ・サンドの堆積帯である（Thomas & Shaw 1991）。内陸国であるザンビアでは、この砂が西部を中心に一〇〇メートル以上堆積しており、そこに非常に痩せたカラハリ・ウッドランドと呼ばれる林が広がる。カラハリ・ウッドランドは、カラハリ砂層に固有の林である。この植生は、ザンビア北西部州からボツワナ、ナミビアにかけての、湿潤帯から乾燥帯への推移帯にあり、年間降水量が八〇〇ミリ程度である。

リコロ村のアンゴラ移住民は、このカラハリ・ウッドランドで、農耕、採集、漁撈などの生業を営んでいる。特に焼畑農耕は、主食であり主たる現金収入源であるキャッサバを耕作する重要なものである。キャッサバはトウダイグサ科の作物で、茎を挿すことで繁殖する。人々は、地下に生育する塊根を主食としている。この焼畑農耕では、次に見ていく通り、カラハリ・ウッドランドという乾燥した環境に適応する過程で編み出されたキャッサバ栽培技術が見られる。

2 痩せた砂土での焼畑農耕

(1) 焼畑農耕体系

アンゴラ移住民は、土壌が肥沃であることを理由に自然林を好んで開墾し、焼畑を造成する。焼畑の造成は、乾季の四月頃である。農作業のうち樹木の伐採のみは男性の仕事とされていて、男性が斧を用いて腰の高さで幹を切り倒す。その後、乾季後半の八〜一〇月にかけて火入れが行われる（写真1）。

開墾一年目のキャッサバの植え付けは、火入れ後数日から一週間ほどで開始される。その時期は、雨が降り出す前の九月から一〇月が一般的である。人々は鍬で地面を平らにする。次に彼らは、植え付けに用いるキャッサバの種茎を山刀で長さ六〇〜一〇〇センチに切りそろえる。そして鍬で深さ二〇〜三〇センチ程度に穴を掘り、一本の種茎を垂直に挿して覆土する（写真2）。キャッサバの植え付け終了と同時に、一年生作物の播種が始まる。その後、一年

写真１　火入れの様子

写真２　キャッサバの長い種茎を挿す男性

写真３　ントヤの採取（いずれも筆者撮影）

生作物の収穫を五月末までにすべて終了させる。その後この畑はキャッサバの単作畑となる。キャッサバはそのまま生育を続けて二年目の雨季に収穫が始まる。

一年目の乾季には、村の人々は収穫前のすべてのキャッサバの地上部を地際から五センチほどのところで切り取る。人々はこの切り取った茎を「セングワ」と呼ぶ。このセングワを植え付けても、降雨の少ない年には枯れたり、また塊根が良好に肥大しないことが多いので、セングワを切り取った後にそのまま投棄することが多い。

開墾二年目の畑では、一月からキャッサバの収穫が始められる。村の人々は肥大した塊根のみを収穫し、残りのまだ小さな塊根はそのまま地中に残しておく。本章ではこの収穫を、便宜的に「一部収穫」と呼ぶことにする。人々はこの一部収穫が終わると、一年から一年半ほどの間、塊根が生育するのを待って同じ株からの収穫を再開する。九月から一一月には、開墾一年目の畑と同様に種茎を採取する（写真3）。この種茎は再生して一年経つか経たないかの緑色をした若い種茎で、「ントヤ」と呼ばれる。このントヤはたいてい開墾一年目の畑の植え付けに用いられる。

種茎ントヤを採取した後、開墾三年目の畑では茎の再生が進む。この開墾三年目の畑での収穫は前年に小さかった塊根の生育が待たれる。このため、村の人々は六月から一一月の間に一部収穫を行う傾向にあるが、その時期は極めて不規則である。

開墾四年目の畑では、村の人々が引き続き一部収穫を行う。しかし四月の終わり頃から一〇月にかけて、すべての塊根を引き抜く全収穫を、畑の端から開始する。また六月以降になると、収穫と同時に植え付けを始める。このときの植え付けでは、収穫した株の茎のなかから再生したばかりのントヤを一～二本選び、軽く地面を耕起してからすぐさま同じ場所に挿していく。

開墾五年目以降の畑では、村の人々がキャッサバの植え付け、種茎の切り取り、収穫などの作業を開墾一年目から四年目の畑と同様に行っていく。この開墾五年目以降のリショコラの畑で収量の低下が進むと、最も古い畑の一部から少しずつ放棄していく。放棄された場所では樹木が再生し、ゆっくりと二次林へ移行する。こうして、開墾から放

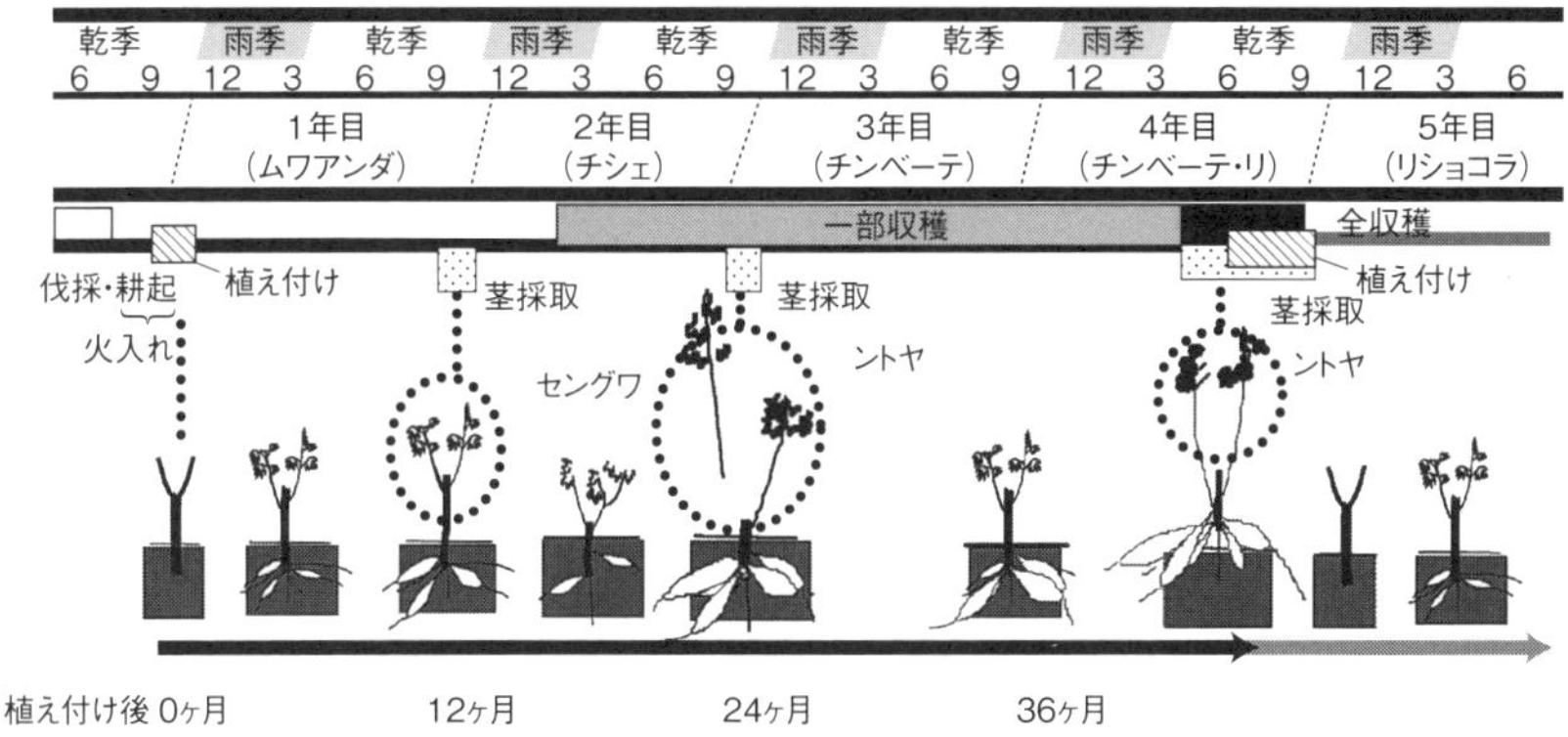

図２　キャッサバに関わる農事暦と生育の様子

出所）筆者作成。

棄まで休閑なしで一二年か一六年ほど連作する。

(2) 種茎の管理技術と品種

前述のとおり、リコロ村のアンゴラ移住民は開墾一年目と二年目の畑で生育中のキャッサバから種茎を採取する。彼らは地際から種茎を切り取るので、キャッサバの収穫前に地上部の大半を切除することになる。生育中のキャッサバから地上部の大半を切除すれば、塊根の生育を阻害してしまう（Jones 1959）のであるが、彼らはなぜこのようにわざわざ収量を減らす栽培法をとるのだろうか。

図２に示したように、村の人々は種茎を、新たに再生したばかりのントヤと、再生して一年以上経ち、茎が木化したセングワの二種類に分類している。この二種類の種茎のなかでも、開墾二年目の畑からとれるントヤを「大きな塊根をつける」と認識しており、この種茎に最も価値をおいている。リコロ村での実測の結果からも、キャッサバの収量は採取した種茎の質によって左右されていることが分かっている（村尾二〇〇六）。より多くの収量を得るために、人々は、ントヤを開墾二年目の畑で得ることを意図して、植え付けから一年後に木化の進んだセングワを切り取る。

さらに、生育中のキャッサバから種茎を採取する大きな理由はもう一つ別にある。それは植え付ける種茎の不足である。種茎の不足は、種茎がキャッサバ一株から一〜二本しかとれないこと、全収穫した後も休閑することなく連作すること、また植え付け時期と全収穫する時期が必ずしも一致していないことから引き起こされる。そのうち種茎が一株から一〜二本しかとれないのは、人々が六〇〜一〇〇センチの長い種茎を植え付けに用いるためである。乾燥した砂土でキャッサバが初期生育をするには、養水分を多く含むよう茎を長くする必要がある。湿潤な地域では全収穫する際にとれる茎を一五〜二〇センチと短く切って数本の種茎とする（末原一九九〇、佐藤一九八四、廣瀬一九九八など）が、この短い種茎は土壌水分が恵まれている環境では良好に生育することができる。しかし一年で最も乾燥している、乾季のカラハリ砂層にこの長さの種茎を植え付けても乾燥して枯れてしまう。そうならないためには、一株からとれる種茎本数が少なくなるものの、長い種茎を植え付ける必要がある。

一方で種茎本数が少なくなると、新規に開墾する畑と古い畑での連作に必要となる茎の本数を補うことができなくなる。カラハリ・ウッドランドでは、他地域と異なり、キャッサバの植え付け期と収穫期が一致していない。乾季の前半に全収穫で得られる種茎は、乾季の後半の植え付けまでには乾燥して発芽・発根能力が劣化してしまい、保存して植え付けに用いることが不可能となる。この地域で生育途中の株からも地上部を切り取ることが必至となることは、種茎本数に事欠くことのない湿潤な環境とは大きく異なる点であり、キャッサバ栽培にとっても非常に限界の技術を駆使しているといえよう。

さらに、先述の限界の技術は、乾燥に強いキャッサバ品種の選択によっても支えられている。リコロ村では、一四種類のキャッサバを栽培している。ただし、村の焼畑でのキャッサバ栽培面積はほとんどが苦味種ナルミノであり、村人も「ナルミノ以上に栽培に適するものはない」と語る。移住民は新たに流入する人々が持ちよる品種を導入し栽培する過程で、「ナルミノ以上のものはない」ことを再確認しつつその栽培を増やしたという。

リコロ村で栽培されている一四品種のキャッサバについて、名称と栽培期間、形態的特徴の一覧を表1に示した。彼らはこれらの品種を、栽培期間の短いカプンバ型と栽培期間の長いナルミノ型というように、栽培期間によって二つの型に分けている。それぞれの収穫開始から終了までの期間は、カプンバ型が一〜二年とやや短く、ナルミノ型

表１　リコロ村で栽培されるキャッサバの種類と導入された年、およびその他の特徴

		導入年	植え付け	収穫開始まで	収穫終了まで	葉脈の色	塊根の色	味の評価***
苦味種	*nalumino*	1949	9〜10月	15ヶ月	48〜72ヶ月	赤	濃い茶	++
	litala	1970*	9〜10月	15ヶ月	60ヶ月	黄緑	薄い茶	+
	kakota	1947	9〜10月	15ヶ月	24〜48ヶ月	黄緑	薄い茶	+
	lishawanga	1970*	9〜10月	15ヶ月	48ヶ月	黄緑	薄い茶	++
	njamba	1970*	9〜11月	15ヶ月	36〜48ヶ月	黄緑	濃い茶	++
甘味種	*kapumba*	1947	6月	12ヶ月	24ヶ月	赤	薄い茶	++
	mukaba	1970*	6〜10月	12ヶ月	24ヶ月	黄緑	薄い茶	++
	kamwengo	1970*	6〜11月	12ヶ月	24ヶ月	黄緑	薄い茶	++
	nakamoya	1947	6〜12月	12ヶ月	24ヶ月	黄緑	薄い茶	+++
	matakwa mwangana	1970**	6〜13月	12ヶ月	24ヶ月	赤	薄い茶	+++
	nbambi	1999	6〜14月	12ヶ月	24ヶ月	黄緑	濃い茶	++
	muntembo	1970*	6〜15月	12ヶ月	24ヶ月	黄緑	薄い茶	++
	katoka	1970*	6〜16月	12ヶ月	24ヶ月	黄緑	薄い茶	++
	mandelena	1970*	6〜17月	12ヶ月	24ヶ月	黄緑	濃い茶	++

注*）導入された正確な年は不明であるが、1970年前半と推定される。
注**）導入された正確な年は不明であるが、1970年後半と推定される。
注***）60人に3段階評価を依頼した結果を＋の数で表した。数が多いほど評価が高いことを示す。
出所）筆者作成。

が二〜六年と長い。これは地中で塊根が繊維化するまでの期間が、ナルミノ型の方が長いためである。またカプンバ型は、川辺のような水分の多い場所では良好に生育するものの、病害虫に弱く、獣害も受けやすいという。一方ナルミノ型は、カプンバ型に比べ乾燥した土壌中でも良好に成育するうえに病害虫にも強いため、高収量とされている。ナルミノ型のなかでも、各畑の作付面積の九五％以上を占めるナルミノは、収穫終了までの期間が最も長く、西部州で最も一般的な品種である。

一方のカプンバ型のキャッサバは、ナルミノ型に比べてケーンラットの食害が多く、耐病性に劣るため、大量には栽培されずに畑の隅に数株植え付けられる程度である。しかしながらカプンバ型のマタクワムワンガナ、ナカモヤは特に甘いので、人々は畑仕事の合間や休日の間食として好んで生食する。

ここで特筆すべきは、カプンバ型に分類される栽培期間の短い九品種は甘味種で、栽培期間

の長いナルミノ型の五品種は苦味種に対応することである。つまりリコロ村の人々の認識に基づく分類は、甘味種、苦味種といった認識によるものではないものの、品種ごとの特性を意識したものとなっている。そうした人々による二つの型への分類と甘味種、苦味種との対応は、先行研究で青酸配糖体の含量の多少が栽培期間の長短に対応すること（Purseglove 1968）が指摘されていることとも合致する。パースグローブによると、甘味種には栽培期間が短いものが多く、九〜一一ヶ月以上経過すると著しく塊根の質が劣化するため、土のなかで長期間貯蔵できないという。一方、苦味種は栽培期間が長期にわたるものが多く、繊維化がゆるやかに進むので土のなかで三〜六年間も放置することができる。

聞き取りによると、アンゴラで栽培していたキャッサバは、今日のキャッサバの品種とは異なったもので、甘味種が現在よりも多い割合を占めていたという。アンゴラではザンビア西部よりも多く雨が降るために、甘味種も良好に生育したといわれる。こうした語りからは、移住前後の生態条件の変化が彼らの品種の選択に少なからぬ影響を与えたことが窺える。聞き取りによると、村が設立された一九四七年にやってきた人々は、今日栽培されている一四品種のなかのカトカ、ナカモヤ、カプンバの三つの甘味種を栽培していた。しかし同じ年に一五〇キロメートル離れた村から隣村に移住してきた人々によって、苦味種のナルミノと呼ばれるキャッサバが導入された。これを植えてみたところ、甘味種よりも乾燥によく耐え、また野生動物による食害にもあいにくかったため、その後急速に栽培が広まったという。

先にリコロ村へのアンゴラ移住民の移住が断続的に起こっていたことを指摘したが、そうした人の流入とともにさらに多くのキャッサバ品種が導入された。そうして今日リコロ村に見られる一四品種が栽培されるようになったわけであるが、村人は「ナルミノ以上に栽培に適するものはない」と語る。こうした聞き取りからも、人々は新たに流入する人々が持ちよる品種を導入し栽培する過程で、「ナルミノ以上のものはない」ことを再確認しつつその栽培を増やし、ウッドランドで広く栽培するようになったことが示される。

以上、リコロ村では、植え付けるキャッサバの茎を長くするという栽培技術を新たに編み出すこと、さらに乾燥に強い苦味種の一品種に特化することで、土壌養分・水分ともに少ない砂土でのキャッサバ栽培を可能としている（村尾二〇〇六）。それは土壌改良すら困難な深い砂土が堆積する土地で、彼らが安定的に収入を得るのを可能としている彼ら独特の方法である。

3　民族間関係に基づく資源獲得

ところで、ザンビア西部でアンゴラ移住民が行うキャッサバ栽培は、アンゴラでは見られなかったものである。アンゴラは、同じカラハリ・サンドが堆積する場所のなかでも、本書で対象とするザンビア西部より降雨量の多い地域であった（Macmillan 1997）。アンゴラで移住民は、川辺や谷地といった豊かな土地と砂土の堆積する土地それぞれに造成した畑で、トウジンビエやシコクビエ、ソルガム、キャッサバなどの耕作を行っていた（Cheke 1994）。しかしながら、ザンビア西部州へ移住した後、彼らは河川付近の畑を利用せず、カラハリ・ウッドランドの畑のみでキャッサバを栽培することとなった。こうして移住民は移住を機に、さまざまな対処を行いながら、キャッサバの栽培限界地ともいえるより乾燥した場所で独特の農法を作り出すこととなったのである。

リコロ村をはじめザンビア西部州へ移住したアンゴラ移住民が、肥沃なザンベジ川氾濫原ではなく、カラハリ・ウッドランドでの焼畑農耕で生計をたててきたことには理由がある。この理由には、今日、ザンビアの多くの地域で、慣習法に基づく土地利用が行われていることが関係する。

ザンビア西部で一八世紀までに王国を築いたロジの人々は、旧来よりカラハリ砂層が堆積する丘陵地ではなく、丘陵地を流れるザンベジ川の氾濫原を耕作し生活の拠点としてきた。一九世紀末に焼畑農耕民であるアンゴラ移住民が移動してくるまで、丘陵地は耕作されてこなかった。ザンビア独立後、政府は土地法を整備するにあたり、国内各地の伝統的政治組織が慣習法によって土地を管理する地域を定めた。これにより、西部州では、ロジ王を頂点とした伝統的政治組織による慣習的な土地配分が今日まで認められるに至った。移住民がこの地に来た際、移住民は先述のロジ王を頂点とした伝統的政治組織の末端に編入されたため、ロジの伝統的な土地支配制度では、氾濫原を利用できるのはロジであり、移住民はウッドランドのみを耕作することとなっている。こうして今日の移住民の生計活動は、この慣習的な土地制度とも関わり、焼畑農耕に大きく依存するものとなっているのである。

このように、ロジとの従属的な民族間関係に基づく資源獲得の制約は、多民族が生活するアフリカではさほど珍しいことではない。歴史を遡れば、現在のアフリカ諸国のいずれも、地域レベルでの交流史があり、近代国家として独立した以降も共生してきた。ザンビアも例外ではない。

今日のザンビアには、八〇を超える多くの民族集団が混住しているが、アンゴラ移住民をはじめとする人々は国境のない時代から、生業適地を求めて、または民族集団内外での社会的緊張の高まりなどによって、今日の国境を越えて移動していた。一九一一年にイギリスの植民地北ローデシアとなった折にザンビアの国境が画定し、一九六四年に独立し近代国家としての国境管理が始まった後も、脆弱な国境管理体制のもとで国境を越える人の移動が続いた。

アンゴラ移住民の移動の動機は、初期にあたる一九世紀、民族間紛争を原因とするものや農業適地を求めた移動(Cheke 1994)から、やがてアンゴラを植民地支配していたポルトガル人による圧政を逃れる人々の移動が始まり、一九六一年に独立解放闘争が始まると、同闘争を逃れる人々の移動が始まった。そうして旧来からの人の移動は、国家という枠組みが生まれると同時に、よりさまざまな理由による移動が重層して進行した。

ザンビアでは、近隣国の紛争から逃れた難民を管理する体制が、早い段階から整備された。しかしながら他のアフリカ諸国もそうであったが、紛争を逃れ国境を越えザンビアへ逃れてくる人々すべてを難民として管理するには限界があったため、実際は農村に住み国籍を取得するものの方がはるかに多かった。このように、リコロ村のアンゴラ移住民は、アフリカで国家体制が整えられる動きと並行して難民とも呼べる人々となっていったのである。

以上のように、今日難民とも呼べるアンゴラ移住民の営みの詳細に目を向ければ、歴史的に形成されてきた民族間関係を基礎に、新しいキャッサバ栽培技術の創出によって生存を可能とする焼畑農耕民の近現代史が浮かび上がってくるのである。

おわりに――難民を歴史的に捉える視点／方法論としての人類学

カラハリ・ウッドランドにおいては、確かに、人口低密度地帯であるカラハリ砂層の堆積地で移住人口が増加するなか、アンゴラ移住民の工夫と試みが実践されてきた。そうした彼らのキャッサバ栽培技術には、乾燥した環境下で、生育途中のイモの肥大を抑制し単位あたり収量をある程度犠牲にする一方で、代わりに作物体そのものの生育を継続させる、非合理性と合理性を両方内包しているという特徴がある。アンゴラ移住民は、こうして、かつての雑穀栽培からキャッサバという単位面積あたり収量の高い作物を栽培するに至り、耕地の外延的拡大によって自立的な焼畑農耕を営んできた。彼らの焼畑農耕は、労働投入量あたりの収量が多い、つまり労働生産性が高いという特徴を持っており、かつて掛谷（一九九八）が指摘した、エキステンシブな農耕と呼べるものである。

しかし、カラハリ・ウッドランドで編み出されたキャッサバの栽培技術は、一方で、先行研究で集約的農業と呼ばれてきたアフリカ農業の特徴をも見てとることができる。特に、タンザニアなどの人口過密地域における定着型の集約的農業で報告されるような知識や技術の集約化（丸尾二〇〇二bなど）と同様に、移住人口が増えるなか、キャッサバの種茎の新旧や長短を管理するという点で技術と知識とを集約したものである。また、先行研究では、知識を集約し、多品種を栽培して天候不順や病虫害に対し危険分散することによって、年間を通じた食料確保を可能とする混作が注目を集めた。これに対し、カラハリ・ウッドランドのキャッサバ栽培では、複数の品種を保持しながら、過酷な環境に適した一品種を取捨選択するという知識の集約がなされている。

このように、焼畑というエキステンシブな農業でありながら、同時にアフリカで育まれた集約的農業としての特徴をあわせもつカラハリ・ウッドランドのキャッサバ栽培は、これまで地域研究や人類学が見出してきたアフリカ農業に対する「エキステンシブ」「集約的農業」といった分類枠組みを越えたものである。また、カラハリ・ウッドランドの焼畑農耕に、さしあたって休閑期間がもうけられていない点でも、アフリカ農耕民の自然利用が、これまで持続的であることを実証してきた先行研究に疑問をなげかけている。

以上、カラハリ・ウッドランドの焼畑農耕の特徴は、アフリカの激動する政治経済のなかで、紛争を逃れ、過酷な環境に生きる農耕民である難民の、限界を示すものであると捉えられる。本章でも述べてきたように、この焼畑農耕の特徴は、ザンビアとアンゴラの国境地帯で歴史的に積み重ねられた民族間関係が基盤にある。私たちが射程に入れる時間軸を過去に遡れば、今日私たちの目の前で営まれる人々の日常的な生業の風景は、民族集団のテリトリーや植民地支配、国境などその地域に適用されてきた複層的な権力の所作が反映されできあがったものとして理解できる。それは冒頭で述べたように、今日のアフリカ農耕民が持つ、さまざまな呼称その一つ一つを解きほぐして理解することである。これは、近年の政治経済の変化が起こる以前から、農耕民の生活変化が起こってきた史実を具体的に追究する歴史学的視点が可能とするのである。

本章では、もちろん、一〇〇年ほどの期間に、ザンビア西部という南部アフリカの一地域で移動してきた難民の事例を示したにすぎない。また、その一〇〇年がいかなる時代であったのかについて特徴づけることを狙ったものでもない。しかし今後、地域研究や人類学が、アフリカ農耕民自身がいかなる歴史をあゆみ、その延長線上で今日難民となっているという歴史を示し続けることは、「かわいそうな」難民として一元的に理解されるアフリカ難民理解の多様化だけではなく、多様なアフリカ難民のたどる近現代史の再検討をはかることができるのではないだろうか。

参考文献

荒木茂　一九九六「焼畑・移動耕作の秘密——アフリカ・サバンナ帯を例として」佐久間敏雄・梅田安治編『土の自然史——食料・生命・環境』北海道大学図書刊行会、六五—七六頁。

大山修一　二〇〇二「市場経済化と焼畑農耕社会の変容——ザンビア北部ベンバ社会の事例」掛谷誠編『アフリカ農耕民の世界——その在来性と変容』京都大学学術出版会、三—四九頁。

掛谷誠　一九九八「焼畑農耕民の生き方」高村泰雄・重田眞義編『アフリカ農業の諸問題』京都大学学術出版会、五九—八六頁。

重田眞義　二〇〇二「アフリカにおける持続的な集約農業の可能性——エンセーテを基盤とするエチオピア西南部の在来農業を目指して」掛谷誠編『アフリカ農耕民の世界——その在来性と変容』京都大学学術出版会、一六三—一九九頁。

末原達郎　一九九〇『赤道アフリカの食糧生産』同朋舎。

廣瀬昌平　一九九八「農耕様式の多様化とその変容過程——ケニア、ザイールの事例から」高村泰雄・重田眞義編『アフリカ農業の諸問題』京都大学学術出版会、一一七—一五八頁。

丸尾聡　二〇〇二a「バナナとともに生きる人々——タンザニア北西部・ハヤの村から」掛谷誠編『アフリカ農耕民の世界——その在来性と変容』京都大学学術出版会、五一—九〇頁。

丸尾聡　二〇〇二b「アフリカ大湖地方におけるバナナ農耕とその集約性」『農耕の技術と文化』第二五巻、一〇八—一三四頁。

村尾るみこ　二〇〇六「ザンビア西部、カラハリ・ウッドランドにおけるキャッサバ栽培——砂土に生きる移住民の対応から」『アフリカ研究』第六九号、三一—四三頁。

村尾るみこ　二〇一二『創造するアフリカ農民——紛争国周辺農村を生きる生計戦略』昭和堂。

米山俊直　一九八一『生業としての農業再考——アフリカの経験を通して』『柏祐賢著作集』完成記念出版会編『現代農学論集』日本経済評論社。

Bakewell, O. 2000: "Repatriation and Self-Settled Refugees in Zambia : Bringing Solutions to the Wrong Problems," *Journal of Refugee Studies* 13(4), pp. 356-373.

Cheke 1994: *The History and Cultural Life of the Mbunda Speaking Peoples*. Lusaka: Cheke Cultural Writers Association.

Jones, W. O. 1959: *Manioc in Africa*. Stanford: Stanford University Press.

Kunz 1973: "The Refugee in Flight: Kinetic Models and Forms of Displacement," *The International Migration Review* 7(2), pp. 125-146.

Hansen, A. G. 1979: "Once the Running Stops: Assimilation of Angolan Refugees into Zambian Border Villages," *Disasters* 3(4), pp. 369-374.

Macmillan 1997: *Basic Education Atlas of Zambia*, Lusaka: Macmillan.

Purseglove, J. W. 1968: *Tropical Crops: Dicotyledons*, London: Longman.

Thomas, D. S. G. & P. A. Shaw 1991: *The Kalahari Environment*, Cambridge: Cambridge University Press.

第Ⅴ部

現代社会を理解する

第12章 脱植民地化のなかの農業政策構想
独立期ガーナの政治指導者クワメ・ンクルマの開発政策から

溝辺泰雄

はじめに

二一世紀に入ってもサハラ以南アフリカの食料問題は依然として解決されたとはいえない状況にある。国連食料農業機関（FAO）の報告書『世界の食料不安の現状（二〇一四年版）』は、飢餓撲滅に向けて、世界全体では一定の進展が見られる一方で、アフリカにおいては栄養不良の状態にある人々の割合が他の地域に比べて高く、改善のペースも遅いと指摘している（FAO, IFAD & WFP 2014: 8-11）。

アフリカが抱える食料問題の背景には、同地域における農業生産性の低さがある。農業生産性の向上は経済成長にとっても不可欠であると指摘されている（平野二〇一三：一二六—一二七）にもかかわらず、独立後のアフリカにおいて生産性は停滞したままの状態が続いている。[1] その結果、二〇一一年にはアフリカ地域全体で三五〇億ドルもの額を食料の輸入に費やすなど、慢性的に食料を輸入に依存する状況に陥っている（Africa Progress Panel 2014: 57）。

こうした現状を生み出した要因として、独立後の政府による農業開発政策の失敗を指摘する立場（例えば、平野二〇〇九：一三四—一四一）がある一方で、同地域が抱える歴史的要因（特に、欧州諸国による植民地統治政策）を重視する立場もある。二〇〇八年の世界食料安全保障委員会年次総会で、ナイジェリアのオバサンジョ元大統領は、現在のアフリカの食料問題の根本原因は、植民地統治期に宗主国が換金作物の生産を過度に重視し、自給作物の生産を軽視したことにあると主張した。さらに同氏は、独立後の政府は開発資金の確保が喫緊の課題であったために換金作物の輸出に依存せざるをえず、結果として「アフリカは意図せずして明らかに退歩的な植民地統治の遺産を負わされてきてしまった」と述べている（*The Daily Trust*, October 16, 2008）。

しかし、いずれの立場に拠って立つとしても、アフリカ諸国の多くは、独立後も植民地統治期に構築された、過度の換金作物依存と自給作物生産の軽視を特徴とする経済構造から脱却することができなかった（もしくは、しなかった）ことは間違いないようである。そうであるとすれば、不公正な政治経済体制を基盤とする植民地主義を全面的に否定し、新生国家の自立的発展を目指した脱植民地化期のアフリカの指導者たちは、独立後の産業振興策において農業、とりわけ自給作物の生産をどのように位置づけていたのであろうか。

この問いへの答えを求めて、本章が考察の対象とするのは、一九五七年にサハラ以南アフリカで最初に独立を果たした西アフリカ・ガーナの事例である。他の植民地に先駆けて植民地支配からの解放を成し遂げた新興国家ガーナが、食料問題解決のためにいかなる方途を模索したのか。同国の独立を率いた政治指導者クワメ・ンクルマ（Kwame Nkrumah 一九〇九～七二年）が採用した開発政策の検討を通して、独立期の国家戦略における自給農業の位置づけとその背景を明らかにしたい。

1　ガーナの独立とクワメ・ンクルマ

クワメ・ンクルマは、一九〇九年に英領黄金海岸（現ガーナ）南西部の町ンクロフルの金細工職人の家庭に生まれた。一九三〇年に首都アクラの官立教員養成学校を修了したンクルマは、教職で得た給与の蓄えと親戚からの援助によっ

写真１　UGCC 創設時の指導者たち。左端がンクルマで、右から２人目がダンカー
出所）Buah 1998: 155。

て、一九三五年にアメリカへ留学する。留学中のンクルマは自らアフリカ系学生組織を率いるなど、政治運動との関わりを強め（Vieta 2000: 3）、一九四五年にロンドンに渡った後も、「西アフリカ学生同盟」の副議長に就任するなど、欧米の黒人運動における若手世代の注目人物となっていった。

第二次世界大戦が終了し、インドを皮切りにアジア諸国の独立が相次いで実現すると、アフリカでも独立へ向けての運動が活発化した。黄金海岸においても都市部の若者を中心に独立を求める声が高まった。当時黄金海岸の政治運動の中心人物であったJ・B・ダンカー（Joseph Boakye Danquah 一八九五～一九六五年）らは新しい政治組織の結成を模索し、ロンドンで一躍注目を集めていたンクルマにも合流を打診した。当初ンクルマは逡巡したものの、周囲の説得を受け一九四七年一二月に黄金海岸へ戻り、同年設立された「統一黄金海岸会議（UGCC）」の事務局長に就任した（写真1）。

しかし、就任後まもなく、植民地の即時解放には「革命」的変化が必要と考えるンクルマと、植民地政府との協調のもと漸次的に独立への道筋を見出そうとするダンカーとの間で対立が生じた。そのためンクルマは一九四九年六月にUGCCを離脱し、自らが率いる政治組織「会議人民党（CPP）」を結成した。CPPは都市部の低賃金労働者を中心とした、現状に不満を抱く若年層の熱狂的な支持を集めた。大々的にボイコットやストライキを実施するなど植民地政府との対立姿勢を鮮明にしたことで、一九五〇年、植民地当局はンクルマを逮捕する。しかし、一九五一年二月に実施された総選挙でCPPが圧勝したこと

表１　ガーナの主要食糧品輸入額（1951 年と 61 年）

品目	輸入額（ガーナポンド）		10 年間での増減率
	1951 年	1961 年	
肉類	1,195,000	1,935,000	+ 62%
魚類	1,422,000	4,814,000	+ 239%
乳製品	633,000	1,901,000	+ 200%
コメ	313,000	2,514,000	+ 706%
メイズ（トウモロコシ）	207,000	35,000	− 89%
小麦	1,539,000	3,145,000	+ 104%
砂糖	1,139,000	2,690,000	+ 136%
果物と野菜	171,000	2,068,000	+ 1,109%
合計	6,618,000	19,102,000	+ 198%

出所）Republic of Ghana 1964: 55.

を受け、当局はンクルマを釈放し、同年ンクルマは「政府事務首班（Leader of Government Business）」に任命され、翌五二年に首相に就任した。

黄金海岸の首相に就任したンクルマは、経済政策にも深く参画するようになった。独立に向けて一刻も早い経済発展を目指したンクルマは、経済発展の軸に工業化を据え、独立後も一貫して工業部門重視の姿勢を取り続けたとされる（Agyeman-Duah 2008: 55）。

その一方で、ンクルマは一九六三年に行った演説で、次のように述べている。

「ガーナで栽培できる食料作物の生産を拡大するために全力を注ぐ必要があります。……コメやトウモロコシ、オレンジなど私たちが自国で容易に栽培できる作物を輸入し続けることは経済的な自殺行為です。……ガーナは工業化政策に着手し、皆さんご存知のとおり、全国で多くの工場が建設され、工業開発事業が実施されています。しかしこの開発は、農業の生産性向上なくして実現しません。いいかえれば、工業化に向けての私たちの計画は、農業活動への私たちの熱意と生産力に大いに依存しているのです」（Nkrumah 1997［1963］: 106）。

右が示すように、ンクルマ自身も食料作物の輸入依存から脱却する必要性と農業生産性向上の重要性を認識していた。それにもかかわらず、一九五一年から一九六一年までの一〇年間でコメの輸入額はおよそ八倍に増加し、一九七〇年になっても国民の食料を輸入に頼らざるをえない状況が続いた(Agbodeka 1992: 91, 156)(表1)。

つまり、サハラ以南アフリカで最初に植民地統治からの解放を実現させたンクルマをもってしても、「植民地統治の遺産」の一つとされる、農業部門における自給作物生産の脆弱性を克服することができなかったのである。その原因はどこにあったのか。それを解明すべく、次に独立期ガーナの農業政策について検討することにしたい。

2 独立期ガーナの農業政策

現在のガーナにあたる地域が「英領黄金海岸」として公式にイギリスの統治下におかれるのは二〇世紀初頭である。その後まもなくしてココアの生産が本格化し、一九三六年には黄金海岸のココア輸出額が世界の総輸出額の四二%を占めるまで成長した(Agbodeka 1992: 58)。その一方で、植民地政府による農業の近代化政策は遅々として進まず、一九二〇年の植民地予算のなかで農業関連部門に充てられたのは全体のわずか一%で、それから三〇年以上経った一九五一年になっても、農業関連予算は全予算の五%に過ぎなかった。このように、植民地政府は独立準備期に入っても農業の近代化や多角化に本腰を入れることはなかったのである[2]。

さらに、ココア生産の急速な拡大は食料問題を深刻化させた。植民地政府がココア生産の拡大を推奨したことで、雨量も多く肥沃な南部地域の多くがココア栽培に充てられた(図1)。その結果、黄金海岸の食料生産の拠点は北部のサバンナ地域に移ることになった。南部に比べ乾燥し土地も痩せた北部地域では食料生産量を拡大させることは難しく、輸送インフラの未整備も加わって、都市部地域への食料供給は停滞した(細見一九六九:一二〇―一二一)。一九五〇~五一年の植民地農業省の年次報告書にも、都市人口の拡大に食料生産が追いつかず、小麦粉の輸入量が一九四六年から五年間で四倍以上に増加したと記録されている(Government of the Gold Coast 1952: 2)。つまり、植

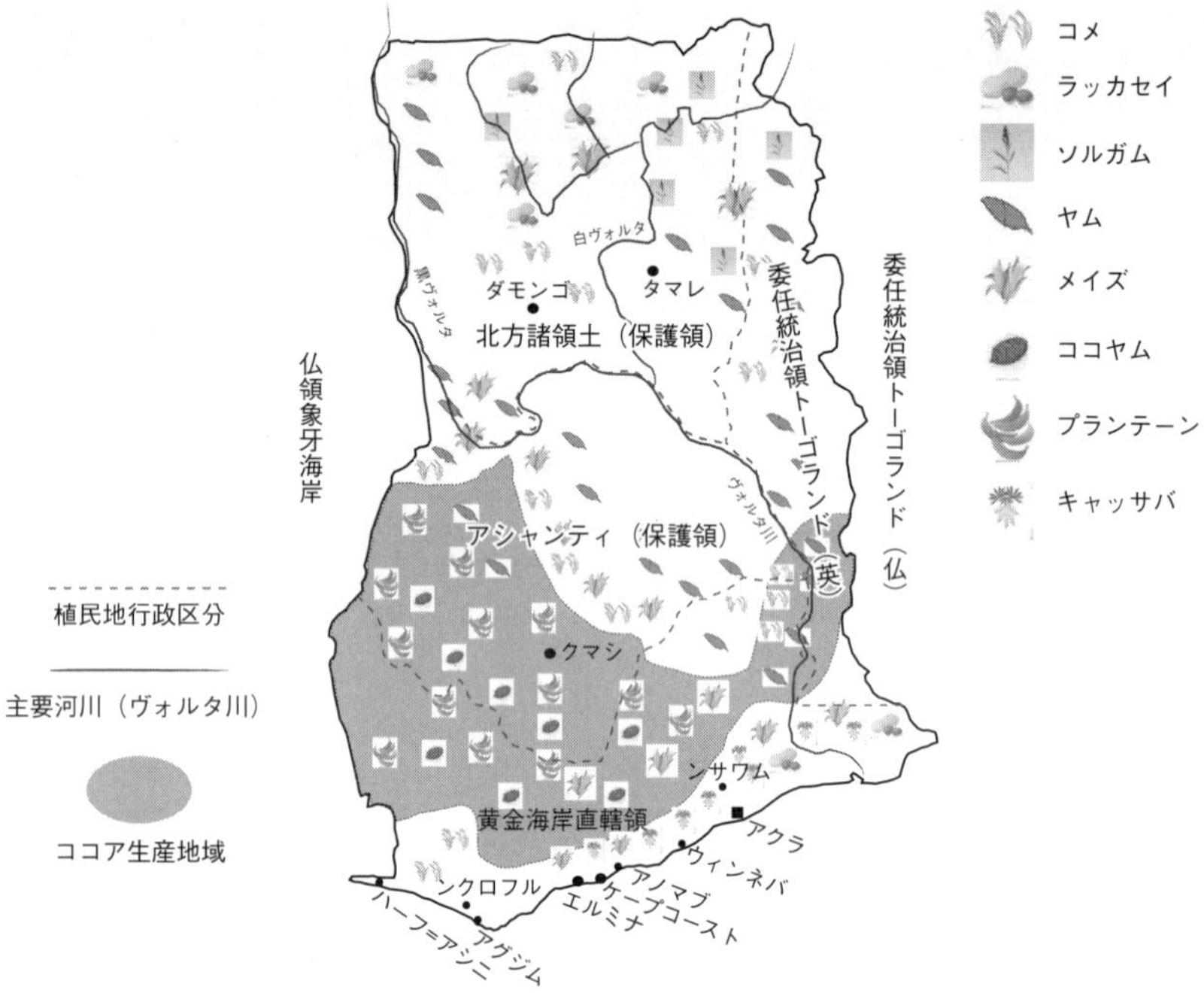

図１　英領黄金海岸植民地（現ガーナ）の統治区域と主な農業作物分布

出所）Agbodeka（1992: 58）と Buah（1998: 99）を参考に筆者作成。

民地政府は輸出換金作物であるココアの生産は奨励する一方で、自給作物の生産には関心を払わず、食料不足は輸入によって乗り切ろうとしたのである。

一九五〇年代に入ると、五一年の総選挙で勝利したンクルマが独立へ向けての政策立案に関わることになり、植民地の開発政策は転機を迎える。自治政府の設立には工業化と農業生産性の向上が必須と考えたンクルマは、植民地の産業振興には消極的であった政府の方針を転換し、植民地の財源を積極的に導入する新たな開発計画を策定した。

一九五〇年代の経済政策には、トリニダード出身の経済学者で後にノーベル経済学賞を受賞するW・A・ルイス（William Arthur Lewis 一九一五～九一年）も深く参与していた[3]（写真2）。植民地開発に対するイギリス政府の消極的姿勢を批判したルイスは、植民地の経済発展のためには政府が積極的に財政支出を行うべきと説いた。自立的な経済を築くには軽工業部門を中心とした「輸入代替工業化」を進める必要があるとする一方で、植民地の農業については換金作物への過度の依存を問題視し、食料輸入による富の流出を避けるためにも自給作物の生産を拡大させる必要があるとした。さらに、都市部の食料価格を抑えるために生産者価格を低くすることは、農民の生産拡大への意欲を阻害するとして、農産品の買取に政府が積極的に介入すべきとした。そのうえで、生産性向上のためには農業の近代化は必須であるとして、種苗、肥料、灌漑設備など新しい技術を導入することに加え、現地の農業の担い手である小規模自作農に対する近代的農法の教育などにも力を注ぐべきと主張した（Lewis 1951: 70-104, Lewis 1970: 1-11）。

ンクルマも農業部門を改善し生産性を向上させることが必須であるという点ではルイスと認識を共有していた。現状の自給農業は「非効率で土地資源を無駄にしており、都市部を中心として急速に拡大する人口の需要を賄いきれない状況」にあり、「国民の生活水準向上に適うバランスの取れた食事を確保するためには、より効果的な農法を採り入れなければならない」としたうえで、一九五一年の開発計画において農業部門の改革に着手した（Padmore 1953: 226）。

この当時、植民地政府は食料生産拡大の解決策として大規模機械化農業の導入を試み始めていた。その代表的事業が、北部諸領土・ゴンジャ地域のダモンゴを拠点とした「ダモンゴ計画」である。この計画は、ダモンゴの近郊地域に三万エーカー（甲子園球場のおよそ三千場分に相当）の試験農場を設けて他の地域から農民を移住させ、トラクターを用いた大規模な機械化農業を実施してメイズやラッカセイなどの増産を目指すというものであった。政府はこの計画に着手するため、一九四九年に資本金一〇〇万ポンドで「ゴンジャ開発公社」を設立し、一九五一年の開発計画でも予算措置は継続された。しかし、慢性的な財政不足に加えて、派遣されたヨーロッパ人指導員の能力不足や、導入された農機が土壌浸食の激しい北部サバンナ地域には適合しなかったこ

写真２　ウィリアム・アーサー・ルイス
出所）Lewis 1978.

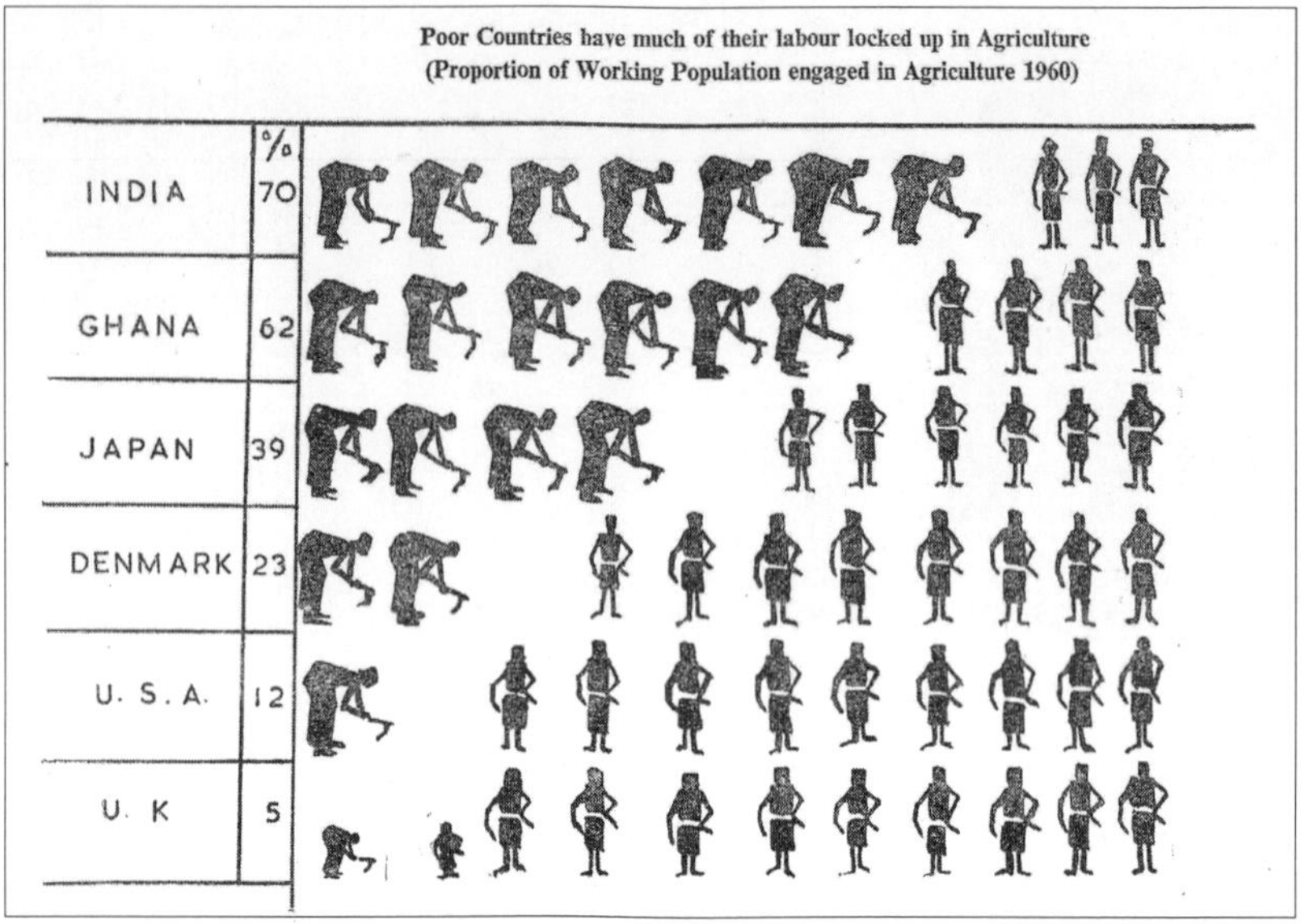

図２　「７ヶ年計画」を説明するために1963年に出版されたパンフレットに掲載された図

注）上部の説明文には「貧しい国々では多くの労働力が農業部門に費やされている」との見出しとともに、1960年時点での農業就業人口の割合と低開発との関係を示すことを意図した図が掲載されている。
出所）Republic of Ghana 1963: 4.

となどもあり、計画は頓挫し、「ゴンジャ開発公社」も一九五六年に清算された（Government of the Gold Coast 1952: 10, Agbodeka 1992: 74, 細見 一九六九：一二六―一二七）。

そうしたなか、ンクルマが率いるＣＰＰは一九五六年に実施された独立直前の総選挙でも一〇四議席中七一議席を獲得し、翌五七年に英領黄金海岸は新国家「ガーナ」として独立した。「ダモンゴ計画」は失敗に終わったものの、独立直後のガーナの財政状況は、ココアの国際価格の高止まりにも助けられ比較的安定していた。そのため、輸入に依存する食料事情が深刻な課題として顕在化することはなかった。

しかし一九六〇年の共和制導入を期に、ンクルマ政権は社会主義・工業化路線を明確化し、大規模重工業を柱とした開発事業に着手することになる。一九六一年から新たな開発計画の立案が開始され、一九六四年三月一六日に「国家再建と開発のための七ヶ年計画（以下、七ヶ年計画）」がガーナ議会で承認された（図２）。「七ヶ年計画」の実施に先立って行われた議会での演説の冒頭で、ンクルマは次のように宣言している。

「この計画を導入する主たる目的は次の三つです。まず一つめは、我が国の経済の成長を加速させることです。そして次に、国家と協同組合の急速な発展を通して社会主義的経済構造への移行を可能にさせることです。そして三つめの目的は、この計画によって、我々の経済に残存する植民地的構造（colonial structure）を完全に根絶させることであります」[4]。

しかし、社会主義的政策に基づく早急な工業化を追求した結果、主要基幹企業の国営化によって公務員が増加し、人件費が嵩んだ。さらに、世界最大の人造湖であるヴォルタ湖を生んだアコソンボダムやアルミニウム精錬工場の建設をはじめとする大規模開発計画によって巨額の財政支出が必要となり、国家財政は急速に悪化した[5]。それに伴い、通貨のインフレーションが起きて国内の消費者物価も急騰したため、都市部住民の食料問題が一気に顕在化してしまったのである。

その一方で、「七ヶ年計画」においても自給農業改善の方途は検討されていた。同計画によると、従来の農業の生産性が低かった原因は、小規模農業、灌漑・貯蔵設備の不足や機械化の遅れ、農家への金融サービスや農産物の販路流通体制の未整備にあった。そのため農業生産性を改善させるには、農地の大規模化を計り、インフラを整備したうえで、機械化を軸とする近代的農法の導入することが必要であるとされた。そこで「七ヶ年計画」が採用した方法は、「労働者旅団（Workers' Brigade）」と「農民協同組合（Farmers' Co-operatives）」を組織して国民を動員し、人口が稀薄な北部サバンナ地域を中心に複数の「国営農場（State Farm）」を建設して農地を拡大し、そこで大規模機械化農業を行うというものであった（Republic of Ghana 1964: 53-85）。

しかし実施後まもなく、現地の環境に合わないトラクターの導入や、国営農場の非効率な運営、さらに運営主体とされた「ガーナ農民協同組合評議会」の幹部の任命に絡む不正や汚職の蔓延など多くの問題が表出した（高根二〇〇六：一二―一六）（図３）。巨額の投資にもかかわらず、期待された農業生産性の向上を実現できなかったンクルマ政権は、国民の不満を抑えることができず、一九六六年にクーデターでの失脚を迎えることになる。さらに、その後の政権も農業の機械化と高収量品種の導入など「農業の近代化」によって生産性の向上を試みたが望まれた結果は得られなかった[6]。二〇〇三年時点でもコメの国内需要約六〇万トンのおよそ三分の二を輸入米が占めるなど（FAO 2006: 2）、ガーナの脆弱な食料状況は未解決のまま二一世紀に至ることになったのである[7]。

3　ガーナの「独立」と自給農業

以上見てきたように、ンクルマ政権が推進した農業政策は、国民を農民組織に動員し、「農業の近代化」の名のもと広大な土地に「国営農場」を開墾して大規模機械化農業を実施するというものであった。しかし、自給作物の生産性は向上せず、結果として植民地統治期に構築された食料の輸入依存状況から抜け出すこともできなかった。

ンクルマがこのような方法を採った背景として次の三点を指摘することができる。まず一つに、独立後のンクルマ政権が脆弱な国内の政治基盤に苦しみ続けていたことが挙げられる。一九四七年に帰国した後、二度の選挙に勝利し、わずか一〇年でガーナを独立に導いたンクルマであったが、彼が率いた与党ＣＰＰは、全土から支持を得ていたわけ

240 TRACTORS FOR FARMERS...

Learning to drive

図３　約240台のチェコ製のトラクターが導入されることを報じるガーナの主要紙『デイリー・グラフィック』の記事（1963年３月６日号12面と13面）

注）右上の写真はチェコ人の技術者に新しいトラクターの運転を習う連合ガーナ農民協同組合評議会の事務局長。

出所）*The Daily Graphic*（Ghana）, March 6, 1963, pp.12-13.

ではなかった。前節で触れたように、独立直前の一九五六年の総選挙においてもCPPは勝利し、一〇四議席のおよそ七割となる七二議席を獲得した。しかし、得票数で見るとCPPが三九万八一四一票を得た一方で、野党各党は合計で二九万九一一六票を獲得しており（Boahen 1988: 204）、得票率でいえば国民の四三％ほどがCPPを支持していなかったのである。

この時の野党勢力の中心にあったのが、UGCCでンクルマと袂を分かったダンカーが率いる「国民解放運動（NLM）」であった。NLMの支持基盤は「アシャンティ保護領」を中心とするガーナ中部のココア生産地域であった。古くから強大な権力を誇ったアサンテ王国を支持する人々が暮らすこの地域には、植民地経済を支えたココアや金の生産地が存在していた。そのため植民地統治期には、政治的発言力を持つ伝統的首長や新興エリートが多く輩出されることになり──ダンカーもその一人であった──、宗主国のイギリスとも比較的良好な関係を築いていた。[8]

その一方、地方の海岸街で育ったンクルマの支持基盤はアクラを中心とする都市部の若者や労働者であった。支持層の維持・拡大のためには、都市部住民の生活水準の向上と雇用の確保が必須であり、ココア農業経済から工業化推進への政策の転換は不可避であった。しかし、植民地統治期の経済構造を引き継ぐ形で独立を迎えたガーナは、依然として国家財政の多くをココアの輸出に依存しており、農村で産出されるココアで得られた富が都市部の工業化資金に多く割り当てられることになった（Cooper 2002: 67-68）。

こうして、植民地統治期に構築された社会的・経済的構造を独立によって抜本的に変革させようとしたンクルマの政策は、都市と農村という国内の地域間対立を先鋭化させた。その結果、政策実現を急いだンクルマ政権は半ば強引ともいえる独裁的手法に頼らざるをえない状況に追い込まれたのである。「国営農場」の労働力として動員された「労働者旅団」も、経済の不振で深刻化した若年層の失業対策の側面があった。さらに、CPPの幹部が要職に就くことになった「連合ガーナ農民協同組合評議会」の権限強化は、全国の農業就業者をCPP政権の統制下におくための方策でもあった。国内の政治情勢がンクルマの農業政策にも大きく影響を与えていたのである。

二つめの背景として指摘できるのは当時の開発思想の影響である。ンクルマが採用した工業化の推進と農業の近代化を柱とする開発政策は当時の最先端の開発理論を参考にして策定されていた。一九五〇年代から六〇年代前半は、ロストウの発展段階論に代表される近代化理論が広く支持されていた時代であり、ンクルマが模索した「農業の近代化」は、当時の開発経済学の文脈からも特に異色なわけではなかった。「発展途上国＝第三世界」の地位を脱するには工業化に向けての「テイク・オフ」が必須と考える近代化理論は、一九六三年の「七ヶ年計画」の根本理念とも軌を一にしていたのである。

ンクルマは先に触れたルイスだけでなく、ヌルクセやハーシュマンなど当時の主要な経済学者からも経済政策への助言を得ていた（Rooney 1988: 241-243）。貧困の悪循環から抜け出すためには政府の積極的な介入が必要という点では、当時の開発理論が唱える方向性とンクルマの選択との間に大きな違いは存在しなかった。独立後にンクルマ政権の経済顧問に就任したルイスは、政策方針の違いからまもなくガーナを去ることになったが、開発を実現するためには農業生産性を改善し、食料の輸入依存の問題を解決せねばならないという点においてはンクルマとも問題意識を共有していた。しかし、そこでンクルマが採用した方法、すなわち「国営農場」を中心とした大規模機械化農業とその運営方法に大きな問題が存在していたのである。

ンクルマが採用した農業政策の背景として最後に指摘できるのが、彼が目指した「独立」の性格である。「植民地解放闘争」の過程でンクルマが闘ったのは、「白人」と「黒人」という人種間の従属関係だけではなかった。それは、エリートと一般大衆という階級間、そして、既得権を持つ年長者と現状に不満を抱く若者という世代間の闘いでもあった。先述したとおり、五〇年以上にわたる植民地支配のなかで、ガーナ国内にも既得権を有した首長やエリートが誕生し、その他の人々との間に生活水準の違いも生まれていた[9]。富裕な首長の家族に生まれ、苦学することなくイギリスで弁護士の資格を得たダンカー（独立当時六一歳）に対して、いわゆる庶民の生まれで年齢もひとまわり以上若いンクルマ（独立当時四七歳）であったからこそ、現状に不満を抱く青年層から多くの支持を得ることができたのである[10]。

図４　ンクルマが創刊した夕刊紙『イブニング・ニューズ』に掲載された国家開発計画を紹介する挿絵（1960年２月12日）

注）左側のブルドーザーを運転するンクルマが「そうだ！我々の手と足と心と気持ちとすべてを使って、母なる国の経済的自由を実現させるために働くぞ‼ガーナのために働こう!!!今だ！今だ‼今しかないんだ!!!」と叫び、その後ろには男性労働者の姿が描かれている。
出所）*The Evening News*（Ghana), 12 February 1960.

この既得権の対立は地域間にも存在した。英領植民地の多くの地域では、現地の首長を介して一般の人々を支配する「間接統治」の方式が採用された。この体制下では、現地の首長は統治機構の末端として徴税などの統治業務を担うことが求められた。そのため、植民地政府は各地の首長の権威を保護し、政府が許容できる範囲で彼らに一定の権限を与えた。植民地体制の打破と即時独立を求めたンクルマにとって、急激な変革を是としない地方の首長も闘いの対象となったのである[11]（岩田二〇〇五：三一七）。

こうして人種間、階級間、世代間、そして地域間に存在した従属関係を打破する形で得られたガーナの「独立」であったが、そこで忘れられていたもう一つの従属関係が存在した。それは社会的役割における「男性」と「女性」というジェンダー間の関係である。当時発行されたパンフレットや新聞等に表出する情報に基づくかぎり、ンクルマが植民地主義からの解放の担い手として想定していたのは常に「男性」であった（図4）。工業化事業はもとより、自給作物の生産拡大を目指して実施された「農業の近代化」においても、その主たる担い手はあくまで「男性」が想定されていた。しかし、ガーナにおいて伝統的に自給作物の生産を担ってきたのは農家の女性たちであった（細見一九九六：四二）。旧来から培われてきた性別分業に基づく自給農業の方法を省みず、男性労働力を用いた機械化農業を一方的に導入したことで、自給農業の重要な担い手であった女性農業就業者の技術向上や待遇改善は蔑ろにされた。そのことが結果として独立後の生産性の停滞を引き起こす一つの要因になったとも考えられるのである。

おわりに

以上、本稿では西アフリカ・ガーナの独立を導いたクワメ・ンクルマの開発政策を中心に、同国における独立期の自給農業の停滞とその背景を検討してきた。一九四七年の帰国からわずか一〇年で独立を実現させたものの、その後のンクルマは、独裁的色彩を強めた政権運営のもと、急速な工業化政策を強行したことで財政を破綻させ、帰国から二〇年で失脚した。しかし、その野心的な国家開発計画の背景には、国内の地域間対立や植民地時代から受け継がれた脆弱な経済構造が存在していただけでなく、工業化への構造転換を求める当時の開発思想の影響もあった。

加えて、独立後のガーナの農業政策において女性農業従事者の役割が軽視されていた点も忘れてはならない。植民地主義を断固否定し、その根絶を訴えるンクルマも、植民地統治期に構築されたジェンダー間の従属関係までを闘いの対象として認識することはできなかった。技術や機械に象徴される「近代化」の担い手を「男性」に限定する立場は、植民地統治期にヨーロッパの宗主国によってもたらされた価値観であった（Boserup 2007［1970］：43-44）。植民地における「教育」とはすなわち、宗主国が導入した西洋教育であり、植民地統治期に教育を受け、さらに教職にも就いたンクルマも二〇世紀前半の西洋、特に宗主国であるイギリスのジェンダー観から抜け出すことはできなかったのである。[12]

さらに、独立時のンクルマ政権は、植民地統治期に導入されたココアに依存する経済構造を受け継いだまま「近代化」への方途を探らねばならなかった。単一作物経済という「植民地統治の遺産」に頼りながら「植民地的構造を完全に根絶」するという時点で、ンクルマは独立当初から大きな矛盾を背負わされていたともいえる。このように、政治的には果たせたたに見えたガーナの「独立」は、価値観や経済構造の面で見ると「植民地統治の遺産」のうえに築かれていた。現代のアフリカが抱える自給農業の停滞は、植民地統治の軛を脱することができずに躓く独立アフリカ諸国の姿を映し出しているともいえる。

注

1 二〇〇〇年前後の主要な議論としては、二〇〇四年に当時の英国のブレア首相が委員長として立ち上げた「アフリカ委員会」の報告書（Commission for Africa 2005）を参照。また、近年発表されたドイツ銀行の調査報告（Schaffnit-Chatterjee 2014）も農業がサハラ以南アフリカの経済にもたらす波及効果を分析している。

2 ガーナ経済史家のF・アボデカは、こうした植民地統治期における農業部門への「長期に及ぶネグレクト」が、独立後のガーナの自給農業の脆弱性を生み出す要因となったと指摘している（Agdodeka 1992: 50, 74）。

3 当時マンチェスター大学の経済学教授であったルイスは、イギリス政府の「植民地開発公社（Colonial Development Corporation）」の理事として、一九五二年に黄金海岸で経済調査を実施した。また、独立直後の一九五七年にはンクルマに招聘されのガーナ政府の経済顧問に就任している（Padmore 1953: 217, Hooker 1967: 132）。なお、ルイスが黄金海岸（ガーナ）の開発政策に与えた影響については、峯（二〇〇九）、および、Ingham & Mosley（2013）を参照。

4 "Speech by Osagyefo on Launching the Seven-Year Development Plan, Wednesday, 11th March, 1964," (Republic of Ghana 1964: ix）に収録。

5 「七ヶ年計画」の導入がガーナ経済に与えた影響と、それに対して欧米諸国が果たした役割については、溝辺（二〇一二）を参照。

6 独立以降のガーナの歴代政府が試みてきた農業の近代化が成果を生まなかった原因について、細見眞也は、「伝統農法の中核をなしてきた混作栽培が担ってきた重要な機能や意義を具体的な理由も示さないままに否定するという……『上意下達』とでも呼ぶほかない強権的で独善的な姿勢」に基づく農業政策の実施にあると指摘している（細見一九九六：五一）。

7 しかし、ガーナにおけるコメ生産高は二〇〇八年以降増加に転じ、二〇一〇年には国内生産高が輸入米の量を上回るまでに増加した。この背景には天候が農業生産にとって良好であったことに加え、ガーナ政府が二〇〇八年に導入した肥料助成計画や二〇〇九年に導入した区画農場計画（The Block Farm Programme）が有効に機能したためとの分析がある（Angelucci et al. 2013: 3, 15-18）。

8 後にンクルマ政権によって発行禁止処分を受けることになる新聞『アシャンティ・パイオニア』にも、植民地統治期の一九四〇年代にアサンテの首長やエリートと植民地政府との間に緊密な協力関係が存在していたことが窺える記事が掲載されている。詳しくはMizobe（2012）を参照。

9 一九世紀後半から二〇世紀初頭の黄金海岸における現地エリートの形成過程については、溝辺（二〇一一）に詳しい。

10 同様の対立構造は他の英領西アフリカ植民地にも存在していた。英領ナイジェリアの事例については、中村（一九六五）を参照。

11 ただし、ンクルマは首長制を廃したわけではなく、ＣＰＰを支持する人物を首長に据えるなど首長制を利用して政権維持を企図した（Rathbone 2000: 160-161）。

12 植民地期の教育が現地のジェンダー観に与えた影響については、ナイジェリア南西部ヨルバ人地域の事例を検討したOyĕwùmí（1997: 128-136）を参照。

参考文献

岩田拓夫　二〇〇五「クワメ・ンクルマ――パン・アフリカ運動の盟主を目指して」石井貫太郎編『開発途上国の政治的リーダーたち』ミネルヴァ書房、三〇九―三二八頁。

高根務　二〇〇六「独立ガーナの希望と現実――ココアとンクルマ政権、一九五一～一九六六年」『国立民族学博物館研究報告』第三一巻第一号、一―二〇頁。

中村弘光　一九六五「熱帯アフリカのナショナリズムとエリート――主としてナイジェリアの事例を中心として」『アフリカ研究』

第二号、一—一五頁。
平野克己　二〇〇九『アフリカ問題——開発と援助の世界史』日本評論社。
平野克己　二〇一三『経済大陸アフリカ——資源、食糧問題から開発政策まで』中央公論社。
細見眞也　一九六九『ガーナ経済の歩み』アジア経済研究所。
細見眞也　一九九六「ガーナの食糧問題と混作農法」細見眞也・島田周平・池野旬編『アフリカの食糧問題——ガーナ・ナイジェリア・タンザニアの事例』アジア経済研究所、三—六一頁。
溝辺泰雄　二〇一一「帝国による『保護』をめぐる現地エリートの両義性——初期植民地期イギリス領ゴールドコーストの事例から」井野瀬久美恵・北川勝彦編『アフリカと帝国』晃洋書房、二〇四—二二四頁。
溝辺泰雄　二〇一二「独立直後のガーナの『躓き』を生んだ要因に関する予備的考察——『ヴォルタ川計画』に関する財政支援の検証を中心に」『スワヒリ&アフリカ研究』第二三号、二二八—二四一頁。
峯陽一　二〇〇九「英領アフリカの脱植民地化とフェビアン植民地局——黒人経済学者アーサー・ルイスの役割をめぐって」北川勝彦編『脱植民地化とイギリス帝国』ミネルヴァ書房、二二七—二七〇頁。
Africa Progress Panel 2014: *Grain Fish Money: Financing Africa's Green and Blue Revolutions: Africa Progress Report 2014*.
Agbodeka, F. 1992: *An Economic History of Ghana: From the Earliest Times*, Accra: Ghana Universities Press.
Agyeman-Duah, I. 2008: *An Economic History of Ghana: Reflection on a Half-Century of Challenges & Progress*, Banbury: Ayebia Clarke Publishing.
Angelucci, F., A. Asante-Poku, & P. Anaadumba 2013: *Analysis of Incentives and Disincentives for Rice in Ghana*, Rome: MAFAP & FAO.
Boahen, A. A. 1988: "Ghana since Independence," P. Gifford & W. R. Louis（eds.）, *Decolonization and African Independence: The Transfer of Power, 1960-1980*, New Haven: Yale University Press, pp. 199-224.
Boserup, E. 2007［1970］: *Woman's Role in Economic Development*, London & New York: Earthscan.
Buah, F. K. 1998: *A History of Ghana*, Oxford: Macmillan Education（1st ed. 1980）.
Commission for Africa 2005: *Our Common Interest: Report of the Commission for Africa*.

Cooper, F. 2002: *Africa since 1940: The Past of the Present*, Cambridge: Cambridge University Press.

FAO 2006: *FAO Briefs on Import Surges, No. 5 Ghana: Rice, Poultry and Tomato Paste*, Rome: FAO.

FAO, IFAD, & WFP 2014: *The State of Food Insecurity in the World 2014: Strengthening the Enabling Environment for Food security and Nutrition*, Rome: FAO.

Hooker, J. R. 1967: *Black Revolutionary: George Padmore's Path from Communism to Pan-Africanism*, London: Pall Mall.

Ingham, B. & P. Mosley 2013: *Sir Arthur Lewis: A Biography*, Basingstoke: Palgrave Macmillan.

Lewis, W. A. 1951: "A Policy for Colonial Agriculture," W. A. Lewis et al., *Attitude to Africa*, London: Penguin Books, pp. 70-104.

Lewis, W. A. 1970: *The Development Process*, New York: United Nations.

Lewis, W. A. 1978: *The Evolution of the International Economic Order*, Princeton: Princeton University Press.

Mizobe, Y. 2012: "The African Press Coverage of Japan and British Censorship during World War II: A Case Study of the Ashanti Pioneer, 1939-1945," *Tinabantu: Journal of African National Affairs* 4(2), pp. 26-36.

Nkrumah, K. 1997: "Tenth Anniversary of the United Ghana Farmers' Council Co-operatives, September 26, 1963," *Selected Speeches of Kwame Nkrumah*, vol. 5, compiled by Samuel Obeng, Accra: Afram Publications, pp. 104-106.

Oyěwùmí, O. 1997: *The Invention of Women: Making an African Sense of Western Gender Discourses*, Minneapolis: University of Minnesota Press.

Padmore, G. 1953: *The Gold Coast Revolution: The Struggle of an African People from Slavery to Freedom*, London: Dennis Dobson.

Rathbone, R. 2000: *Nkrumah & the Chiefs: The Politics of Chieftaincy in Ghana 1951-60*, Oxford: James Currey.

Rooney, D. 1988: *Kwame Nkrumah: Vision and Tragedy*, Accra: Sub-Saharan Publishers.

Schaffnit-Chatterjee, C. 2014: "Agricultural Value Chains in Sub-Saharan Africa: From a Development Challenge to a Business Opportunity," *Deutsche Bank Research*, April 14.

Vieta, K. T. 2000: *The Flagbearers of Ghana*, Accra: ENA Publishers.

（政府刊行資料）

Government of the Gold Coast 1952: *Annual Report of the Department of Agriculture for the Year 1950-51*, Accra: Government Printing Department.

Republic of Ghana 1963: *Seven-Year Development Plan: A Brief Outline*, Accra: Office of the Planning Commission.

Republic of Ghana 1964: *Seven-Year Plan for National Reconstruction and Development, Financial Years 1963/64-1969/70*, Accra: Office of the Planning Commission.

（新聞雑誌記事等）

The Daily Graphic（Ghana）, March 6, 1963: “240 Tractors for Farmers.”

The Daily Trust（Nigeria）, October 16, 2008: “Nigeria: Obasanjo Blames Ex-Colonial Powers for Agriculture's Woe. ”

The Evening News（Ghana）, February 12, 1960: “D-Plan: A Move towards Ghana’s Economic Freedom.”

The Evening News（Ghana）, May 23, 1962: “State Farming, a Big Agricultural Revolution.”

第13章 歴史研究と農業政策
南アフリカ小農論争とその影響

佐藤千鶴子

はじめに

アフリカ大陸の最南端に位置する南アフリカ共和国（以下、南アフリカ）では、ほかのアフリカ諸国とは異なり、二〇世紀初頭以降、白人入植者による大規模な商業的農場経営が発展した。その一方で、在来のアフリカ人小農民による農業生産は停滞し、アフリカ人の居住する農村地帯は、白人の経営する鉱山や農場、都市への出稼ぎ労働者の供給源として位置づけられてきた。だが、白人入植者による近代的な農場経営が発展する以前の時期においては、鉱物資源の発見により新たに開かれた市場向けに農産物を提供したのは在来のアフリカ人小農民であった、とする研究が一九七〇年代末に発表される。その後さまざまな批判が行われたにもかかわらず、同研究は今日でも南アフリカ農村史研究の古典として大きな影響力を持ち、アパルトヘイト撤廃後に導入された農村改革政策のよりどころともなっている。本章では、南アフリカのアフリカ人小農民をめぐる歴史的な論争を紹介したうえで、この論争の現代的な意義について考えてみたい。

1　入植者植民地として開発された南アフリカ農業

今日の南アフリカ農業部門の最大の特徴は、主に白人入植者が経営する大規模商業農場と在来のアフリカ人による自給のための小規模生産が国内に併存する二重構造にある（Aliber et al. 2013）。この二重構造は、一七世紀半ばに始まる白人入植者の到来と植民地支配、征服戦争、一九一三年と一九三六年の土地法による原住民居留地の制定、そして二〇世紀後半の強制移住政策を通じて、現地の人々から大規模に土地を収奪することにより歴史的に形成されてきたものである（Beinart 1994）。白人所有農場は、トウモロコシやコムギといった主食用作物から野菜、畜産、果物・園芸作物に至るまで、国内における食料供給の担い手となり、いくつかの作物や農産物加工品は重要な輸出品ともなった。他方、国土のおよそ

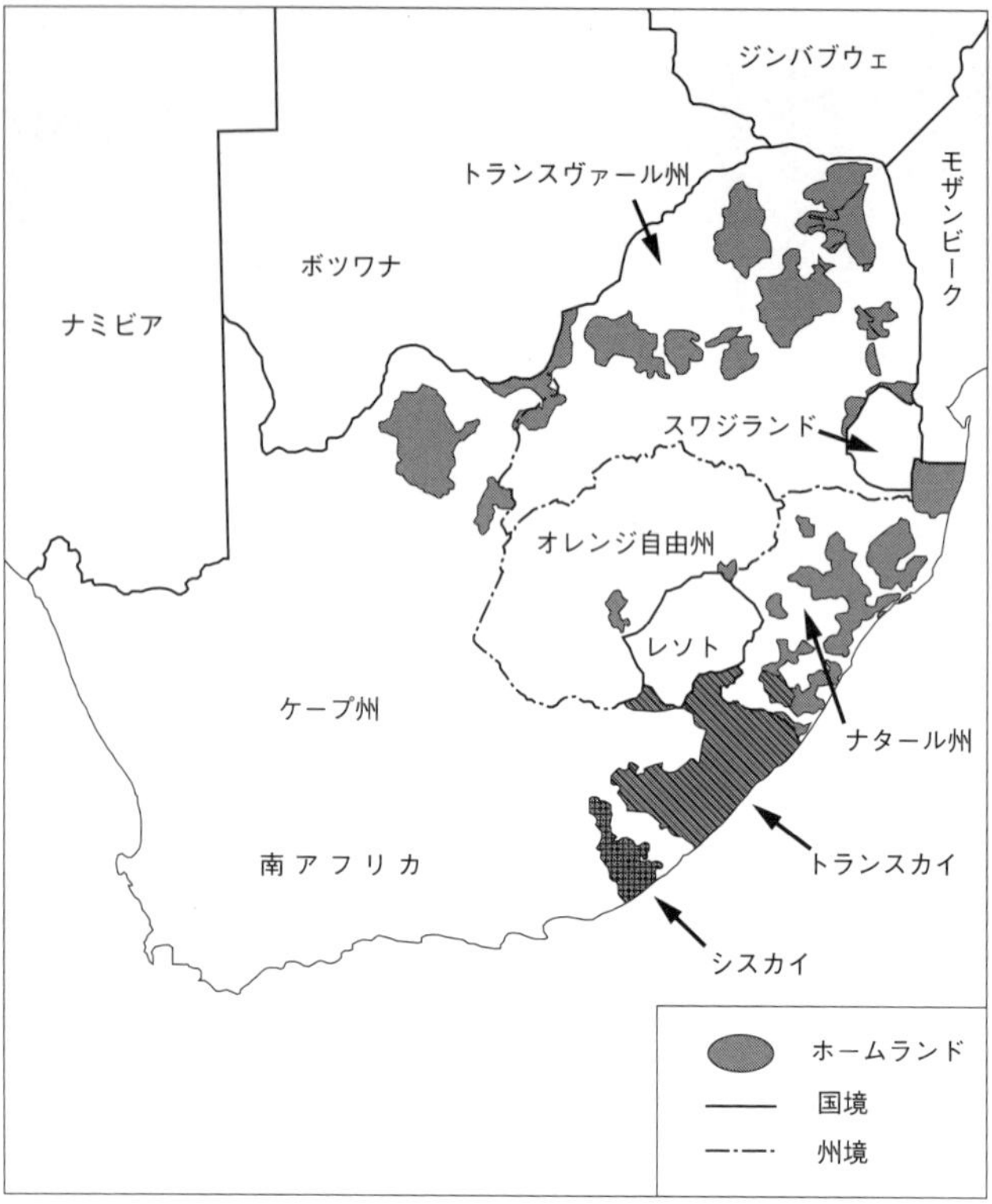

図１　南アフリカのホームランド（1994年以前）

出所）筆者作成。

一三％にあたる居留地（ホームランド）でアフリカ人により営まれてきた農作物と家畜の混合農業は、大部分が自家消費向けであり、ホームランド住民にとっては出稼ぎ労働者からの送金、賃金、年金が主たる収入源であった（図1）。

一九九四年、白人少数派によるアパルトヘイト体制が終焉し、全人種が参加する普通選挙を通じて黒人多数派政権が成立すると、この二重構造を解消し、黒人新興農民を育成することを目的に土地改革政策が導入された（Department of Land Affairs, South Africa 1997）。ジンバブウェやナミビアなど、大規模な土地の収奪を伴っていた南部アフリカの入植者植民地では、植民地支配からの独立後、白人入植者により奪われた土地を現地の人々に再分配するための土地改革が重要な政策課題となった。土地改革は、歴史的な不正を是正するというモラル上の理由からも、土地を取り戻すために植民地解放闘争を戦ったという政治的な理由からも正当化された。加えて南アフリカでは、白人入植者農業を発展させるために南アフリカ連邦政府がさまざまな政策を導入する以前の段階、すなわち一九世紀後半から二〇世紀初頭にかけての時期に広範な繁栄を享受したとされる、アフリカ人小農民の再生が土地改革を通じて可能となるのではないか、という期待も込められていた。

2 「南アフリカ小農民の勃興と没落」

この小農民、小規模生産者推進派のよりどころとなったのが、一九七九年に初版が出版されたバンディ（C. Bundy）の著書『南アフリカ小農民の勃興と没落（*The Rise and Fall of the South African Peasantry*）』である（Bundy 1979, 1988）。二〇世紀半ば以降、南アフリカのアフリカ人農村地帯（ホームランド）は、土壌侵食が進んで人口が過密なために農業で生計を立てることができず、出稼ぎ労働や白人農場での賃労働、社会手当に依存した貧困地帯として特徴づけられてきた（Wolpe 1972）。それに対してバンディ（Bundy 1972, 1979, 1988）は、一九世紀後半のダイヤモンド（一八六七年）や金（一八八六年）といった鉱物資源の発見をきっかけに南アフリカの資本主義発展が進む以前の段階、具体的には一九世紀中葉から二〇世紀初頭にかけての時期には、ケープ東部、ナタール、ハイフェルト（今日のフリーステート州とハウテン州およびその周辺地域に相当する高原地帯）の農村地帯に「革新的でダイナミックなアフリカ人小農民」（Bundy 1988: xv）が多数存在したと論じ、小農民生産の「勃興」を示すいくつかの特徴を挙げた。

バンディが考察の主たる対象としたのは、ケープ東部のシスカイとトランスカイである。小農民「勃興」の先陣を切ったのは、一九世紀初頭に現在のクワズールー・ナタール州に相当する地域で起こったムフェカネ[1]（Mfecane）の混乱から逃れてケープ東部へと避難してきた「難民」を中心とするムフェング（Mfengu）人であった。一九世紀中葉、イギリス領ケープ植民地とコーサ（Xhosa）人の首長国の境界地域（当時は東部フロンティアと呼ばれた、後のシスカイにあたる地域）に移住したムフェング人は、イギリスによるコーサ人の征服戦争においてイギリス側で戦った見返りとして与えられた土地や伝道団所有地において穀物生産を行い、余剰分を植民地内の町へ荷車やウシで運搬して売却するようになった。キリスト教改宗者も多かったムフェング人の間では、ケープ東部のコーサ社会に壊滅的な打撃を与えた歴史事件、一八五〇年代半ばの牛殺し[2]に参加する人々もわずかで、同事件はムフェング人の農業生産にほとんど影響を与えなかった（Bundy 1979: chapter 2）。

さらに、ダイヤモンドがキンバリーにて発見されたのちの「一八七〇年代には、ケープのアフリカ人の大部分の生活に影響を与えるような小農民活動の実質的な『爆発』が見られ、一八七〇年より前のシスカイで明白に観察された生産性の向上はトランスカイで繰り返された」（Bundy 1979: 67）という。白人入植者による農業生産が未発達の段階においては、鉱物資源の発見により一攫千金を狙って当時の南アフリカに引き付けられた人々に食料を提供するうえで、アフリカ人小農民は重要な役割を果たし、白人農場主よりも高い生産性を示すものもいた。白人農場主にとっても、土地に投資して自ら生産を行うよりも、小作農に生産を任せて地代を徴収したり、小農民の生産物の売買に従事したりする方が利の多い経済活動であった。

小農民の繁栄を示す証拠として、バンディは四つの特徴を挙げた。第一に、小農民による農畜産物の販売量が増加し、農畜産物と工業製品の売買も増加した。第二に、牛犂耕の採用を中心とする生産技術の革新や、荷車の普及に代表される輸送技術の発達が見られた。第三に、牛犂耕により生産の拡大が可能となったことに加えて、コムギ、野菜、果樹など生産物の多様化も見られた。とりわけ、一八六〇年代と一八七〇年代にケープ東部のアフリカ人が所有するヒツジの数が著しく増大した。第四に、トランスカイで商店が急増し、金属食器や毛布、綿、農機具や犂などといった商店で販売される品物の内容から、アフリカ人の消費パターンに変化が見られた（Bundy 1979: 73-95）。

小農民の繁栄を示す現象は、一九世紀中葉から二〇世紀初頭にかけてのナタール植民地や南アフリカ共和国（トランスヴァール）でも観察された。とりわけ、伝道団所有地に住むキリスト教改宗者や、王領地や白人所有農場に住むさまざまな小作人の間で、牛犂耕の採用や農産物生産の拡大と販売の増加が見られ、現金収入を利用した土地購入や家畜の増加といった資産形成が行われた（Bundy 1979: chapters 6 and 7）。

以上がバンディによる南アフリカ小農民の「勃興」論であるが、これは彼の議論の前半部分にすぎない。「ケープのアフリカ人の大部分にあたる大多数の小農民」（Bundy 1979: 113）は、金鉱業が発展する初期の段階においては経済的な独立性を維持することができた。だが、金鉱業が安価な労働力を必要とするようになり、白人所有農場での資本主義的な生産が経済的に可能となるにつれ、入植者農業と競合するばかりか、白人農場の労働力調達にも困難をもたらす、独立した農業生産を営むアフリカ人小農民の存在は、南アフリカの資本主義発展とは相容れないものとなっていった。白人所有農場における小作生産を制限するための法律が制定され、地代を上げて小作農の負担を増加する一方で、課税や税金徴収が厳格化され、小農民が鉱山や白人農場で労働者として働かざるをえなくなるよう圧力が加えられていった。さらに、一八九六～九七年に起こったリンダ-ペスト（牛疫）などの家畜病により、小農民が所有する家畜数が激減したことも追い打ちをかけた。結果、南アフリカにおける小農民の勃興と繁栄は短期間に終了し、原住民土地法が制定された一九一三年にはすでに小農民「没落」の兆候があらわになっていた（Bundy 1979: chapters 4 and 8）。

バンディの研究は、大枠において、一九七〇年代から一九八〇年代にかけて一世を風靡したネオ・マルクス派と[3]

呼ばれる歴史家により行われた、南アフリカの資本主義発展とアパルトヘイト（人種支配）の相互連関を強調する歴史解釈の一端として位置づけられる[4]（峯一九九五）。ネオ・マルクス派の歴史家がテーマとして取り上げたのが、南アフリカにおける出稼ぎ労働の起源や意味、農村の貧困と階級形成、そしてアパルトヘイト支配の諸相とそれに対するさまざまな形での組織的、非組織的な抵抗や異議申し立てであった。バンディは、資本主義部門と原住民居留地（ホームランド）の自給生産部門を相互に関連性のない独立した経済と見なす「二重経済モデル」に挑戦し、南アフリカにおける資本主義発展という広範な政治経済の動向のなかで翻弄されたアフリカ人小農民の運命を描き出した（Saunders 1988: 181）。また、それまで支配的な見解であったホームランドに広範に見られる貧困がアフリカ人耕作者に特有の「伝統主義」や「後進性」に由来するとする見解を拒絶し、白人農業部門における資本主義生産が全面的に展開する以前の一九世紀において、アフリカ人小農民による積極的な市場機会への反応とある程度の蓄積の存在を明らかにしたことが（Cooper 1981: 287, Lewis 1984: 1）、その最大の功績であった。

3 「勃興」論批判

南部アフリカにおけるアフリカ人農村地帯の貧困の原因を鉱業資本に率いられた同地域の資本主義発展と直接的に結びつけて論じる歴史研究が展開された一方で（Palmer & Parsons eds. 1977）、バンディの著作に対しては多くの批判も出た。ここでは、小農民の「勃興」と繁栄をめぐり、その時期や妥当性について異なる側面から徹底的な批判を行った三人の論者を取り上げる。

第一が、一九八四年にイギリスの『南部アフリカ研究ジャーナル（*Journal of Southern African Studies*）』に「南アフリカ小農民の勃興と没落——批判と再検討（The Rise and Fall of the South African Peasantry: A Critique and Reassessment）」と題する論文を発表したルイス（J. Lewis）である。当時、一九世紀後半のシスカイ経済史をテーマとするケープタウン大学の博士論文に取り組んでいたルイスは、植民地期のシスカイに関する統計データを駆使しながら、バンディが小農民「勃興」の先陣を切ったとしたムフェング人の間での農業生産の繁栄が、バンディが描いたほど広範に存在していたわけではないことを説得的に示した（Lewis 1984）。

ルイスの「勃興」論批判は複数の点にわたっているが、おそらく最も重要なのは、植民地化以前のコーサ社会に関する理解が不十分であるため、バンディは「前資本主義的な生産様式のなかに『小農民』『勃興』の起源を体系的に関連付けられていない」（Lewis 1984: 3）と指摘したことである。征服される前のコーサ社会を「大方平等主義的」に捉えたバンディとは異なり、ルイスは家畜所有数の分布などから見て一九世紀中葉のコーサ社会は非常に階層化されていたとし、そのような状況においては「消費量全般の著しい『上昇』ないし増加を多くの世帯が経験した」ことなどありえないと主張した（Lewis 1984: 8）。

ルイスによれば、一八六〇年代のムフェング居留地で犂や犂を牽引する雄牛を相当数所有する世帯は少数派であり、農畜産物の販売で蓄積を行いえたのは、複数の妻を娶ることのできた少数の人々に限られていた。「大多数の世帯は犂を得ることができず、ウシやヒツジを多くは持たず、長引く干ばつなどの天候不順、家畜の病気、耕地や放牧地の状態の悪化に対して極度に脆弱であった」（Lewis 1984: 20）。ルイスにとって、一九世紀後半のシスカイは、大多数の小農民が繁栄を享受する社会ではなく、植民地化以前の階層性がさらに推し進められた社会であった。

他方、バンディが小農民の勃興と没落論の典型例としたハーシェル（Herschel）県の事例について公文書史料と二次資料をもとに再検討し、辛辣な批判を展開したのがブラッドフォード（H. Bradford）である。ブラッドフォードの最大の批判点は、「典型的な小農生産者である」はずの女性の姿や声がバンディの著作にはまったく出てこないという点にあるが、それ以外にもバンディが依拠した史料の制約や誤読、時期区分への疑問など彼女の批判は多岐にわたる（Bradford 2000: 86-90）。一八六〇年代のハーシェル県においても、犂や荷車、多数の雄牛を所有する世帯はごく少数にすぎず、牛犂耕を行う男性はほとんどいなかった。さらに、「女性が人口の多数を占めるこの居留地では、雄牛を持たない『あまたの』小農民が干ばつ、貧困、農場労働と格闘し、多くの女性耕作者に関していえば、自家消費すら担えない畑で背中を痛める労働に従事していた」(Bradford 2000: 95) と述べて、繁栄よりも貧困が多くの人々の状態であったことを強調した。

最後に取り上げるのは、二〇一一年に刊行された著書『南アフリカにおける貧困、戦争、暴力 (*Poverty, War and Violence in South Africa*)』において、ケープ公文書館の史料をもとに、一九世紀後半のケープ東部のアフリカ人農村社会の状況を描いたクレイス (C. Crais) である。ルイスやブラッドフォードらによる徹底的な批判にもかかわらず、バンディが提示したナラティブが今日でも強い影響力を持つことを批判的に見るクレイスは、資本主義発展を社会変化の媒介と見るネオ・マルクス派の歴史観そのものに挑む。そして、それに代わるものとして征服戦争というむき出しの暴力がもたらした長期的な影響の重要性を主張した (Crais 2011: 2, 6, 8, 12-18)。

一九世紀後半のケープ東部では、九度にわたり断続的にイギリス植民地軍によりコーサ社会を征服するためのフロンティア戦争が行われた。とりわけ今日のシスカイにあたる地域の征服を完了させ、植民地化をもたらした第八次フロンティア戦争 (一八五一~五三年) では、植民地軍によりウシが奪われ、住居 (クラール) やトウモロコシ畑が焼き払われたため、春に種まきの季節がやってくると、多くの人々は種まきができなかった (Crais 2011: 42-45)。戦争による破壊と疲弊に追い打ちをかけたのが牛殺し事件である。この事件により、地域によっては、人口の半分から四分の三以上の人々が飢えや病気で死亡したほか、恐怖から逃れるように村を去った。生き残った人々は、ケープ植民地内の白人農場や町に出稼ぎに行くか、あるいは植民地支配の及んでいないトランスカイへと移動することを余儀なくされた (Crais 2011: 46-54)。クレイスにしてみれば、戦争により何万人もの人々が軍隊の暴力に屈したのと同じ時期に、広範な小農民の繁栄が起こったとするバンディの主張は信じがたいものであった。

だがクレイスは、一九世紀後半のケープ東部において、一定の繁栄を享受することができたアフリカ人が皆無であったとは主張していない。植民地政府に雇われた警察官や兵士、伝統的首長やヘッドマン、伝道団所有地に住むキリスト教改宗者を中心に、賃金やウシを用いて投機や生産のために土地を購入し、資産を形成する人々が、この時期に出現した。「小農民というよりは、企業家、土地投機家、地元の有力者、資本家農民」(Crais 2011: 106)と呼ぶべきエリート層が農村社会に出現した一方で、大多数の人々は土地へのアクセスを持たず、一八五〇年代後半以降、多くの人々が食料(特にトウモロコシ粉と砂糖)の大部分を商人から信用で購入するようになったという(Crais 2011: 107-108)。クレイスもまた、広範な小農民の繁栄を否定し、一九世紀後半のケープ東部は不平等がいっそう進み、貧困の蔓延する社会であったと論じたのである。

4 「原住民土地法」(一九一三年)のインパクト再考

南アフリカの小農民に関するバンディの歴史的ナラティブは、後半部分の「没落」局面についても疑義が提示されている。バンディを含むネオ・マルクス派の歴史家は、南アフリカの資本主義発展が進むにつれ、安価な労働力を求める金鉱業や白人農場主の要請に応えるため、植民地政府や南アフリカ連邦政府が小農民の独立性を打ち崩す政策を導入するようになった、と論じた。そして最終的に、国土の七%に相当する原住民居留地以外の土地をアフリカ人が購入することを禁止した原住民土地法(Natives Land Act, 1913)が、「下からの蓄積」に基づく小農発展の道を永久に閉ざした。原住民土地法は、同法案をめぐる議論が、現在のアフリカ民族会議の前身にあたる組織(南アフリカ原住民民族会議)結成の直接的なきっかけとなるなど、当時、アフリカ人社会のなかで大きな反発を呼んだことは確かである。同組織の書記長を務めたプラーイキ(S. Plaatje)が一九一六年に偽名で発表した『南アフリカにおける原住民の生活(*Native Life in South Africa*)』は、土地法がもたらす悲劇を雄弁に語った(Plaatje 2007)。

原住民土地法は一九九一年に撤廃されているが、同法制定百周年となった二〇一三年、南アフリカでは同法の遺産(レガシー)について考えるための複数の会議やセミナーが政府やNGO、研究者により開催された。南アフリカ政府やメディアの多くの言説が同法を「南アフリカにおける土地剥奪の根本原因」としたのとは対照的に、社会史の立場で南アフリカ農村史を研究してきたバイナート（W. Beinart）とディリアス（P. Delius）は、実際には原住民土地法は「アフリカ人から直接的に土地を奪うものではなかった」し、「短期的には同法のインパクトは限られたものだった」とし、同法の遺産は歴史的な文脈に位置付けて理解されるべきである、とする共著論文を発表した[5]（Beinart & Delius 2014: 668）。

バイナートとディリアスの主張は次のようにまとめることができる。土地法が制定された一九一三年までに、征服戦争、植民地支配、土地の囲い込みを通じて、現地の人々からの実質的な土地の収奪はすでに完了していた。プラーイキの著作は、当時のアフリカ人土地所有家族の出身というプラーイキ自身の個人的なバックグラウンドを加味して、理解すべきである。というのも、同法により、アフリカ人が居留地以外で新たに土地を取得することが禁止され、一九世紀末から二〇世紀初頭にかけて行われたアフリカ人による土地購入を通じた資産形成の道が断たれたからである。また、同法が二〇世紀後半のホームランド政策の基礎となったことも事実である。しかしながら、短期的には同法は、原住民居留地として括られた地域に住んでいたアフリカ人がさらに土地を失うことを防止したのであり、そのことに対するアフリカ人首長や農村コミュニティからの安堵の声も多かった。同法の最大の目的は、白人所有農場における黒人の小作制度を規制することにあったが、同法の実効性は地域ごとに異なっており、分益小作を含めたさまざまな小作制度は同法制定後も数十年にわたり存続した（Beinart & Delius 2014）。

原住民土地法のインパクトには実際には地域的なバリエーションが存在し、二〇世紀前半の白人所有農場においては、アフリカ人がさまざまな小作制度を通じて土地へのアクセスを維持し、生産に従事し続けてきたとする議論は、実際にはバイナートとディリアスが一九八六年に共編著『大地を耕す——一八五〇～一九三〇年の南アフリカ農村地帯における蓄積と剥奪（*Putting a Plough to the Ground: Accumulation and Dispossession in Rural South Africa 1850-1930*）』の序章においてすでに展開していたものである（Beinart & Delius 1986: 38-39）。バイナートとディリアスは、バンディが原住民土地法を「小農民の繁栄と可能性に対する死の弔鐘」（Beinart & Delius 1986: 14）と見なしたとして批判していたが、二〇一四年の論文では「土地法は南アフリカのアフリカ人小農民を破壊したのか?」(Beinart & Delius 2014: 684)という問いを立てつつも、それに対しては明確な形での回答が述べられてはいない。法律の意図と実効性、短期的・長期的影響、小農民側の志向性、土地法以降の政策、地域的バリエーションなどさまざまな考慮すべき要因が存在するなかで、このような単純な問いを立てること自体がもはや無意味なことなのかもしれない。

おわりに

依拠した史料や実証性をめぐり多くの批判が寄せられたにもかかわらず、人種差別的な政策介入が行われる以前の時期には、南アフリカのアフリカ人社会のなかで広範な小農民生産の繁栄が見られたとするバンディのナラティブは、今日でも強い影響力を持っている。白人支配体制のもとで意図的に小農民生産を妨害、破壊するような政策が打ち出されたことで、アフリカ人小農民の積極性や革新性が壊されてしまったのであるから、こういった制限がなくなった今、必要なのは「起業家精神の復活」(*Sunday Independent*, 26 March 2000 cited in Bradford 2000: 109)である、とする期待が出るのも、無理のないことなのかもしれない。だが、本章で検討したように、南アフリカ農村史研究の金字塔となったバンディの「勃興と没落」論に対する批判は極めて辛辣なものであった。

バンディの「勃興」論を批判した三人の論者はいずれも一九世紀後半に南アフリカで起こったとされる小農民の繁栄と蓄積が、非常に限られた地域の限られた人々(エリート)の間に見られた現象であったこと、その一方で大多数の人々は戦争や天候不順、家畜病、植民地化後に導入された課税負担などのために苦しい生活を強いられていたことを強調した。これらの批判は、現代の土地改革政策や農業政策に対して大きな含意を持つ。バンディの小農民繁栄論は、南アフリカにおける小農民型農業生産の勃興を支持する人々にとっては大きなよりどころである。しかしながら、繁栄がそもそも存在しなかった、あるいは一部の人々に限られていたという事実は、今日の土地改革政策が目指す方向性に対して、重要な示唆を与えている。すなわち、南アフリカにおいては広範な小農民型農業生産の振興ではなく、少数のエリート資本家・企業家農民の育成がむしろ現実的な選択肢なのかもしれない、ということである。ただしこの政策は、現在、白人が担っている商業的農業への黒人の参入を可能とすることで農業部門の脱人種化（de-racialisation）を進めることはできても、農業部門の二重構造を解消することにはつながらないだろう。

冒頭で述べたように、南アフリカの農業部門は、ほかのアフリカ諸国とは大変異なる特徴を持っている。南アフリカでは白人入植者による商業的農業生産が発展する一方で、在来のアフリカ人による農業生産は停滞し、小さな土地での自給にも満たないようなものとなった。多くの白人が入植し、アパルトヘイトという人種差別体制を築いた南アフリカは、アフリカ研究のなかでも例外として扱われることが多かった。だが、たとえバンディが描いたほど広範なものではなかったとしても、入植者農業が発展する以前にアフリカ人小農民による市場向け生産が存在したこと、そして白人支配体制が終焉した今日、アフリカ人小農民あるいは大農民の復興が模索されていることを考えるならば、ほかのアフリカ諸国の農村が過去一世紀にわたり、どのような経験を積んできたのかを学ぶことから南アフリカの農村研究者は大きな示唆を得ることができるだろう。その一方で、今日のアフリカ諸国の農村地帯では土地の外延的拡大の余地が縮小し、土地不足が深刻化しつつあると聞く。アフリカ諸国のなかには、ランドグラブという形での土地の収奪が行われている国もある。時代こそ異なるものの、南アフリカのアフリカ人農村地帯がおよそ一世紀前に経験したことがらが、現代のアフリカ諸国で再現されているようにも感じるのである。アフリカ研究者と南アフリカ研究者の間での対話が、いっそう求められているのかもしれない。

注

1　一八二〇年代に南部アフリカで起こった社会的混乱と家族や家畜を伴った人々の移動を指し、その原因としてはシャカによるズールー王国建設やモザンビーク南部に位置するデラゴア湾を中心にポルトガルが行った奴隷狩りの影響が指摘されている。

2 社会が新たに生まれ変わり繁栄するためには、一度すべてが破壊されなければならないという世紀末思想ないし千年王国思想の類のものであり、一八五六～五八年、コーサ社会に出現したノンガウセという若い女性のお告げ（預言）に従い、人々が大量のウシを屠殺し、耕作をやめ、畑にある穀物を焼き払ったために、多くの人々が餓死ないし病死、あるいは世紀末的な狂気と恐怖に耐えかねて村を離れた事件。預言によれば、救世主が現れて、征服戦争などで荒廃し疲弊した人々の社会は生まれ変わり、新たに繁栄が訪れるだろう、とされていたが、それは現実には起こらなかった（トンプソン一九九五：一五九―一六二）。

3 ラディカル派、「見直し論者（revisionist）」などとも呼ばれた（Beinart & Delius 1986: 10）。

4 それまで支配的であったリベラル史学に挑戦する形で出てきたネオ・マルクス派の歴史研究は、一九九〇年代に入り、南アフリカの政治的移行の開始とともに失速した。以降、南アフリカの歴史研究においては、記憶、遺産、アイデンティティといった文化的側面に焦点を当てたものや、環境、女性、医療、伝道団などの分野を絞ったテーマ史が中心となっている（Du Toit 2010, Crais 2011: 7-8）。

5 同論文は、二〇一三年三月二四～二七日にケープタウン大学で開催された国際会議「分断された土地――比較の観点からみた二〇一三年の土地と南アフリカ社会（Land Divided: Land and South African Society in 2013. in Comparative Perspective）」において発表された。同会議で発表された論文の一部は出版されている（Cousins & Walker eds. 2015）。

参考文献

トンプソン、L　一九九五『南アフリカの歴史』宮本正興・吉國恒雄・峯陽一訳、明石書店。

峯陽一　一九九五「解説『南アフリカの歴史』を読む――リベラル・ラディカル論争をこえて」L・トンプソン『南アフリカの歴史』明石書店、四一九―四五六頁。

Aliber, M. T. Maluleke, T. Manenzhe, G. Paradza, & B. Cousins 2013: *Land Reform and Livelihoods: Trajectories of Change in Northern Limpopo Province, South Africa*, Cape Town: HSRC Press.

Beinart, W. 1994: *Twentieth Century South Africa*, Oxford: Oxford University Press.

Beinart, W. & P. Delius 1986: "Introduction," W. Beinart, P. Delius, & S. Trapido (eds.), *Putting a Plough to the Ground: Accumulation and Dispossession in Rural South Africa 1850-1930*, Johannesburg: Ravan Press, pp. 1-55.

Beinart, W. & P. Delius 2014: "The Historical Context and Legacy of the Natives Land Act of 1913," *Journal of Southern African Studies* 40(4), pp. 667-688.

Bradford, H. 2000: "Peasants, Historians, and Gender: A South African Case Study Revisited, 1850-1886," *History and Theory* 39, pp. 86-110.

Bundy, C. 1972: "The Emergence and Decline of a South African Peasantry," *African Affairs* 71, pp. 369-388.

Bundy, C. 1979: *The Rise and Fall of the South African Peasantry*, London: Heinneman.

Bundy, C. 1988: *The Rise and Fall of the South African Peasantry*, Second Edition, Cape Town and Johannesburg: David Philip.

Cooper, F. 1981: "Peasants, Capitalists and Historians: A Review Article," *Journal of Southern African Studies* 7(2), pp. 284-314.

Cousins, B. & C. Walker (eds.) 2015: *Land Divided, Land Restored: Land Reform in South Africa for the 21st Century*, Auckland Park: Jacana.

Crais, C. 2011: *Poverty, War, and Violence in South Africa*, New York: Cambridge University Press.

Department of Land Affairs, South Africa 1997: *White Paper on South African Land Policy*, Pretoria: Department of Land Affairs.

Du Toit, A. 2010: "The Owl of Minerva and the Ironic Fate of the Progressive Praxis of Radical Historiography in Post-Apartheid South Africa," *History and Theory* 49, pp.266-280.

Lewis, J. 1984: "The Rise and Fall of the South African Peasantry: A Critique and Reassessment," *Journal of Southern African Studies* 11(1), pp. 1-24.

Palmer, R. & N. Parsons (eds.) 1977: *The Roots of Rural Poverty in Central and Southern Africa*, Berkeley and Los Angeles: University of California Press.

Plaatje, S. 2007: *Native Life in South Africa*, Johannesburg: Picador Africa.

Saunders, C. 1988: *The Making of the South African Past: Major Historians on Race and Class*, Cape Town: David Philip.

Wolpe, H. 1972: "Capitalism and Cheap Labour Power in South Africa: From Segregation to Apartheid," *Economy and Society* 1(4), pp. 425-456.

第14章 土地収奪と新植民地主義

なぜアフリカの土地はねらわれるのか

池上甲一

はじめに

この章では、二〇〇〇年代半ば以降、世界的に注目を集めるようになった土地収奪（いわゆるランドグラブ）のアフリカ的特質と新植民地主義と呼ばれる思想・システムとの関連を考える。土地収奪とは、何らかの権原に基づいて所有・保有・利用している者の自発的な合意あるいは補償なしに、その土地が新しい利用者に移ることによって地域住民とコミュニティの生活と文化が破壊されることを意味する。このような意味の土地収奪は歴史上、多くの地域で広範に見られた。この章では、こうした土地収奪と二〇〇〇年代後半から顕著になった国際的な大規模土地収奪とを区別するために、後者をランドグラブと表現する。

1 土地所有の起源

いったい、土地の所有や占有はどういう経緯で発生したのだろうか。この疑問を突き詰めていくと、明確な答を得ることはなかなか難しい。有力な一つの考え方として、他者を排除しながら共同体のコントロール下で利用（耕作や収穫）を一定期間以上続けることに根源を求める見方がある。本源的な所有・占有の根底には利用し続けることが据えられていると見るのである（岩本一九八七）。この見解は、例えばモザンビークの一九九七年土地法にも見られる。同法では村を単位として、一〇年間の継続的利用を条件に用益権を認めている。この法理念は岩本の本源的土地所有と通底していることが注目される。

しかし、土地の利用それ自身が先験的に明確な意味を持つわけではない。例えば、アフリカで広く見られる遊牧（半農半牧を含む）や狩猟採集という生業にとっての土地利用をどう考えたらよいのだろうか。それは耕作したり、あるいは土地に対して何らかの労働を投資したりしていないので「利用」とは呼べず、したがって当該の土地に対する何らかの権利を認めるわけにはいかないのだろうか。もしそうであるなら、米国の「建国」や日本の北海道開拓の際に使われた論理、つまり「開拓の対象を『無主地』として先住民から奪ってゆく植民地思想」（本橋二〇一四［二〇〇五］：一九四）を批判できないことになる。

この章ではまず、アフリカで進んでいるランドグラブの現状と理由を説明し、それが土地収奪を内容とする植民地主義を引きずっており、さらに現在では、「新しい」新植民地主義というグローバルな枠組みのなかに組み込まれていることを指摘する。そのことによって、過去の土地収奪とランドグラブとの関連性およびランドグラブの現代的な特質を明らかにする。

2　ねらわれるアフリカの土地

(1)　アフリカの土地はどれくらい「収奪」されているのか

ランドグラブの規模について、正確な情報を得ることは大変難しい。これまでに発表された、いくつかの報告書も数字の信頼性が高いとはいえず、その精緻化が求められていた。そこでＮＧＯのＧＲＡＩＮを中心に、二〇一二年からランドマトリックスと呼ばれる国際的な大規模土地投資に関するデータベース・プロジェクトが始まった。[1]

　このランドマトリックスによると、取引件数ではアフリカ（三九％）とアジア（三四％）で大半を占めている（図1）。次に、ホスト国のトップ一〇（取引件数）はインドネシアの一二〇件、カンボジアの一〇四件を筆頭に、モザン

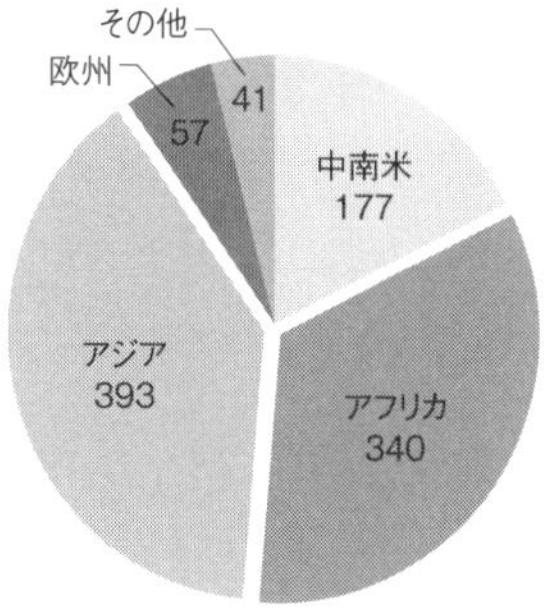

図１　大規模土地取引件数の地域分布

注）グラフ内の数字は件数。
出所）Land Matrix, Global Observatory に基づき筆者作成。

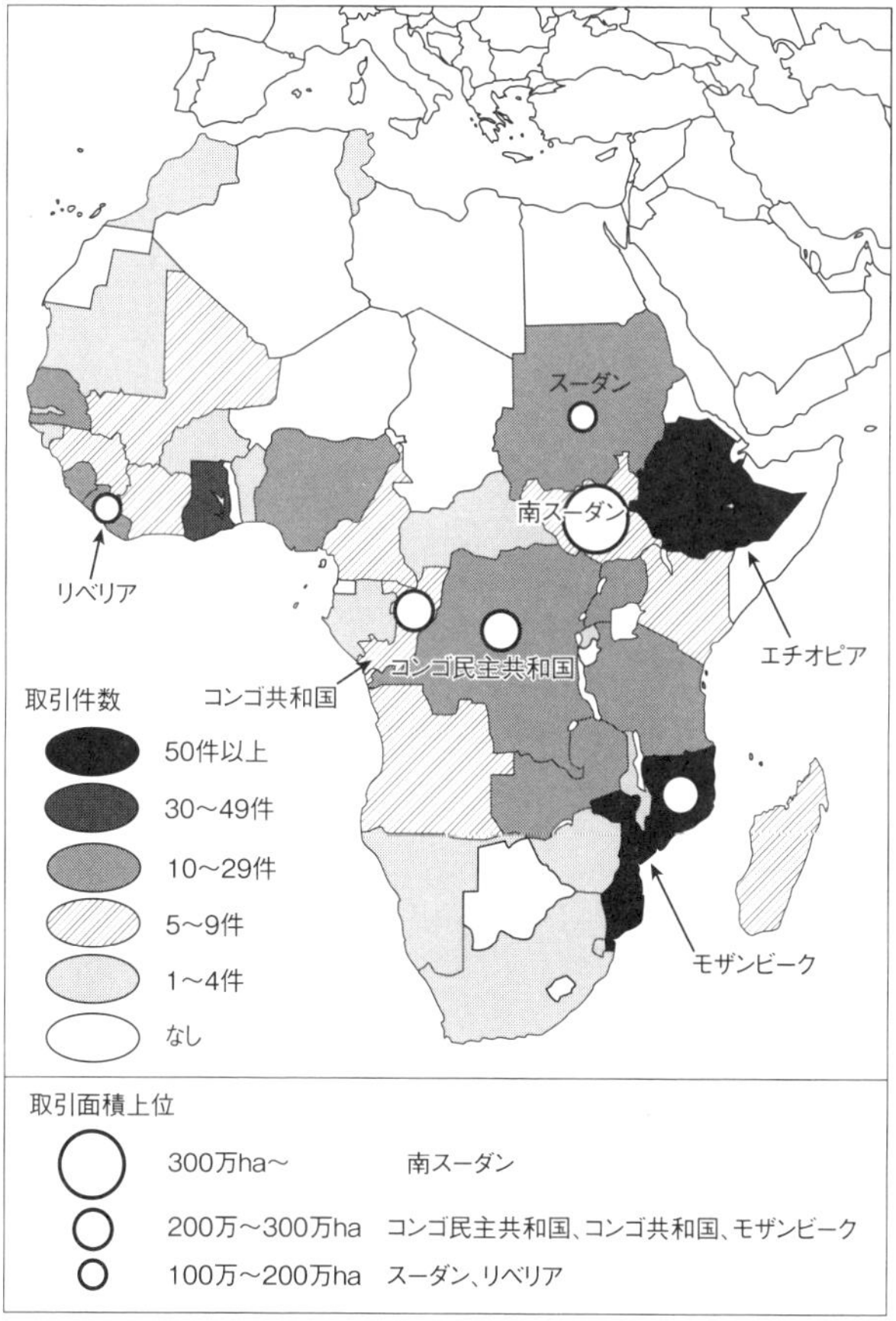

図２　ランドグラブの取引図

出所）Land Matrix, Global Observatory に基づき筆者作成。

ビーク七三件、エチオピア五八件と続く。上位一五位まで範囲を広げると、そこには一〇位のガーナ（三〇件）以外に、タンザニア（二八件）、ザンビア（二二件）、シエラレオネ（二〇件）、スーダン（一九件）が含まれる。取引面積では、トップ10に南スーダン、コンゴ民主共和国（DRC）、モザンビーク、コンゴ共和国、スーダンが入る。取引件数の少ない南スーダン、DRC、コンゴ共和国、スーダンが上位にくるのは一〇〇万ヘクタールを超えるような森林や保護区を目的とする大規模な土地取得があるからである（図2）。

(2) なぜアフリカでランドグラブが進むのか

右のように、土地投資のホスト国として、アフリカの占める位置は大変大きい。そこには、どのようなアフリカの事情が反映しているのだろうか。

まずホスト国政府は一般的に、土地投資を含む外資の受け入れに積極的である。多くのアフリカ諸国は、独立から五〇年以上経った今も自律的な経済運営が実現されておらず、なかには植民地のままの方が良かったのではないかというような見解もまま見られる。特に旧宗主国への経済的・政治的依存状況はいまだに強く[2]、脱植民地化が成功しているとはいいにくい状況にある。そこで、なんとか援助頼みの経済構造から脱け出し、経済的に離陸するためのきっかけとして外国投資の受け入れに期待を寄せているのである。農業投資に対しては、食料増産による食料安全保障の強化、近代的技術の波及と生産性の向上、輸出作物による外貨獲得といった期待が語られる。

各国政府は国際的な投資セミナーなどへ代表団を派遣して、セールス・プロモーションをかけている。そこで強調されるのは、「未利用で肥沃な土地を安く提供、労賃も極めて安い」という言説である。どのセミナーでも、どの国も同じ論理を展開し、ただ同然の料金を提案しているというが[3]、詳細は闇のなかである。投資家はこうした言説に対応して、アフリカには未利用地や低利用地がたくさんあるので容易に広大な面積の土地を入手できるとの期待を抱く。交渉相手は政府なので、農民たちや村との面倒なやりとりはしなくても良い。しかも、環境規制や人権規制は先進国や中進国よりも緩いことが多い。安く土地を入手し、安い労働力を使い、緩い規制で余分なコストを抑え、より有利な条件で国際競争に臨むことができる、というのが投資家たちの一般的な期待であると見てよい。

アフリカ諸国の政府は「外には弱く、内には強い」という性格を持つ。特に一九八〇年代の構造調整政策（ＳＡＰ）、またその後の貧困削減戦略文書（ＰＲＳＰ）による財政支援を受けるためには、付与されたさまざまの条件を受け入れざるをえず、自律的なガバナンスを追求することができなかった。その結果、外の援助国や国際機関に対しては弱い立場におかれることになる一方で、国内にはしばしば権威主義的、開発独裁的な政府としてふるまう。土地投資の受け入れに際して、外資を優先して農民たちを強制的に立ち退かせるのはその典型的な現れである。

さらに、アフリカ的な土地制度が強制的な排除を可能にしている面がある。アフリカでは多くの場合、近代的（欧米的）な土地私有制度が形成されていない。形式的には国有の場合が多いが、実態的には「伝統的」な土地保有制度の下で村のリーダーから保有権や利用権の配分を受け、さらにクランや家族世帯内で配分されるといったように極めて多層的な構造が形成されている。だから、土地の登記や私有制という概念はアフリカの土地制度にそぐわないし、それどころか放牧、採草、薪炭・水の採取、墓、精神的拠り所といった共有地の重要性を否定するものと受け取られる。ところが、政府は投資による農業発展を旗印に、公的制度としての国有を根拠として農民たちに恣意的かつ一方的な土地の取り上げを迫り、外資の要求に応えようとするのである。

(3) ランドグラブはどのような問題を引き起こすのか

大規模土地集積を目指す投資家（外資）として、まず想定されるのは多国籍アグリビジネスである。タンザニアの南部農業成長回廊計画（ＳＡＧＣＯＴ）にはモンサント、シンジェンタ、ネスレ、ユニリバー、ヤラ・インターナショナルなどの超巨大企業が名を連ねている。最近では、投資元の多国籍企業の分野は、川上産業の種子や農業資材および食品加工から輸送、小売までのサプライチェーン全体だけでなく、金融やインフラ整備請負（灌漑など）、コンサルタントにまで及んでいる（Paul & Steinbrecher 2013）。だがこうした大手の多国籍企業が前面に出るよりも、現地法人を作ったり、ローカルなアグリビジネスに出資したり、あるいは第三国（ブラジルなど新興国）のアグリビジネスを介したりして投資するケースが増えてきている。だから、資本の連関関係の分析なしに、本当の投資者がだれなのか分かりにくくなっている。

確かに、ランドグラブの推進者として登場するのはローカル・アグリビジネスやローカル・エリートあるいはナショナル・エリートにからむ企業群が多い。あるいは旧宗主国の企業や土地所有者が戻ってきて、土地の占有権を主張する場合もある。この場合は、地元からはまさに植民地主義者の再来として捉えられる。

ともあれ、これらの投資者による土地取引はほとんど村や農民たちとの交渉なしに、政府から許可を得たとして立ち退きを迫るかたちで進む。契約は口頭で結ぶことが一般的で、代替地の補償や補償金の支払いが契約どおりに行われることはほとんど期待できない。農民たちの知識の不足や字が読めないことにつけ込んだり、威圧的な交渉を行ったりするような「契約以前の行為」がまかり通っているのである。農民たちは共有地を失い、代替地として提供された遠方の土地まで通い、あるいは居住地の移転を余儀なくされる。その結果、村が壊れてしまい、生計の基盤が失われて、生存さえも危ういような状況に追い込まれる。ランドグラブは生存権という最も基本的な人権を蔑ろにし、村人たちの文化や将来に向けた希望を奪っている。

こうした個人や地域社会に与える影響だけではなく、ランドグラブは経済システムや政治システムにも大きな影響を与える。土地取引の前面に登場するローカル・アグリビジネスやローカル・エリート関連企業は自らの利益を追求するが、同時にそのことは背後にいる多国籍企業の利益拡大とフード・ポリティクスの強化をもたらすように作用する。やや図式的な表明になるが、「アフリカ人エリート……は従属／支配の悪質な再生産とアフリカ国家の賃貸料生活者状態のなかに自己の役割を見出すのである」（ジャン・ナンガ二〇〇四）。まさに、ローカル・エリートは国際的なアグロ・フード・レジームに巻き込まれることで、自らの存続とローカル政治における影響力を拡大しようとしているのである。

ここに、土地を直接手に入れなくても、実質的にその利用法や生産物の販売先をコントロールするという、間接的な支配＝「新しい」新植民地主義のありようを見出すことができる。西川のいう「中核による周辺の支配と収奪の一形態」（西川二〇〇九：二七）がグローバルなつながりのなかで出現しているのである。こう理解すると、近代法的な契約による大規模土地集積は、たとえそこに露骨な人権侵害や収奪がないとしても、「中核による周辺の支配と収奪」に寄与するものにほかならない。大事なことはこうした方向とは異なるオルタナティブな発展の道筋、すなわち多くの家族小農たちが主体となる発展のあり方を地道に模索し、実践することではないだろうか。

3 植民地主義と新植民地主義

植民地主義と新植民地主義は、土地収奪とセットで語られることの多いキーワードである。この節では、これらのキーワードを歴史的な文脈のなかで簡潔に整理し[4]、ランドグラブ＝新植民地主義という、多少「紋切り型」の図式が意味する問題意識を理解する一助にするとともに、国際的な土地収奪を捉える視角の多元化を計りたい。

(1) 植民地主義と土地

ランドグラブに関する最近の研究では、それを歴史的な文脈に位置づけるためにも過去の土地収奪について再検討することの重要性が指摘されている。土地収奪の起点としてはイングランドによるアイルランドの土地囲い込み（エンクロージャー）や、米国の「建国」を取り上げる見解が提示されている（White et al. 2013: 5-7, Wily 2013: 15-17）。しかし、最も組織的に行われた土地収奪は、西欧列強の海外進出による植民地獲得とその経営による土地の大規模囲い込みだといって差し支えない。

アフリカにとって、西欧近代との出会いは奴隷貿易と植民地主義による収奪の歴史の始まりにほかならなかった。西欧近代がアフリカに目を向けたのは、西欧近代というこのシステム固有のメカニズムによるものである。西欧近代は資本主義を経済システムの基本におくが、それは過剰生産恐慌を避けるために絶えざる市場の拡張が必要になるという内在的矛盾を抱えている。西欧近代はこの矛盾を動因として、海外に支配と収奪の仕組みを拡大していった。これに加えて、「進んだ」西欧近代が「遅れている」未開社会を「文明化する」というキリスト教的使命感(後には民主主義的使命感)が膨張主義による侵略を正当化するうえでとても重要な役割を果たした。植民地主義をこのように捉えると、経済的・政治的側面だけでなく思想的・文化的側面も重要な考察対象だということが分かる。

西欧近代の膨張は人の移住による小規模な土地の占有から始まり、ついで国家による組織的かつ大規模な土地の占拠とそこでの支配・被支配関係の生成へとつながった。一八八四年から八五年にかけて開かれたベルリン会議以降、アフリカの分割と植民地経営が本格化する。植民地における農業生産は本国向けの輸出作物に特化し、とりわけコーヒーや紅茶、カカオといった熱帯飲料作物が主役の座を占めるようになった。条件の良いところには大規模なプランテーション型経営が成立したが、必ずしも家族小農を排除したわけではない。むしろ、家族小農は安い農業労働力の源泉として重宝されたのである。重要な点は、ここで生まれた熱帯飲料作物に依存するモノカルチャー型経済構造が現在にまで引き継がれ、良きにつけ悪しきにつけ植民地主義の「遺産」として影を残していることである。

西欧近代の海外進出は西欧諸国の政治的文脈から見ると、国内対立の矛盾を対外的膨張で逸らすという意図を含んでいた。例えば、南アフリカのケープ植民地政府の首相だったセシル・ローズはこの「社会帝国主義」の主張に植民地政策を正当化する論拠を見出していた。またビスマルク・ドイツのアフリカ進出も、貧困の解決には過剰人口の排出が不可欠であり、そこに体制危機打開の糸口を求めようという意図を多分に含んでいた(木谷二〇一三[一九九七]:一四一一五)。この論理構造は、二〇〇〇年代後半以降に顕著になったランドグラブと共通している。すなわち国内の食料基盤の弱体化を海外農地取得でまかなうという戦略は、食料の生産・消費をめぐる不安と対立(食農資源問題

表1　脱植民地と新植民地主義に関する主な出来事

1955年	アジア・アフリカ会議（バンドン会議）開催
1960年	国連、植民地独立付与宣言の可決
1960年	コンゴ動乱（1965年まで）
1964年	UNCTAD（国連貿易と開発会議）の設置
1964年	第1回UNCTADにおいてG77の結成
1965年	ンクルマ・ガーナ大統領『帝国主義の最終段階としての新植民地主義』
1974年	新国際経済秩序（NIEO）樹立に関する宣言
1980年代	IMFと世銀による構造調整プログラム、構造調整融資
1998年	ウォルフェンソン世銀総裁による「包括的開発の枠組み」（CDF）の提唱→貧困削減戦略文書（PRSP）へ
2000年	国連、第二次植民主義廃絶国際10年（2001～10年）を採択
2000年	国連、ミレニアム開発目標（MDG）の策定
2001年	AU（アフリカ連合）、NEPAD（アフリカ開発のための新パートナーシップ）を策定
2001年	WTO、ドーハラウンドの立ち上げと「失敗」
2002年	G8カナナスキス・サミット、アフリカ・アクション・プログラム採択
2008年頃	ランドラッシュ（ランドグラブ）の社会問題化
2009年	世界経済フォーラム（WEF）、アフリカ農業開発回廊の提案
2012年	G8食料安全保障および栄養のためのニューアライアンス

出所）筆者作成。

の先鋭化）をその推進力としているからである。

(2)　新植民地主義の現代的特質

新植民地主義（Neo-colonialism）という用語は、一九五五年のアジア・アフリカ会議（いわゆるバンドン会議）において早くも使用され、一九六〇年の国連「植民地独立付与宣言」の可決をきっかけに広く使われるようになった（表1）。一九六五年にはンクルマが『帝国主義の最終段階としての新植民地主義』を著し、アフリカ諸国の独立後も残る旧宗主国への従属構造を新植民地主義として批判した。一九六〇年のコンゴ独立と動乱（六五年まで）は、豊富な鉱物資源の帰属と支配をめぐって「新植民地主義が最も露骨で暴力的なかたちをとったケースだった」（砂野二〇一五：六七）。脱植民地化による民族自決は一応達成されたといってよいが、経済的な支配・従属の構造は植民地期と大差がなかった。

だがそうしたむき出しの欲望をあからさまに示す第一期の新植民地主義はだんだんと姿を消し、むしろソフトにかつそれと実感できないような支配の形態に

「進歩」していく。というのは、新植民地主義は必ずしも植民地を必要とするわけではなく、中核による周縁の経済的、政治的、文化的支配の枠組みであり、旧宗主国を中心とした欧米世界とのつながり構造（グローバルなレジーム）のなかで利益と資源が中心に還流していく「収奪」のシステムと思想だからである。経済のグローバル化は必然であり、そこに統合されないと発展できないという言説が政策の中心にすえられ、また植民地期に西欧で教育を受けた植民地のナショナル・エリートが独立後の文化や教育のモデルを作り上げていく。それはシステムとしての統合にほかならない。

もちろん、脱植民地を目指す独立国が、そうした新植民地主義を無条件で受け入れたわけではない。新植民地主義の枠内ではあるが、自らの利益を確保・拡大しようとする動きが一九七〇年代前半に顕在化する。独立後もなかなか好転しない経済の原因は先進国および多国籍企業の都合に合わせた国際経済システムにあるとの認識から、国家間の平等や資源に対する完全な恒久主権、また植民地支配とアパルトヘイトによる損害の完全な補償などを盛り込んだ新国際経済秩序（ＮＩＥＯ）を作ろうとする動きが、それである。だがこのＮＩＥＯも途上国間の足並みの乱れなどによって次第に下火となり、逆に多くのアフリカ諸国がＳＡＰやＰＲＳＰを受け入れていく（前掲表１）。いずれも、アフリカ諸国が独自の政策運営を試みようとするときの足かせになった。

国連貿易開発会議（ＵＮＣＴＡＤ）やＮＩＥＯのような途上国イニシアティブの高揚が結局のところＳＡＰやＰＲＳＰに収れんしていくのが第二期の新植民地主義を貫く流れであるとすれば、大雑把にいって二〇〇〇年代に入ってからは「新しい」新植民地主義の段階（第三期）に入っていると見ることができる。それは、新自由主義の世界的な拡大による宗主国への依存関係の希薄化と、経済グローバリゼーションへの統合深化という特徴を持っている。ＮＥＰＡＤ（アフリカ開発のための新パートナーシップ）やその政策指針であるグロー・アフリカといったアフリカ発の開発方針も、世界経済フォーラム（ＷＥＦ）のアフリカ農業開発回廊やＧ８の対アフリカ開発イニシアティブである「ニューアライアンス」も新自由主義的なアイデアに立脚し、民間セクターによる経済発展を志向している。

こうして、「援助より投資を」が共通のキーワードとなり、官民連携（Public-Private Partnership）の推進が旗印に掲げられる。ここで登場する「民間」の主役は多国籍企業であり、あるいはそれとの資本関係を持つ「地元」企業である。だから、そこから上がる利益の大半は外国に還流してしまう。投資受け入れ国に残るのはせいぜい安い労賃と税金（実際には優遇措置を受けている）に限られ、期待するほどの成果を上げているとは言い難い。ここに新しい従属の構造が固定化されていく。

ただ官民連携の推進主体が先進国政府主導→先進国政府＋多国籍企業→多国籍企業主導→政府（先進国、途上国）＋多国籍企業（先進国＋ＢＲＩＣＳなど新興国）というように多様化・複雑化していることには注意が必要である（Ikegami 2015）。この意味では、「『周辺』と『中心』との相互依存関係（相互従属）の再編成・再配置をつうじた決定的な質の転換として世界をとらえなおす」（崎山二〇〇九：八二―八三頁）必要があるかもしれない。しかしこの世界でも、継続的な富の収奪（生産＝輸出段階の収奪と消費＝輸入段階の収奪）、援助（借款）による債務累積が原因の資本の逆流、安い原料生産物の生産と低労賃の雇用労働、劣悪な労働環境や緩い環境基準による健康被害といった「低開発の開発」、要するに隷属関係の再生産は貫かれている。二〇〇〇年代後半以降のランドグラブは、まさにこのような第三期新植民地主義の具体的出現形態にほかならない。

4　ランドグラブの社会化と多様化するそのねらい

(1)　食料価格の高騰とランドグラブ

それではランドグラブはいつ頃から目立つようになったのだろうか。その直接的なきっかけは、二〇〇〇年代後半に始まる国際食料価格の急騰、特に二〇〇七／〇八年、一〇／一一年、一二年年央のそれである（図３）。この価格高騰が政治的、社会経済的に与えた影響の大きさに鑑みて、そのことを食料価格ショックと呼ぶ（Cohen & Smale

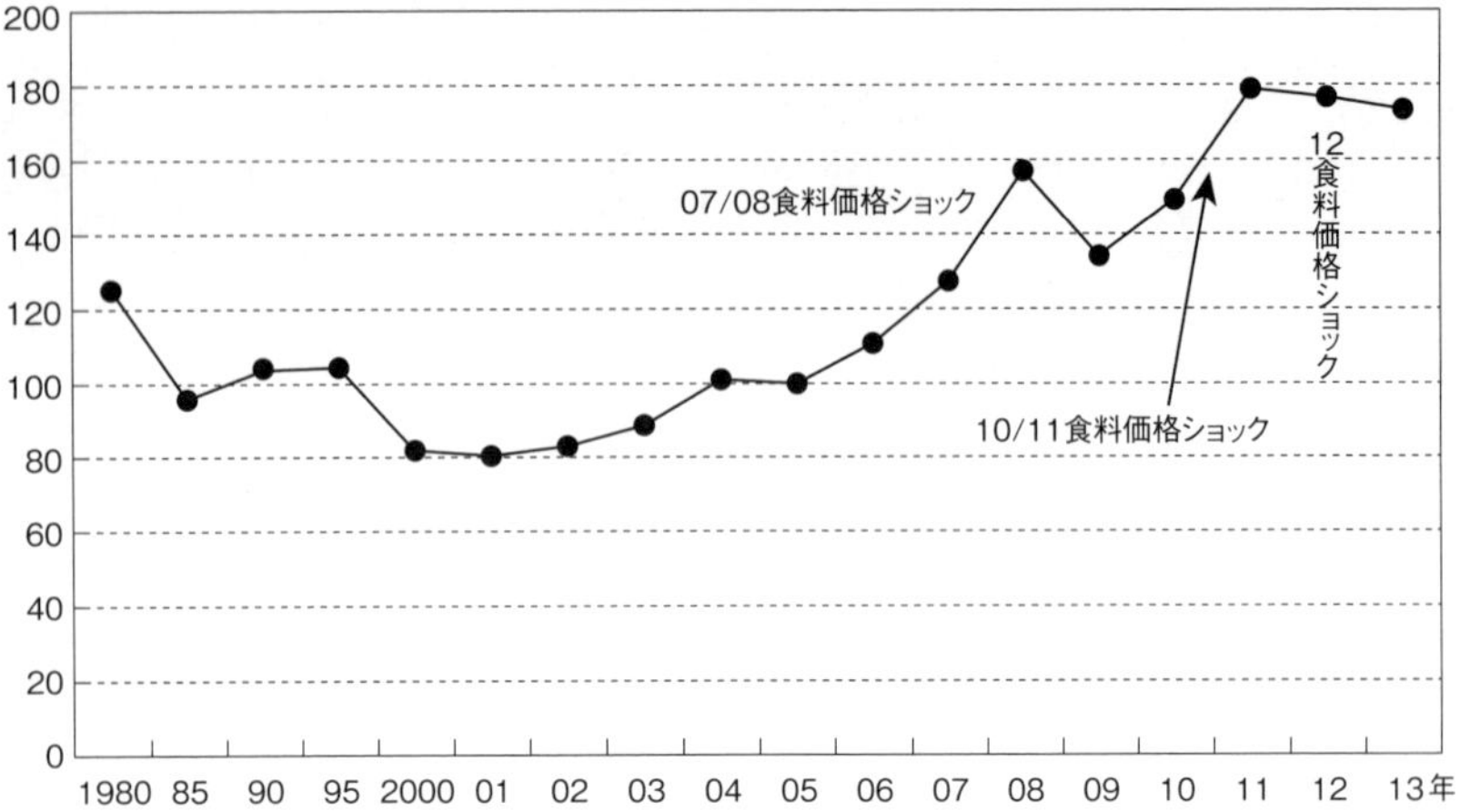

図３　国際食料価格指数の長期トレンド（2005年を100）

出所）IMF, World Economic Outlook Database, October 2012より筆者作成。

2012)。たった五年の間に、価格高騰が三回も発生するのは過去四〇年間で初めてだった（Trostle & Marti 2011: 3)。しかも、これまでは価格が急騰したらその反動で価格が低下したが、今回はそれが小幅にとどまった。つまり、市場の揺り戻し機能が十分に機能しなかったのである。

その後も、食料価格ショック時ほどではないにしても、食料価格は高値基調が続いている。特に穀物、大豆、トウモロコシといった主要な食料の価格は全般的に二〇一〇年水準を維持しており、一九九〇年代に比べてだいたい二～四割高の水準に張り付いている。「穀物は安いもの」というかつての「常識」はもはや通用しなくなった。

しかし、食料価格ショックの影響は一様ではなかった。とりわけ、ネガティブな影響を受けたのは低所得食料不足国（ＬＩＦＤＣ）である。不利益を被った国は、ＬＩＦＤＣを構成するサブサハラ諸国とバングラデシュのように輸入食料に依存する脆弱国からなり、数のうえでは圧倒的に多数である（FAO 2011: 9-10)。一方、湾岸諸国や中国といった有力国はその資金力にものをいわせ、海外で農地の確保に走った。農産物の貿易自由化に大きく舵を切った韓国も、食料自給率の大幅低下に対する国民の不安感に押されて農地の海外投資を積極化した。その受け手は大半がＬＩＦＤＣ

である。日本でも、こうした中国と韓国の動きに触発されて、多分にナショナリスティックな色彩をまといながら「日本も農地投資を！　中国と韓国に遅れるな」といった主張が展開された。折しも、NHKがランドグラブの報道番組を特集し、タンザニアの小農たちが農地から追い立てられる映像が衝撃を与えた。その結果、日本でもランドグラブがある程度の関心を引き起こすに至った。[5]

食料価格の高騰と不安定化、それによって引き起こされた食料生産基盤（主に土地と水）の争奪戦は現在も世界各地に広がっている。食農資源問題が先鋭化しているといってよい。食農資源問題は次の項で述べるように、食料確保の段階を超えて、バイオ燃料の生産、食料・飼料・燃料間の用途変更、さらには投機資金の流入、二酸化炭素クレジットの国際取引にまで関わっている。こうした動きに対する懸念や批判もたくさん表明されるようになった。[6] 多国籍アグリビジネスおよびそれと一体化した国際政治による「新植民地主義」として捉える主張も数多い（Kate 2012; Liberti 2013）。こうして、ランドグラブはまさに国際的に社会化されたのである。

(2) 多様化するランドグラブの目的

ランドグラブを引き起こした直接的なきっかけは食料価格ショックだったので、当初は湾岸諸国、中国、韓国など食料安全保障に不安のある国の政府が主な投資主体となった。この段階でのランドグラブの目的は投資国向けの食料生産だったが、投資受入国（ホスト国）自身の食料確保に問題があるなかでのランドグラブは農地を奪われる農民たちだけでなく、国民全般の反発を引き起こした。その結果、投資国とホスト国の両政府が前面に立って、投資国向けの食料生産を目指す土地取引は表面上大きく減少した。しかし、政府のエージェントや政府の意を受けた民間企業に代わっただけだとの見方はなお根強い。

食料目的のランドグラブは、経済成長と肉食への傾斜、それに伴う餌としての穀物需要の増大という食料需給の構造的変化を背景としているだけに、そう簡単に消滅するとは考えにくい。

表２　タンザニアにおけるバイオ燃料生産目的のランドグラブ例

投資者	場所	面積（ha）	作物
SEKABT	バガモヨ	22,000	サトウキビ
FELISA	キゴマ	4,258	油ヤシ
SUN BIOFUELS	キサラウェ	8,211	ジャトロファ
Diligent	アルーシャ	交渉中	油ヤシ

出所）Mousseau & Mittal 2011, Oakland Institute.

こうした食料目的の土地取引をランドグラブの「本道」だとすると、それとは違う目的の土地取引もさかんに行われるようになっている。オークランド研究所（二〇一一）は二〇一〇年時点にタンザニアで成立ないし交渉中だった二二件の土地取引をリストアップしているが、そのうちの一五件がバイオ燃料用のサトウキビやジャトロファ（ナンヨウアブラギリ *Jatropha curcas*）などを目的としていた。表2はそのうちのいくつかを取り上げたものである。特に、ジャトロファの多さが目につく。

アフリカで、ジャトロファなどのバイオ燃料作物がランドグラブの目的となった背景には、アメリカとＥＵのバイオ燃料政策、つまり食用、餌用の作物を燃料に転換する政策がもたらした国際価格の高騰があった。食料以外の作物であれば、トウモロコシのように批判されることもない。また、バイオ燃料作物は農業生産の停滞状況を打ち破るきっかけになるのではないかという期待もあった。しかし、サン・バイオヒューエル（イギリス）の破綻が示すように、概してバイオ燃料作物の生産はうまくいかなかったが、収奪された農地は元の村人たちに返されることもなく、放置されたままである。

むしろ最近では、農業以外の目的による土地集積が進んでいる。タンザニアでは、アメリカの観光企業が一万二千ヘクタールの土地を取得して囲い込んでしまったために、マサイの人たちが放牧地を失ってしまったという例がある。観光だけでなく、野生生物保護のための保護区設定でも、牧畜民族や半農半牧民が締め出される例も珍しくない。締め出された牧畜民たちは、やむをえず家畜を農地に放すので、農民との間のトラブルが頻発するようになっている。野生生物保護のための囲い込みは環境保全の一部をなすという意味で、環境的な土地収奪、つまりグリーングラブと呼ばれることがある。あるいは、二酸化炭素の吸収源として植林事業を進めるために土地を集積しようという動きもある。吸収した二酸化炭素をクレジットとして販売することが目的である。最近では、これらのグリーングラブ型の土地収奪が増加傾向にある。また水の囲い込みについてはブルーグラブと呼ぶこともある。

そのほか、土地の集積そのものが目的のランドグラブもある。投機や転売が目的である。世銀は集積された土地の二一%しか利用されていないとの警告を発している（The World Bank 2011: 51-52）。こうした投機用も含めて、ランドグラブはブルーグラブやグリーングラブと呼ばれるような領域にまで多様化してきている。

5　ランドグラブと日本

日本では、ランドグラブに対する関心はまだ低く、研究もあまり行われていない。その背景には、日本の海外農業投資、とりわけ土地投資がこれまで低調だったという事情も関連していそうである[7]。それなら、日本はランドグラブとあまり関係がないし、私たちの暮らしからはとても遠い世界の出来事だと考えてよいのだろうか。

確かに今のところ、日本の企業が直接ランドグラブに関わっているという例は表面化していない。しかし、日本のODAがランドグラブの引き金になっている例は少なくない。アフリカでは、モザンビークのプロサバンナ事業がランドグラブとの関連で国際的にも波紋を呼んでいる（舩田二〇一四、Ikegami 2015, Kana 2015）。またアフリカではまだ見られないが、日本の銀行による融資がランドグラブを促進するというケースもある[8]。さらに、日本政府は官民連携を促進するとして、海外直接投資を推進する枠組みをアフリカ向けに強化したり新設したりしている。二〇一四年に発効した日本・モザンビーク投資協定もその流れに位置づけられるし、年金基金も海外投資に振り向けられつつある[9]。

私たちの消費するインスタントラーメンや化粧品に含まれるパーム油がランドグラブをしているプランテーション産のものかもしれない。だから知らないうちに、意に染まないランドグラブに手を貸しているということも起こりうる。私たちは納税者としてあるいは年金の拠出者として、その使い道について知るべき権利と監視する責任の両面を持っている。まずはその自覚が重要だろう。

もちろん、農業投資をすべて否定することはできない。現実の問題として、アフリカの農村は経済的貧困に起因する多くの問題を抱えている。これらの問題を乗り越えるうえで、投資はとても重要な役割を果たす。問題は投資の内容とその進め方である。これまでの投資はたいてい大規模なものが想定されており、アフリカの農民たちが受容できないようなものが多かった。それどころか、ジェンダー格差や貧富格差を拡大させてしまい、非自律的な経済構造を再生産することさえあった。だから、農業投資のコントロールが重要になる。この点について、日本政府が積極的に関与した世銀の「責任ある農業投資原則（ＰＲＡＩ）」とＦＡＯのボランタリー・ガイドラインが定められている。日本政府は何かと批判の多いＰＲＡＩに固執し、家族小農を含む関係者の討議を経て作られたＦＡＯのガイドラインにはあまり関心を寄せようとしない。

投資を呼び込む手段としての官民連携は、本質的に新植民地主義の主柱をなしている。ここで、注意が必要なのは「ビジネス無罪論」である。投資はあくまで経済行為であり、その限りにおいて判断されるべきで、そこから生まれる結果や政治的意図とは関わりがないと主張するのがビジネス無罪論である。しかし安易に、このビジネス無罪論に与するわけにはいかない。現にランドグラブがもたらしているさまざまな問題に加え、そこには「自由貿易」の強要、資本主義的生産様式の押しつけ、国際分業と経済的従属関係、市場・価格・金融メカニズムによる従属関係の再生産などのいわば「経済的強制」が伴っているからである。

さらに大規模農業投資にはもう一つ注意の必要な問題がある。それは大規模農業投資によって「遅れた伝統的農業」を「進んだ近代的農業」に変えるという言説で、一種の「善意」だといってよい。この善意は植民地主義を支えた正当化の論理、すなわち「遅れた非近代人を啓蒙し、救済してあげる」という「善意」と共通している。大規模農業投資の推進者は、この善意を信じているだけに、ランドグラブという実態を頑なに受け入れようとしないきらいがある。

おわりに

本章では、二一世紀に入ってから再び深刻さを増しているアフリカの土地収奪について新植民地主義との関わりに注目しながら、やや長期的な視点から考察した。本章では特に、現在の土地収奪をランドグラブと表現した。ランドグラブは、新自由主義が世界的に拡大し経済グローバリゼーションが統合深化していくなかで、質的な転換を遂げた新植民地主義第三期の具体的な表現形態である。

その内容はさまざまであるが、本書のテーマである「食と農のアフリカ史」に引きつければ、少なくとも次の二点を強調しておきたい。第一は、小農民たちの人権侵害だけでなく、食料主権が脅かされるという点である。アフリカの小農民たちは現金経済とサブシステンス経済とをバランスさせながら時代を生き抜いてきた。ランドグラブで農地を奪われたり契約農業の受け手になったりすると、サブシステンスのあり方が大きく変えられてしまいかねない。その変容とインパクトの実証的な解明は今後の課題である。

第二は、収奪された農地で単一作物が大量に生産され、輸出に回ると、世界の食料供給と農業生産の連環のありかた、すなわちアグロ・フード・レジームが転換するということである。モザンビーク北部が大豆の大生産基地に変わるとしたら、そのことは北部モザンビークにおける農業の二重構造を生み出しつつ、世界の大豆生産のあり方を転換させる可能性が高い。世界のどこに、どのようなかたちで波及していくのだろうか。アフリカのランドグラブは、世界の土地利用や食と密接に関連しているのである。

最後に一点だけ追加したい。ランドグラブは「資本主義と植民地主義による支配と搾取の続くグローバルな現在」（水嶋二〇〇七：一三二）を具体的に解きほぐす切り口を提起してくれるとともに、今この瞬間も権利侵害の続く農民たちとどう向き合えるのかという問題を私たちに鋭く突きつけてくる。まさしく研究者の当事者性が問われるのである。

注

1　このデータベースは、新しい情報が入ると随時更新される仕組みになっているし、研究者やNGOが得た最新情報をアップすることもできるようになっている（http://www.landmatrix.org/en/）。

2　例えば、一九七五年にEC九カ国とACP（アフリカ、カリブ、太平洋地域の途上国）四六ヶ国の間で締結されたロメ協定は非ACP地域と比べて、特恵的な貿易措置を盛り込んでいた。ロメ協定は二〇〇〇年からコトヌゥ協定にその地位を譲ったが、コンディショナリティーなどの要求はロメ協定よりも強化されている。

3　リベルティ（Liberti 2013: 55, 104）によると、モザンビークの農業大臣はあるセミナーで一ヘクタールあたり一ドルのリース料を提示した。またザンビアでは、アルゼンチン（一ヘクタールあたり五千ドル）の五分の一以下の八〇〇ドルから一千ドルで土地を購入できた。

4　植民地あるいは植民地主義に関する各国史は多くの成果が蓄積されているが、それらを統合するような包括的な研究は意外に乏しく、植民地主義の精密な概念規定は存在しないといわれている（オースタハメル二〇〇五：一〇—一二）。被植民地国でも『国民史』の復活」（ハウ二〇〇三：一八五）にまずは力が注がれ、植民地主義全体との関連はあまり意識されていないように思われる。

5　日本では、NHKの報道や書籍が「ランドラッシュ」との呼称を用いたために（NHK食料危機取材班二〇一〇）、ランドグラブよりもランドラッシュの方が知られている。しかし、この問題に対する関心は一時的だったように思われる。

6　GRAIN、OXFAMなどの国際的NGOをはじめ、オークランド大学、LDPIなどの研究者がさかんに発言した。

7　農水省の資料（二〇一三：四七）によると、海外直接投資全体に占める農業投資の割合は一九八〇年代以降八％を超えたことはないし、それも加工・製造に集中していて農業生産への投資は二〇〇八年でも農業投資の一五％弱にとどまっている。

8　川上豊幸の報告（通称、ランドグラブ科研（研究代表者：久野秀二）の研究会、二〇一五年二月一五日、京都大学経済学部）によると、インドネシアとマレーシアのパーム油企業に対する銀行の国籍別融資額では日本がトップを占めている。ゲルダーとケッパー（Geldar & Kuepper 2012）も参照のこと。

9　年金積立金管理運用独立行政法人（GRIF）は世銀と組んで、アフリカと東南アジアを中心にインフラや未上場会社に投資する方針を決めている。

参考文献

岩本由輝　一九八七「本源的土地所有と〝ムラ〟の土地利用秩序」『村落社会研究』第二三集、三―五二頁。

オースタハメル、ユルゲン　二〇〇五『植民地主義とは何か』石井良訳、論創社。

木谷勤　二〇一三『帝国主義と世界の一体化』山川出版社（初版一九九七）。

崎山政毅　二〇〇九「『緑』のネオリベラリズムとメソアメリカ民衆の抵抗――グローバルな植民地主義に対する批判への回路と課題」西川長夫・高橋秀寿編『グローバリゼーションと植民地主義』人文書院、七九―九六頁。

砂野幸稔　二〇一五『ンクルマ――アフリカ統一の夢』山川出版社。

西川長夫　二〇〇九「いまなぜ植民地主義が問われるのか――植民地主義論を深めるために」西川長夫・高橋秀寿『グローバリゼーションと植民地主義』人文書院、七―四〇頁。

農林水産省大臣官房国際部　二〇一三「海外農業投資をめぐる状況について」農林水産省。

ハウ、スティーブン　二〇〇三『帝国』見市雅俊訳、岩波書店。

舩田クラーセンさやか　二〇一四「モザンビーク・プロサバンナ事業の批判的検討――日伯連携ＯＤＡの開発言説は何をもたらしたか？」大林稔・西川潤・阪本公美子『新生アフリカの内発的発展――住民自立と支援』昭和堂、一八四―二三三頁。

水嶋一憲　二〇〇七「〈新〉植民地主義とマルチチュードのプロジェクト――グローバル・コモンの共創に向けて」『立命館言語文化研究』第一九巻第一号、一三一―一四七頁。

本橋哲也　二〇一四『ポストコロニアリズム』岩波書店（初版二〇〇五）。

ＮＨＫ食料危機取材班　二〇一〇『ランドラッシュ――激化する世界農地争奪戦』新潮社。

Cohen, M. J. & M. Smale 2012: *Global Food-price Shocks and Poor People: Themes and Case Studies*, London: Routledge.

FAO 2011: *The State of Food Insecurity in the World*, Rome: FAO.

Liberti, S. 2013: *Land Grabbing: Journeys in the New Colonialism*, London: Verso.

The World Bank 2011: *Rising Global Interest in Farmland, Can It Yield Sustainable and Equitable Benefit?*, Washington DC, USA: The IBRD/The World Bank.

Trostle, R., D. Marti, R. Stacey, & W. Paul 2011: "Why Have Food Commodity Prices Risen Again?," *A Report from the Economic*

Research Service, USDA, pp. 1-29.

White, B., S. Borras Jr., Hall, R. Scoones, I. & Wolford W. 2013: *The New Enclosures: Critical Perspectives on Corporate Land Deals*, London: Routledge.

Wily, L. A. 2013: "Enclosure Revisited: Putting the Global Land Rush in Historical Perspective," T. Allan, M. Keulertz, S. Sojamo, & J. Warner（eds.）, *Handbook of Land and Water Grabs in Africa: Foreign Direct Investment and Food and Water Security*, London & New York: Routledge, pp. 11-23.

（ウェブサイト）

ジャン・ナンガ　二〇〇四「取り残されるサハラ以南アフリカ」『かけはし』（多国籍企業と新自由主義の支配のなかで）（http://www.jrcl.net/frame040301v.html 二〇一四年四月二〇日閲覧）

Geldar, J. W. & B. Kuepper 2012: "Investments by Japanese Banks in the Malaysian and Indonesian Palm Oil Sectors", *A Research Report for Mekong Watch*（http://www.profundo.nl 二〇一五年三月二〇日閲覧）

Ikegami, K. 2015: "Corridor Development and Foreign Investment in Agriculture: Implications of the ProSAVANA Programme in Northern Mozambique（Conference Paper Series, Land Grabbing, Conflict and Agrarian-environmental Transformations: Perspectives from East and Southeast Asia, An International Academic Conference, 5-6 June 2015, Chiang Mai University）, International Institute of Social Studies（http://www.iss.nl/fileadmin/ASSETS/iss/Research_and_projects/Research_networks/LDPI/CMCP_30-_IKEGAMI.pdf 二〇一五年六月二五日閲覧）

Kana, R-A. O. 2015: "The Role of Japan in Overseas Agricultural Investment: Case of ProSAVANA Project in Mozambique"（Conference Paper Series, Land Grabbing, Conflict and Agrarian-environmental Transformations: Perspectives from East and Southeast Asia, An International Academic Conference, 5-6 June 2015, Chiang Mai University）, International Institute of Social Studies（http://www.iss.nl/fileadmin/ASSETS/iss/Research_and_projects/Research_networks/LDPI/2015_Chiang_Mai_Conference_final_programme_1_June.pdf 二〇一五年六月一五日閲覧）

Kate, G. 2012: *Our Land, Our Lives: Time Out on the Global Land Rush*, Oxfam（http://policy-practice.oxfam.org.uk/publications/our-land-our-lives-time-out-on-the-global-land-rush-246731 二〇一四年四月二〇日閲覧）

Land Matrix Global Observatory（http://www.landmatrix.org/en/ 二〇一五年六月一〇日閲覧）

Mousseau, F. & A. Mittal 2011: *Understanding Land Investment Deals in Africa, Country Report: Tanzania*, Oakland Institute（http://www.oaklandinstitute.org/sites/oaklandinstitute.org/files/OI_country_report_tanzania.pdf 二〇一三年八月一〇日閲覧）

Paul, H. & R. Steinbrecher 2013: "African Agricultural Growth Corridors and the New Alliance for Food Security and Nutrition. Who benefits, who loses?", *EcoNexus Report*（http://www.econexus.info/publication/african-agricultural-growth-corridors-and-new-alliance-food-security-and-nutrition-who-b 二〇一三年一〇月一三日閲覧）

おわりに

本書は、東京外国語大学アジア・アフリカ言語文化研究所の共同利用・共同研究課題制度を利用して実施した共同研究「歴史的観点から見たサハラ以南アフリカの農業と文化」（代表：石川博樹）の成果のひとつである。

この共同研究を立ち上げるにあたっては、アフリカの農業と食文化を歴史的視点から研究する際に必要となる複数の学問分野の研究者に参加していただくことを企図した。しかし参加者数の制限をはじめとする諸般の事情から、そのような研究体制を構築することは十分にできず、参加者の専門分野に偏りが生じてしまった。例えば、文字資料が乏しい植民地化以前のアフリカ内陸部の農業の歴史を研究するうえでは、考古学や歴史言語学の研究が重要な地位を占めているが、これらの分野の研究者に参加していただくことはできなかった。幸い共同研究の参加者のうち、多くの方々に寄稿していただくことはできたものの、本書においても学問分野の偏りを解消するには至っていない。

また本書には、執筆者が本来専門とする研究テーマを超え、時には学問分野の垣根さえ超えて、新たな研究の可能性を模索・提示した論考が多々含まれている。研究分野の枠組みを墨守する学術論文を集めた論文集ではない本書には、挑戦の代償として、荒削りな議論も含まれるかもしれない。

これらの問題を抱えつつも、本書では次のような成果は得られたのではないかと思われる。

まず本書は、アフリカ農耕文化論研究の新たな可能性を示したのではないだろうか。本書に収めた各論考は、中尾佐助によって提唱されたアフリカ農耕文化論の見直しを企図するものではない。歴史的視点を重視した本書において示唆されるのは、アフリカにおける自然環境と農業・食文化の関係が、従来想定されていたほど安定したものではなく、むしろきわめて動態的であることである。

もちろん農業も食文化も、自然環境や栽培可能な植物に大きく規定されている。しかし民族移動や植民地支配によってもたらされる他地域との人や物の交流、都市化や内戦などの現代的諸問題によってもたらされる社会経済的変容は、時には思いもよらぬ速さで農業と食文化のあり方を変えてしまう。こうした変化の側面は顕著であるが、それでも作物の種類やその栽培、加工、調理の仕方などがすべて一様に変化しているわけではない。むしろその反対に、人々の嗜好やタブーなど文化的要因によって特定の作物や食べものへのこだわりが維持されていることもある。そのような農業と食文化をめぐる容易には解き明かしがたい不可思議な変容の諸相は、グローバリゼーションのなかで活発化する人、物、情報の交流・交換によってさらに複雑化している。本書は歴史的な視点を導入することにより、現代的変容の諸相も包摂しうる新たなアフリカ農耕文化論研究を構築する必要性と可能性を示しているように思われる。

歴史学研究の今後を考えるうえでも、本書の出版は意義あることであろう。第五部「現代社会を理解する」に収めた三章を中心に、本書の各章は、現代を知るために、その基層となっている歴史的背景に迫ることの重要さを示している。また歴史学研究の枠内にとどまっていてはなかなか至ることができないであろう、歴史研究の豊穣なるフロンティアへの入り口を切り拓いたことも、本書の特色であるといえよう。本書の各章が掲げる研究の可能性は、研究テーマにとどまらず、歴史研究の手法の再考、さらには近代歴史学が前提としてきたことに対する再考にもつながる深遠な内容を含んでいる。アフリカ史研究は我が国の歴史学界において研究分野として認められているとは言い難い。しかしそれゆえに学問分野間の垣根が低く、分野を横断した研究を実施しやすいという利点もある。そのような利点を活かし、本書は歴史学研究全般に対して新たな研究の可能性を提示できたのではないだろうか。

さらに学問分野の垣根を超えて必要性をあらためて感じられるのが、アフリカと他地域との比較である。アフリカの大半の地域を植民地とし、独立後も密接な関係を保ち続けているヨーロッパとの交流を通じてアフリカにもたらされた制度・技術・作物・調理法・食文化などの研究が、アフリカの農業と食文化の歴史を考察するうえで欠かすことができないことは言うまでもない。ヨーロッパだけではなく、同じく植民地支配を経験し、熱帯・亜熱帯で同様の作物が栽培されている東南アジア、アフリカにおいて急速に重要性を高めているトウモロコシやキャッサバの起源地である中米・南米、デンプン質の主食と副食という同様の食の構造を持つ東アジアなど、世界の他地域との比較研究の必要性を本書の各章は示唆している。また、食文化の成立とその歴史的変化、新たな栽培植物の導入とそれがもたらす社会的経済的変化といった食文化の基層についての大陸間比較も重要な課題であることも本書は提起している。

本書の出版は、東京外国語大学アジア・アフリカ言語文化研究所の共同利用・共同研究課題出版物刊行制度を利用することにより可能となった。本書の出版、そして本書の基盤となった研究会の実施に尽力していただいた研究所の関係者各位に心より謝意を表したい。

また本書の出版にあたっては、二名の査読者の方々に貴重な査読意見を頂戴した。情熱のこもった詳細なコメントをお寄せいただいたお二人に厚く御礼申し上げたい。

口絵図一として掲載させていただいた「アフリカ北回帰線以南の植生図」の転載を許可してくださった寺嶋秀明先生、また第一部第三章の図二「ドドマの年間降水量の推移」の原図とデータをご提供いただいた坂井真紀子先生、口絵写真を提供していただいた稲泉博己先生、AA研の深澤秀夫所員に御礼申し上げたい。タイトルの英訳にあたって親身に相談に乗っていただいた樋口祐璃子、デイヴィット・ミラー夫妻にも感謝したい。

編者による原稿の取りまとめ作業が大幅に遅れるなかで本書を出版することができたのは、昭和堂の松井久見子さんのご尽力によるものである。書籍を出版するにあたって研究者ができるのは素材を提供することまでであり、編集や印刷に関わる方々に本の形にしていただいて初めて世に出るものであることを実感している。

最後に、本書に寄稿していただいたすべての方々に心より御礼申し上げたい。寄稿者の方々の研究に対する情熱と真摯な思い、そして共同研究の運営や本書編集の拙さを許容していただいた寛容さのおかげで本書を出版することが可能になったといっても過言ではない。

本書にこめられた問題意識と新たな研究の可能性を読者の方々に共感していただき、今後アフリカの農業と食文化の現状を知るための基層として、それらの歴史的背景の研究がさかんになることを切に願っている。特に、アフリカ研究を志す若い方々に、アフリカの農業と食文化に秘められた歴史の奥深さ、そしてそれらに関わる研究の可能性を感じていただき、この分野の研究に参加していただければ、編者として望外の喜びである。

二〇一六年三月

石川博樹・小松かおり・藤本武

は

ひ

ふ

な

に

ぬ

ね

の

す

せ

そ

さ

し

索　引

鶴田　格（つるた ただす）

最終学歴：京都大学大学院農学研究科博士課程単位取得退学・博士（農学）
現　　職：近畿大学農学部教授
専門分野：農村社会学
主要業績：「モラル・エコノミー論からみたアフリカ農民経済」『アフリカ研究』第70号（2007年）、51-62頁。「東アフリカ半乾燥地における農耕・牧畜複合に関する史的考察」『近畿大学農学部紀要』第44号（2011年）、97-114頁。「フェア・トレード商品の生産農家の多様性に関する一試論」『農林業問題研究』第187号（2011年）、332-337頁。

藤岡悠一郎（ふじおか ゆういちろう）

最終学歴：京都大学大学院アジア・アフリカ地域研究研究科博士課程修了・博士（地域研究）
現　　職：九州大学大学院比較社会文化研究院講師
専門分野：地理学
主要業績：「ナミビア北部農村における社会変容と在来果樹マルーラ（*Sclerocarya birrea*）の利用変化――人為植生をめぐるポリティカル・エコロジー」『人文地理』第60巻第3号、2008年、1-20頁。「変容するサバンナ地帯の降雨依存農業」篠田雅人・門村浩・山下博樹編『乾燥地科学シリーズ4　乾燥地の資源とその利用・保全』古今書院、2010年、85-104頁。「農地林の利用と更新をめぐる農牧民の生計戦略――ナミビア農村のポリティカル・エコロジー」横山智編『資源と生業の地理学（ネイチャー・アンド・ソサエティ研究4）』海青社、2013年、165-186頁。

溝辺泰雄（みぞべ やすお）

最終学歴：大阪外国語大学大学院言語社会研究科博士後期課程修了・博士（学術）
現　　職：明治大学国際日本学部准教授
専門分野：英語圏アフリカの近現代史、日本アフリカ交渉史
主要業績：「帝国による『保護』をめぐる現地エリートの両義性――初期植民地期イギリス領ゴールドコーストの事例から」井野瀬久美恵・北川勝彦編『アフリカと帝国』晃洋書房、2011年、204-224頁。"The African Press Coverage of Japan and British Censorship during World War II: A Case Study of the *Ashanti Pioneer*, 1939-1945," *Tinabantu: Journal of African National Affairs*, vol. 4, no. 2（2012）, pp. 26-36. "Japanese Newspaper Coverage of Africa（and African Soldiers）during World War II: The Case of the *Tokyo Nichi Nichi*（*Mainichi*）*Shimbun*, 1939-1945," G. Chuku（ed.）, *Ethnicities, Nationalities, and Cross Cultural Representations in Africa and the Diaspora*, Durham: Carolina Academic Press, 2015, pp. 163-182.

村尾るみこ（むらお るみこ）

最終学歴：京都大学大学院アジア・アフリカ地域研究研究科単位認定退学、博士（地域研究）
現　　職：立教大学大学院21世紀社会デザイン研究科助教
専門分野：人類学、アフリカ地域研究
主要業績：「創造するアフリカ農民――紛争国周辺農村を生きる生計戦略」昭和堂、2012年。「アンゴラ移住民のマーケット活動――ザンビア西部州農村にみる難民の内発的・集団的適応」『新生アフリカの内的発展――住民自立と支援』昭和堂、2014年、124-145頁。『衣食住からの発見（100万人のフィールドワーカーシリーズ11）』佐藤靖明氏と共編、古今書院、2014年。

佐藤千鶴子（さとう ちづこ）

最終学歴：立命館大学大学院国際関係研究科（国際関係学博士）、英国オクスフォード大学大学院セントアントニーズ・カレッジ（D.Phil）
現　　職：日本貿易振興機構アジア経済研究所研究員
専門分野：南アフリカ政治社会研究、国際関係論
主要業績：『南アフリカの土地改革』日本経済評論社、2009年。『南アフリカの経済社会変容』牧野久美子氏と共編、アジア経済研究所、2013年。*Public Policy and Transformation in South Africa after Democratisation*, IDE Spot Survey 33, Chiba: Institute of Developing Economies, 2013（K. Makinoと共編）.

佐藤靖明（さとう やすあき）

最終学歴：京都大学大学院アジア・アフリカ地域研究研究科単位取得退学・博士（地域研究）
現　　職：大阪産業大学准教授
専門分野：民族植物学、アフリカ地域研究、バナナ学
主要業績：『ウガンダ・バナナの民の生活世界――エスノサイエンスの視座から』松香堂書店、2011年。『衣食住からの発見（100万人のフィールドワーカーシリーズ 11）』村尾るみこ氏と共編、古今書院、2014年。『アフリカの料理用バナナ』小松かおり氏ほかと共著、国際農林業協働協会、2010年。

杉村和彦（すぎむら かずひこ）

最終学歴：京都大学大学院農学研究科博士課程単位取得退学・博士（農学）
現　　職：福井県立大学学術教養センター教授
専門分野：文化人類学、経済人類学、アフリカ農民論
主要業績：『アフリカ農民の経済――組織原理の地域比較』世界思想社、2004年。「『混作』をめぐる熱帯焼畑農耕民の価値体系――ザイール・バクム人を事例として」『アフリカ研究』第31号(1987年)、1-24頁。「富者と貧者――そのクム人的形態」『アフリカ研究』第49号(1996年)、1-25頁。

鈴木英明（すずき ひであき）

最終学歴：東京大学大学院人文社会系研究科博士課程単位取得退学・博士（文学）
現　　職：長崎大学多文化社会学部准教授
専門分野：インド洋海域史、世界史
主要業績："Enslaved Population and Indian Owners along the East African Coast: Exploring the Rigby Manumission List, 1860-1861," *History in Africa*, vol. 39 (2012), pp. 209-239. "Tracing Their Middle Passage: Slave Accounts from the Nineteenth-Century Western Indian Ocean," A. Bellagamba, S. Greene, & M. A. Klein (eds.), *African Voices on Slavery and Slave Trade: Volume 1, Sources*, Cambridge: Cambridge University Press, 2013, pp. 307-318.「ネットワークのなかの港町とそこにおける所謂『バニアン』商人――19世紀ザンジバルにおけるカッチー・バティヤー商人の活動」『東洋史研究』第71巻第4号（2013年）、794-766頁。

■執筆者紹介

安渓貴子（あんけい たかこ）

最終学歴：広島大学大学院理学研究科博士課程単位取得退学・理学博士
現　　職：山口大学・山口県立大学非常勤講師
専門分野：生態学、民族生物学
主要業績：『ソテツを見直す——奄美・沖縄の蘇鉄文化誌』当山昌直氏と共編著、ボーダーインク、2015年。『森の人との対話——熱帯アフリカ・ソンゴーラ人の暮らしの植物誌（アジア・アフリカ言語文化叢書47）』東京外国語大学アジア・アフリカ言語文化研究所、2009年。「キャッサバの来た道——毒抜き法の比較によるアフリカ文化史の試み」吉田集而・堀田満・印東道子編『イモとヒト——人類の生存を支えた根栽農耕』平凡社、2003年、206-226頁。

池上甲一（いけがみ こういち）

最終学歴：京都大学大学院農学研究科博士課程修了・博士（農学）
現　　職：近畿大学名誉教授
専門分野：農業社会経済学
主要業績：『食と農のいま』原山浩介氏と共編、ナカニシヤ出版、2011年。『農の福祉力——アグロ・メディコ・ポリスの挑戦』農山漁村文化協会、2013年。*Poverty Reduction and Rural Development through Alternative Socio-economic Regimes: Fair Trade Movement and Economy of Virtue*, Bangkok: Faculty of Agriculture, Kinki University & Kasetsart University, 2014（S. Aungsumalin & T. Tsurutaと共編）.

石山　俊（いしやま しゅん）

最終学歴：名古屋大学大学院文学研究科博士後期課程満期退学・博士（文学）
現　　職：国立民族学博物館人類文明誌研究部プロジェクト研究員
専門分野：文化人類学、環境人類学、開発人類学、アフロ・ユーラシア乾燥地域研究
主要業績：『ポスト石油時代の人づくり・モノづくり——日本と産油国の未来像を求めて』縄田浩志氏と共編、昭和堂、2013年。『ナツメヤシ（アラブのなりわい生態系2）』縄田浩志氏と共編、臨川書店、2013年。*Exploitation and Conservation of Middle East Tree Resources in the Oil Era*（*Arab Subsistence Monograph Series, vol. 1*）, Kyoto: Shokadoh Book Sellers, 2013（H. Nawata & R. Nakamuraと共編）.

工藤晶人（くどう あきひと）

最終学歴：東京大学大学院人文社会系研究科単位取得退学・博士（文学）
現　　職：学習院女子大学准教授
専門分野：マグリブ近現代史、フランス史
主要業績：『地中海帝国の片影——フランス領アルジェリアの19世紀』東京大学出版会、2013年。「オラン——地中海の〈ラテン的〉植民地都市」吉田伸之・伊藤毅編『伝統都市——イデア』東京大学出版会、2010年、291-302頁。"Recognized Legal Disorder: French Colonial Rule in Algeria c. 1840-1910," M. Kimitaka（ed.）, *Comparative Imperiology*, Sapporo: Slavic Research Center, 2010, pp. 21-35.

■編者紹介

石川博樹（いしかわ ひろき）

最終学歴：東京大学大学院人文社会系研究科博士課程単位取得退学・博士（文学）
現　　職：東京外国語大学アジア・アフリカ言語文化研究所准教授
専門分野：歴史学
主要業績：『ソロモン朝エチオピア王国の興亡――オロモ進出後の王国史の再検討（山川歴史モノグラフ 19)』山川出版社、2009 年。「17、18 世紀北部エチオピアにおけるエンセーテの食用栽培に関する再検討」『アフリカ研究』第 80 号（2010 年）、1-14 頁。「16 ～ 18 世紀のエチオピアにおけるエンセーテ栽培に関する史料訳注」『アジア・アフリカ言語文化研究』第 84 号（2012 年）、163-181 頁。

小松 かおり（こまつ かおり）

最終学歴：京都大学大学院理学研究科博士課程単位取得退学・博士（理学）
現　　職：北海学園大学人文学部教授
専門分野：生態人類学
主要業績：『沖縄の市場〈マチグヮー〉文化誌』ボーダーインク、2007 年。「中部アフリカ熱帯雨林の農耕文化史」木村大治・北西功一編『森棲みの生態誌――アフリカ熱帯林の人・自然・歴史 I』京都大学学術出版会、2010 年、41-58 頁。「バナナとグローバリゼーション」三尾裕子・床呂郁哉編『グローバリゼーションズ――人類学、歴史学、地域研究の現場から』東京外国語大学アジア・アフリカ言語文化研究所、2012 年、285-316 頁。

藤本　武（ふじもと たけし）

最終学歴：京都大学大学院人間・環境学研究科博士後期課程単位取得退学・博士（人間・環境学）
現　　職：富山大学人文学部教授
専門分野：文化人類学
主要業績：「作物資源の人類学――エチオピア西南部の少数民族における多様な作物の動態」『文化人類学』第 72 巻第 1 号（2007 年）、21-43 頁。“Taro Cultivation in Vertical Wet-Dry Environments.” *Economic Botany*, vol. 63, no. 2 (2009), pp.152-166. “The Enigma of Enset Starch Fermentation in Ethiopia.” H. Saberi (ed.), *Cured, Fermented and Smoked Foods*, Prospect Books, 2011, pp. 106-120.「高度幅 1500 メートルのモロコシ栽培――エチオピアの農耕民マロの事例」縄田浩志編『トウジンビエとモロコシ』臨川書店、印刷中。

食と農のアフリカ史
――現代の基層に迫る

2016年3月31日　初版第1刷発行
2018年4月25日　初版第2刷発行

編　者　石川博樹
　　　　小松かおり
　　　　藤本武

発行者　杉田啓三

〒607-8494　京都市山科区日ノ岡境谷町3-1
発行所　株式会社　昭和堂
振替口座　01060-5-9347
TEL（075）502-7500／FAX（075）502-7501
ホームページ　http://www.showado-kyoto.jp

印刷　モリモト印刷

ISBN978-4-8122-1524-1

日本アフリカ学会編
アフリカ学事典
本体16000円

嶺崎寛子著
イスラーム復興とジェンダー
現代エジプト社会を生きる女性たち
本体6000円

岡野英之著
アフリカの内戦と武装勢力
シエラレオネにみる人脈ネットワークの生成と変容
本体6800円

大山修一著
西アフリカ・サヘルの砂漠化に挑む
ごみ活用による緑化と飢餓克服、紛争予防
本体5000円

内海成治編
はじめての国際協力
変わる世界とどう向きあうか
本体2800円

布野修司編
世界住居誌
本体3000円